Dr. Jürgen Bayer

Die Nichtrelativitätstheorie
Neues Denken verändert die Welt

Dr. Jürgen Bayer

Die Nichtrelativitätstheorie

Neues Denken verändert die Welt

Bibliografische Information der Deutschen Bibliothek.
Die Deutsche Bibliothek verzeichnet diese Publikation in der Deutschen Nationalbibliografie.
Detaillierte bibliografische Daten sind im Internet unter
www.dnb.ddb.de abrufbar.

2. Auflage 2016
Copyright: © 2015 Dr. Jürgen Bayer
Stuttgarter Straße 139
71522 Backnang
www.nichtrelativitaetstheorie.com
info@nichtrelativitaetstheorie.com
Lektorat, Satz und Layout: Lektor-hoch-drei
www.lektor-hoch-drei.de
Herstellung und Verlag: BoD – Books on Demand, Norderstedt

Umschlagabbildung: www.eso.org/public/images/eso1247a
Grafiken: Dr. Jürgen Bayer

ISBN: 978-3-741-27599-9

Inhaltsverzeichnis:

Vorwort

Die Frage nach dem Sinn des Lebens

Wenn Sie sich mit diesem vorliegenden Buch auseinandersetzen, erfahren Sie eine neue Dimension. Sie werden sich bewusst über Zusammenhänge Ihres Lebens auf eine Art und Weise, wie Sie es sich bis jetzt nicht erträumen konnten. Wir verlassen den Raum, der sich nach physikalischen Vorstellungen aufzulösen beginnt, je näher wir der *Singularität* kommen, dem sogenannten Urknall, mit dem alles begann. Wenn wir gedanklich diesen Bereich betreten, löst sich nicht nur der Raum auf, sondern auch die Zeit. Sie lernen auf dieser Reise auch Situationen kennen, die ich selbst erlebt habe in verschiedenen Ländern der Erde, vor allem in Sri Lanka und in Indien. Eine wundervolle Reise mit Wundern, die wir genauer untersuchen – auch in Verbindung mit der Quantenphysik. Wir schauen nicht nur in das Atom, sondern gehen auch durch das Atom und damit durch die Materie und schauen dahinter und beginnen, uns selbst zu erkennen. Nicht genug damit – unsere Reise führt uns in die Tiefe des Universums, welches wir dann verlassen, um uns damit zu beschäftigen, was vor dem Urknall war, und welchen Nutzen wir für unseren Alltag haben. Letztendlich erkennen wir auch Zusammenhänge der Urreligion zum Universum und zu uns selbst, woraus sich neueste, auch wissenschaftliche Erkenntnisse ergeben. Erkenntnisse, die wir im Alltag anwenden können. In unserer Partnerschaft, im Beruf, aber z. B. auch in der Heilung auf der Basis dieser Erkenntnisse. Wir reisen oft *„ImNu"* in die Nichtraumzeit und lernen dort die Gesetze der Nichtrelativitätstheorie kennen, um diese dann in die Praxis, in unseren Alltag, umzusetzen.

Die Frage nach dem Sinn des Lebens gibt uns eine Antwort auf unser Sein, auf unser Dasein, auf unser „Glücklich-Sein", auf das „Warum" und auf das, was den Sinn ausmacht – und vor allem auf die Frage des Werdens und auf die Frage, was meine Aufgabe ist und was ich daraus mache und machen kann. Vor allem wollen wir eine Antwort auf den Inhalt unseres Lebens, auf die Frage, was wir tun sollten, damit wir zufrieden und glücklich sind. Eine Antwort auf die immer währende Frage, warum wir sind. Warum *ist* der Kosmos, warum das unendliche Universum – welch ein Aufwand, und welche Rolle spielen wir in diesem unendlichen Universum? Ist das alles ein Zufall, oder ist es doch viel mehr?

Wir lernen in einer allgemein verständlichen Art, mit wissenschaftlicher Untermalung und in einer vollkommen neuen Betrachtung, die Zusammenhänge unseres Seins zu erkennen. Wir schauen in die Natur und erfahren, dass die Natur alles das ist, was besteht und bestand, bevor es den Menschen und sein Denken gab. Dieses Wissen führt uns zur Erkenntnis, dass es ein Wirklichkeitsprinzip gibt, dass all das, was geschaffen wurde, was wir nutzen, bewusst oder unbewusst, eine Ursache hat. Alles, was es in der Natur gibt, war vorher schon. Es ist entstanden aus einer Substanz, die es vorher schon gab – ein im Jetzt ständiger, allgegenwärtiger Prozess unseres Lebens.

Schaffen wir uns unsere Sorgen, unsere Probleme selbst? Die persönlichen Probleme und die Probleme auf der ganzen Welt? Können wir unser Glück, unsere Freude und den Frieden auf der ganzen Welt selbst schaffen?

Ja, das können wir! Wir lernen, die Zusammenhänge zu erkennen. Wir untersuchen die Substanz, das, woraus etwas besteht, und stellen fest, dass es eines Impulses, einer Intelligenz bedarf, die Substanz anzuschieben, damit das entsteht, was wir möchten, dass wir alles formen können, wie wir es möchten. Jeder. Unser Leben, unsere Partnerschaft, unsere berufliche Entwicklung, unser Glück.

Das Buch ist auch eine Anleitung für jeden, der sich für die Zusammenhänge des Seins interessiert, ein Prinzip, wir nennen es Menioprinzip, das vorgestellt wird und leicht nachvollziehbar ist. Jeder kann es anwenden. Wir geben Wissen weiter, das wir erfahren haben durch eigene Erlebnisse und durch ein Hineingehen Können in die höchste Intelligenz, die die Natur und uns geformt hat. Ein Wissen, das jeder erlernen und anwenden kann.

Spannend, weil wir auch Buddha, Christus und vielen Weisen, vielen Wissenschaftlern begegnen. Wir lernen daraus, wie sie gelebt haben und welches Wissen sie uns zur Verfügung stellen durch ihre Niederschriften und durch ihre Botschaften und vor allem durch ihre Taten. Wir lernen durch die Intelligenz, die nicht verloren geht in einer Nichtraumzeit, die eine wichtige Rolle spielt und die wir erfahren, dort, wo es keinen Raum und keine Zeit gibt und alles „ImNu" geschieht, ohne eine Entfernung zu überwinden, und wo alles für Jedermann im Überfluss zur Verfügung steht. Wir erfahren eine neue Dimension.

Die neue Dimension ermöglicht es, den Blick über die Relativitätstheorie hinaus zu erheben, die Begrenzung von Zeit und Raum abzulegen. Auf der Basis der Betrachtung der Nichtraumzeit und der Raumzeit gelingt es, sich die Nichtrelativitätstheorie vorzustellen. Das ermöglicht ein vollkommenes neues Denken. Dabei erfahren wir auch die Zusammenhänge, die sich aus der Entwicklung der Religionen ergeben haben.

Wenn wir erkennen, dass Christus, zu dem Jesus wurde, eigentlich das Erkennen der Zusammenhänge des Universums darstellt, und dass die Zusammenhänge der unendlichen Energie des Kosmos – ja, aller Universen – in der Unendlichkeit liegen, dann sprechen wir eigentlich auch von Gott, der ja erst entdeckt wurde, nachdem der Mensch entstanden war. Die unendliche Energie, die Natur, war demzufolge schon vorher da – und Gott?

Alle von Menschen gemachten Gesetze entsprechen der Raumzeit. Die Wirklichkeit liegt dahinter, bevor der Raum und die Zeit entstanden sind – in der Nichtraumzeit.

Diese Betrachtungen führen uns zu den realistischen Gesetzen, Muster zu schaffen in uns und um uns, mit denen wir den Erfolg und das Glück – und den Frieden auf Erden – formen können. Sie lernen erkennen, dass unsere Muster in uns und um uns mit Energieumfeldern, einer inneren Raumzeit und mit Bewusstsein zu tun haben, woraus sich die „Energieumfeldmethode" ableitet, die den Menschen hilft, sich aus begrenzenden Situationen heraus zu helfen.

Letztendlich hat sich aus dem gesamten Wissen ein Fachgebiet entwickelt, welches wir „*Yogasolan*" nennen, bezogen auf das Gesamtwissen des „Yoga" nach hinduistischem Wissen und der Energie des Universums, die hinter dem „Sol", dem „Speed of Light" – der Lichtgeschwindigkeit –, zu finden ist und letztendlich als ein Kunstwort alles zusammenfasst, was auch in diesem Buch niedergeschrieben steht.

Das gelingt im Ergebnis aller erkannten Zusammenhänge, die in der *„Infogenese"* definiert und beschrieben werden – Informationen der Nichtraumzeit, die die Basis der Evolution bilden und der sich vollziehenden Veränderungen in uns und um uns. Damit schaffen wir die Veränderung, die neuen Muster in unserem Gehirn, dem Neuronennetzwerk, wo wir mit den richtigen Informationen die richtigen Entscheidungen treffen und alles in die Form bringen, wie das im Menioprinzip dargestellt wird, so wie auch im Hinblick auf den „Big Bang", die sogenannte Urknalltheorie, den Beginn unseres Universums.

Mit der vorgestellten Infogenese wird der Weg aufgezeigt, alle Not und alles Leid und Elend zu vermeiden, jede Krankheit, die Naturkatastrophen, Hungersnot und Weltwirtschaftskrisen – mit der Anwendung der Gesetzmäßigkeiten der Nichtrelativitätstheorie, dem Anschluss an die Relativitätstheorie.

Das ist das Anliegen dieses Buches, diese Botschaft vielen Menschen zugänglich zu machen. Friede, Gesundheit, Glück und Wohlstand für jeden Menschen auf unserem Planeten und Friede dem Planeten selbst.

Die Nichtrelativitätstheorie – eine bedeutende Erkenntnis zum Wohle aller Menschen und zum Wohle unseres Planeten.

1.   Gedanken zur Nichtrelativitätstheorie

Galileo Galileis „Dialog über die beiden hauptsächlichen Weltsysteme"[1] gilt als ein wissenschaftliches Meisterwerk und wurde seinerzeit durch das Tribunal der Inquisition kurz nach der Veröffentlichung mit dem Vorwurf der Ketzerei gebrandmarkt. Die Arbeit wurde verboten. Sie gibt einen imaginären Dialog zwischen Galilei, Aristoteles, Ptolemäus und Kopernikus bezogen auf die Weltsysteme wieder.

Der Weg zur Relativität führte demnach über imaginäre Dialoge und Gedankenexperimente, so wie es praktiziert wurde von Galileo Galilei und vielen Philosophen, die einen Weg zu weiteren Erkenntnissen suchten.

Dabei spielt das Relativitätsprinzip eine nicht unwesentliche Rolle in unserem Leben – und nicht nur das, es ist auch ein bedeutender Eckpfeiler der Physik. Galileo Galilei hat sich mit solch einem Gedankenexperiment beschäftigt. Es besagt, dass physikalische Größen nur relativ zu einem Beobachter definierbar sind.

Galileis Gedankenexperiment bezog sich auf eine Kugel an Bord eines fahrenden Schiffes – im Hinblick darauf, ob sie sich in Ruhe oder Bewegung befindet. Er erkannte, dass die Antwort auf diese Frage immer vom Beobachter abhängt. Ein Beobachter an Bord des Schiffes wird die Kugel in Ruhe vorfinden, während ein Beobachter am Ufer die Kugel in Bewegung sieht, in Bezug auf das Schiff. Das Schiff ist das Bezugssystem,

---

[1] Galilei, Galileo: *Sidereus Nuncius. Nachricht von neuen Sternen: Dialoge über die Weltsysteme*, Frankfurt am Main, 2002

auf das sich der Beobachter bezieht. Nach dieser Beobachtung sind, Galilei zufolge, physikalische Eigenschaften relativ, wenn sie vom Beobachter abhängig sind und absolut, wenn sie unabhängig vom Bezugssystem betrachtet werden.

Das Relativitätsprinzip wurde von Albert Einstein zur Relativitätstheorie erweitert. Einstein setzte die Erkenntnisse der Mechanik auch auf die Elektrodynamik um. Das allgemeine Relativitätsprinzip führte dazu, dass man auf die Vorstellung eines absoluten Raums und einer absoluten Zeit verzichten konnte. Für Geschwindigkeiten, die klein gegenüber der Lichtgeschwindigkeit sind, geht Einsteins Relativitätsprinzip in dasjenige von Galilei über. Auch Einstein selbst hat sich mit Gedankenexperimenten beschäftigt: Er „setzte" sich beispielsweise auf einen Lichtstrahl und hat die Lichtgeschwindigkeit beobachtet, eine Reise mit annähernder Lichtgeschwindigkeit.

Dr. Jürgen Bayer hat sich ebenfalls in ein Gedankenexperiment begeben, ist auf seiner Reise durch das Atom gegangen und hat die Folgen beschrieben, die sich aus dieser Betrachtung ergeben, bevor die Materie sich manifestiert.

Das Gedankenexperiment und imaginäre Dialoge haben als Hilfsmittel zu der Erkenntnis geführt, dass – bevor das Atom entsteht – Voraussetzungen vorhanden sind, die das Atom, also die Materie, formen. Wie beim Urknall, bei dem es vorher keinen Raum und keine Zeit gab. Kein Bezugssystem – nichts war relativ zueinander – eine Nichtrelativität, ein Nichtrelativitätsprinzip.

Dem Gedankenexperiment folgend, wurden empirische Aspekte hinzugefügt und verallgemeinert in unserer Welt betrachtet, mit einem erstaunlichen Ergebnis für die Betrachtung unserer Welt und für unseren Alltag.

Dr. Bayers Gedankenexperiment führt uns zu einer vollkommen neuen Betrachtungsweise unseres Lebens mit Hilfe der Nichtrelativitätstheorie. Die Betrachtung der Raumzeit und der Nichtraumzeit entspricht den Erfahrungen aus der Quantenmechanik, bei der die Betrachtung eines Vorganges vom Beobachter abhängt.

Die Nichtrelativitätstheorie bezieht das Bewusstsein mit ein, das uns den Weg zeigt und zur richtigen Erkenntnis führt. Die Perspektive des Bezugssystems spielt bei Galilei die entscheidende Rolle. In der Betrachtung der Raumzeit ist alles durch den Raum und die Zeit begrenzt. In der Nichtraumzeit ändert sich das Bezugssystem, lösen sich die Begrenzungen auf – kein Raum und keine Zeit, aber alles ist Energie.

Das „Neue Denken" bewirkt auch die Erkenntnis, dass die Energie, jede Energie, mit Intelligenz behaftet ist und dem Bewusstsein entspricht, welches dahinter steht. Ferner, dass die Gedanken den Informationen der Nichtraumzeit entspringen und dass die Intelligenz des zugeordneten Bewusstseins, die immerwährende Energie, den labilen Geist aktiviert. Energie ist gleich Intelligenz mal Geist – um es mit Goethe zu formulieren: „Du gleichst dem Geist, den du begreifst!" (vgl. Faust I, V. 512)

Die Nichtrelativitätstheorie trägt dazu bei, die von Stephen Hawking gesuchte Weltformel zu finden: Die Erkenntnis, dass die Intelligenz, die höchste Intelligenz, die hinter „Allem" steht, nicht vergessen werden darf, in der Raumzeit und in der Nichtraumzeit.

Die Nichtrelativitätstheorie führt uns unweigerlich zur Lösung der Probleme in unserem Alltag, zur Gesunderhaltung und zur Heilung sowie zur Lösung von Problemen in der Partnerschaft, aber auch in Unternehmen, der Wirtschaft und vor allem zur Lösung politischer Fragen. Die richtige Anwendung der Nichtrelativitätstheorie trägt dazu bei, den Frieden auf Erden sicher zu stellen, die Hungersnot zu beenden und vor allem das Ökosystem des Planeten zu sichern.

Die Nichtrelativitätstheorie, das Tor zum wahren Wissen, lässt die Zusammenhänge erkennen und es zu, die richtigen Schlussfolgerungen zu ziehen. Die Nichtrelativitätstheorie und die Relativitätstheorie ergänzen sich nicht nur, sondern sie sind eng miteinander verknüpft – aus der höchsten Intelligenz formt sich dem Bewusstsein entsprechend die Materie. Es ist so, als würde man Gott direkt gegenüber stehen und eins werden mit dieser höchsten Intelligenz und mit dieser unbegrenzten Energie.

2.   Das Wirklichkeitsprinzip

Die Natur ist alles, was nicht von Menschen geschaffen wurde. Die Naturwissenschaft ist ursächlich eine Wissenschaft, die die Gesetze der Natur ohne den Einfluss des Menschen erkundet. Darin ist die Wahrheit begründet. Alles Ursächliche, was besteht, besteht, ohne dass der Mensch eingegriffen hat. Das, was war, ehe das Bewusstsein bestand, ehe der Mensch bestand, wird immer sein. Der Mensch hat sich in die Natur eingemischt mit seinem Denken und seinem Bewusstsein und hat begonnen, sie zu formen, und hat nach seinen eigenen Gedanken Gesetze gestaltet – so auch seine Naturwissenschaft.

Das, was vorher war, bleibt immer bestehen. Dahinter steckt die gesamte Wahrheit des Seins. So wie das Universum „unendlich" ist und alle Universen „unendlich" sind, so ist auch die Manifestation unendlich. Das ist ein Gesetz der Nichtraumzeit, so wie die Evolution auch. Vor allem ist es die geistige Evolution, die als Führungsgröße, als Führungsfeld der materiellen Evolution, wirkt im Einklang mit den Gesetzen der Nichtraumzeit und der Raumzeit – mit der Nichtrelativitätstheorie und der Relativitätstheorie. Dahinter steht die wahre Erkenntnis. Die Wahrheit umfasst die Gesetze der Nichtraumzeit. Nicht der Mensch schafft die Wahrheit – die Wahrheit, die absolute Wirklichkeit, bestand schon immer in der Natur des Kosmos, in der höchsten Intelligenz des sich selbst regulierenden Systems, ohne Einflussnahme des Menschen, der so noch gar nicht existierte.

Der Mensch versucht durch sein Denken, seinem Bewusstsein entsprechend, sich ein eigenes Bild vom Kosmos (Makro- und Mikrokosmos) zu schaffen. Das, was er erdacht hat, ist seine Wahrheit. In der Menschheitsgeschichte ist aber zu beobachten, dass sich die „Wahrheit" ständig ändert. Neue Erkenntnisse ersetzen die alten Erkenntnisse. Und so entwickelt sich der Mensch in seinem Bewusstsein, in seiner Evolution. So musste die Vorstellung einer scheibenförmigen Erde – die damalige „Wahrheit" – der Erkenntnis und dem neuen Bewusstsein weichen, dass die Erde kugelförmig ist. Die Wahrheit, die absolute Wirklichkeit, bestand aber schon vorher. Nur die vom Menschen erdachte Wahrheit hat sich geändert, sie war nur vorübergehend. Vom Menschen gemachte Gesetze brachten vielen Menschen Leid und oft den Tod. Wenn der Mensch sein Bewusstsein, die Gesetze der Nichtraumzeit, also die absolute Wirklichkeit, sofort erkennt, braucht er sich kein eigenes Bild zu machen, kein diskursives Denken anwenden – sondern erkennt sofort die absolute Wahrheit. Es ist viel einfacher, sofort nach den Gesetzen der Natur, den Gesetzen der Nichtraumzeit und deren Offenbarung in der Raumzeit zu leben und zu handeln.

Der geistige Evolutionsprozess führt uns zur Wahrheit. Immer wenn wir uns zu weit weg begeben von den Gesetzen der Nichtraumzeit, werden wir wieder durch die Erkenntnis auf den Weg der Wahrheit verwiesen. Der Mensch geht diesen Weg immer weiter und wird sich immer mehr den wahren Zusammenhängen nähern und letztendlich in einem hohen Bewusstsein – besser: in einem höchsten Bewusstsein – der absoluten Wirklichkeit begegnen.

Nun muss der wahrheitssuchende Mensch nicht immer wieder an seine Grenzen stoßen, um seine erdachte Wahrheit zu ändern. Er kann sich sofort mit den Gesetzen der Nichtraumzeit vertraut machen, wenn er sich mit seinem Bewusstsein gleich der absoluten Wahrheit zuwendet, den Worten Einsteins folgend, dass die Welt sich radikal ändert, wenn er sich des „Inneren des Atoms bewusst wird". Er kann dann aber noch weiter gehen: Wenn er den „Thron der Schöpfung", so wie es Yukteswar, ein indischer Weiser, formulierte, durchschreitet, wird er zur höchsten Erkenntnis gelangen. Yukteswar nannte es eine zweite Geburt, die der Mensch erfährt. In diesem Prozess der Bewusstwerdung wird der Mensch in seinem Informationsmuster immer höhere Gedanken erfahren, die der absoluten Wirklichkeit, der absoluten Wahrheit, immer näher kommen – Gedanken, die letztendlich den gesamten Kosmos verständlich machen. Er wird sich nicht mehr seine eigenen Gesetze machen. Er wird in seinem Fortschritt unendliches Ausmaß annehmen, so wie der Kosmos in seiner Unendlichkeit. Der Mensch in diesem Bewusstseinszustand wird im Einklang sein mit dem gesamten, wirklich existierenden Kosmos. Die vom

Menschen gemachten Gesetze, die nur vorübergehende Halbwahrheiten sind, verlieren ihre Bedeutung. Die aus den Irrtümern und dem damit verbundenen Aberglauben entstandene sogenannte Zivilisation der letzten Jahrhunderte wird es dann so nicht mehr geben. Das ist ein Evolutionsprozess, den der bewusst dem Wirklichkeitsprinzip entsprechend denkende Mensch durchläuft.

Der Mensch darf auf diesem Weg aber nicht mehr in sein persönliches Denken zurückfallen, sich in seinen Ideen verstricken und verzweifelt an alten Glaubenssätzen und Denkmustern festhalten. Dieser Weg führt zu Verlusten, zu Krankheiten, Schmerz usw. Das ist der „Fluch" alter Ideen, der Unwissenheit, der niedrigen Eigenschaften. Daraus ergibt sich der Zusammensturz für den einzelnen Menschen, aber auch für eine gesamte Nation in sozialen, politischen, finanziellen und religiösen Einrichtungen, um Platz zu schaffen für neues bewusstes Denken und Handeln. Das trifft zu für die gesamte Erde, eine ganze Nation, für Unternehmen, Familien und jeden Einzelnen. Daraus entwickelt sich das Neue, das höhere Bewusstsein hin zur neuen Erkenntnis. Daraus entwickeln sich Erkenntnisse über die Natur, aus was sie besteht und was sie formt. Daraus entwickelt sich dann das intelligente Führungsfeld, das über allem steht.

Es entstand alles, bevor es den Menschen gab. Alles unterliegt einem auf der höheren Intelligenz sich entwickelnden Führungsfeld. Auf einem Führungsfeld, das vor dem Menschen bestand, aus der Nichtraumzeit (NRZ) kommend. Es gelten die Gesetze der NRZ, die das Geistige darstellen, aus dem alles entstand und alles entsteht. Die Raumzeit (RZ), die Materie, die in der Raumzeit (RZ) sich offenbart, sich manifestiert, entwickelt sich gemäß einem genauer zu betrachtenden Prinzip, dem Menioprinzip.

Es gilt in der NRZ die neu einzuführende Nichtrelativitätstheorie. Diese steht im Einklang mit der Relativitätstheorie, der manifestierten Form in der RZ – eine durch den Menschen aus der Beobachtung der materiellen Welt der Natur entstandene Theorie. Die Wahrheit aller Zusammenhänge ergibt sich aus der Zusammenfassung der Gesetze der NRZ und der RZ.

Derjenige, dem diese Prozesse bewusst sind, erkennt die ursprüngliche Wirklichkeit und damit die gesamte, die absolute Wahrheit. Prozesse unseres Seins im Mikro- und Makrokosmos verlaufen gemäß diesen Gesetzen. Also auch die Prozesse unseres Alltags. Wir haben keinen Mangel. Nach der Nichtrelativitätstheorie finden die formgestaltenden Prozesse primär in der NRZ statt.

Der Mensch – der Unwissende – wendet nur die von ihm, vom Menschen, beobachteten Gesetze an. Nur die, die er erkennen kann, oder besser gesagt, die er mit seinen fünf Sinnen wahrnehmen bzw. messen kann. Der Trugschluss, dass nur das existiert, was ich sehen kann, führt zur Disharmonie.

Das gesamte Universum – auch die lebenden Organismen – sind entstanden, bevor wir waren. Oft vergessen wir das. Also ist die Frage, aus was alles besteht, eine uns immer bewegende Frage. Wie hat sich das entwickelt, was ist, und wie entdecken wir für uns, was wir für eine Rolle spielen, warum wir sind, und was unsere Aufgabe ist?

3.   Was für eine Rolle spielen wir im Universum?

Was für eine Rolle spielen wir in diesem unendlichen Universum, in den unendlichen Universen?

Schon allein der Größenvergleich in unserem Sonnensystem ist spektakulär. Man sieht die Erde nur noch als Punkt.

Noch weiter in das Universum hinein schauend, wird unser Sonnensystem so klein, dass es nur noch ein winziger Punkt ist, welcher im gesamten Universum nicht mehr für uns sichtbar wird. Und wo ist die Erde? Allein die Dimension der 1000 Lichtjahre gibt einen kleinen Einblick in die Unendlichkeit.

Wenn wir in diesen Dimensionen unser Leben betrachten, so erkennen wir sprachlos, wie klein wir Menschen sind. Nicht auffindbar mit unseren fünf Sinnen. Es ist unermesslich. In unserer Galaxie, der Milchstraße, erscheint unser Sonnensystem nur noch als winziger Punkt.

2

2 Abb. mit freundlicher Genehmigung von: **LOGIC MEDIA** Data und Design Factory, Narzissenweg 6, D-71549 Auenwald, Tel. 07191 / 933 7871, www.logic-media.de, info@logic-media.de, Lautenbach & Sommer GbR, USt-IdNr.: DE183833162.

Wir müssen unsere Augen und Ohren öffnen – nicht nur die stofflichen – und lernen, auch außerhalb der Sinnesobjekte wahrzunehmen.

Schauen wir in den Mikrokosmos, stellen wir Gleiches fest. Wir beobachten die kleinsten Lebewesen, wir sehen die Parasiten, die Zellen, aus denen Organismen bestehen, und deren Moleküle und deren Atome. Es beginnen, die Größenordnungen zu verschwimmen, die wir auch mit höchstauflösender Technik nicht mehr erkennen können, und wir sehen letztendlich ins „Nichts" des Mikro- und Makrokosmos und können es uns nicht erklären, weil unsere Sinne es nicht mehr wahrnehmen können. Wir werden erkennen, dass das „Nichts" alles ist, wenn wir unseren „Blickwinkel" erweitern, und wir werden daraus lernen, dass die Wunder keine sind, sondern die absolute Wirklichkeit – und wir können dann die Welt verändern, vor allem unsere eigene.

> Alles, was im Universum ist, ist entstanden ohne
> den Menschen
> und organisierte sich.
> Ein sich selbst organisierendes System.

3.1.   Ein außerordentliches Erlebnis

Ich habe eine andere Art des Wunders Erde und des Wunders Kosmos erlebt in Colombo, was mich nicht minder beeindruckt hat als die Darstellung des Universums.

Ich traf mich 1995 mit einer liebevollen älteren Dame in Colombo, die mir einige mystische Vorgänge zeigte, die unglaublich erschienen, und die mein Leben beeinflusste, und die vor allem mein bisheriges Wissen vollkommen über den Haufen warf und mein Bewusstsein wesentlich veränderte, was entscheidenden Einfluss auf mein weiteres Leben genommen hat. Vor allem sind es wissenschaftliche Erkenntnisse aus dem Erlebnis gewesen, die nachhaltig wirken.

3.1.1. Der Besuch bei Menio

An einem frühen Morgen in der Nähe von Colombo – ein typisch schneller Sonnenaufgang, wie das in Sri Lanka fast kontinuierlich das ganze Jahr über jeden Tag erfolgt, sehr viel Wärme spendend – standen meine Frau und ich vor einer sympathischen kleinen Frau im Alter von ca. 60 Jahren. Ein Freund hatte uns zu ihr geschickt – zu einem bescheidenen kleinen Lehmhaus, in das sie uns hinein bat. Sie begrüßte uns sehr herzlich, sehr freundlich, und begann in einem fensterlosen kleinen Raum mit einer für uns ungewohnten Zeremonie, in einer Ecke des Raumes stehend – wie es schien, ein von ihr viel benutzter Platz –, wo es nach uns ungewohnten angenehmen Düften roch, in dieser wohltuend angenehmen Stimmung, die nicht zu beschreiben ist: Stille. Ein paar für uns unverständliche Worte, mit erhobenen Händen sprechend mit einer für uns nicht wahrnehmbaren Erscheinung und deren Stimme. Aber diese Stimme sprach mit ihr. Uns wurde übersetzt, dass sie um etwas bat für uns, für meine Frau und mich. Sie nahm eine leere Flasche, und aus dem „Nichts" floss etwas in die Flasche, ein Strahl, wie aus einem Wasserhahn kommend, und füllte das Gefäß. Man hörte das typische Geräusch eines sich mit einer Flüssigkeit

füllenden Glases, plätschernd. Es war eine etwa Olivenöl ähnliche Flüssigkeit – die gut für die Gesundheit war. Eine wundervolle, liebevolle
Begrüßung ganz anderer Art.

Ich habe es gefilmt und es mir später immer wieder angeschaut, um
den Vorgang zu verstehen. In diesem Haus gab es kein fließendes Wasser
oder irgendwelche Versorgungsleitungen. Auch kein verstecktes Loch in
der Decke.

Jetzt stellte sich natürlich die Frage, ob man so was glauben konnte.
Wie denn auch? Schließlich gibt es viele Magier, die uns durch Tricks
täuschen. Also – Vorsicht war geboten. Denn die Magie, so lehrt uns die
Wissenschaft, ist – aus dem Altgriechischen hergeleitet – ein Blendwerk
und wird in Verbindung gebracht mit der Beeinflussung von Ereignissen
auf übernatürliche Art und Weise. Magie wird auch damit in Verbindung
gebracht, dass eine Kommunikation mit übernatürlichen Wesen (auch
Engeln, Naturgeistern, Dämonen etc.) stattfindet in Verbindung mit Ritua-
len, vielleicht auch Zaubersprüchen und Ähnlichem. Dringender
Erklärungsbedarf ist erforderlich! Einerseits die Magie und andererseits die
nicht zu leugnenden Erlebnisse – Tatsachenberichte als Augenzeuge und
Betroffener.

Und diese Dame hat uns immer wieder im Laufe mehrerer Jahre etwas
aus dem „Verborgenen" mitgegeben. Kupferfolien mit Sanskritschriften,
Perlen, auch kugelförmige Pillen zur Beruhigung, einen großen feuchten
schleimigen Pilz zur Stärkung von Herz und Kreislauf, Öl zur Unterstützung höherer Wahrnehmung, Löwenhaar eines Leitlöwen aus dem
Himalaja, einen Buddha aus besonderem Stein und vieles mehr.

Aber noch eine Manifestation: Unser Freund aus Sri Lanka hatte einen
großen Buddhakopf bekommen – mehr für seine Gäste in seinem Zentrum
zur Unterstützung, die an Buddha erinnert werden und diese Buddhakraft
verspüren sollten – für Menschen, die zur Behandlung kommen und Ruhe
suchen. Wieder die gleiche Zeremonie von Menio – Gespräche mit der
anderen Stimme, und dann, man kann es nicht glauben, erscheint aus dem
„Nichts" ein übergroßer Buddhakopf. Der gleiche Ablauf: Stille – und die
ausgestreckten Hände –, wobei die arme Frau beinahe zusammengebrochen

wäre aufgrund des Gewichtes, des aus besonderem Holz bestehenden Kopfes. Da brauchte sie dann schon irdische Hilfe, Hände, die mit anfassen – aber dann war dieser Kopf ja auch schon da, sprich: auf der Erde, so kann man es am besten beschreiben. Er kam nicht in Etappen, sondern offenbarte sich scheinbar gleitend aus dem „Nichts" und nahm immer mehr Kontur an, bis er vollständig sichtbar und greifbar vorhanden war. So wie jeder Vorgang – wie bei allen anderen Manifestationen – sehr schnell ablaufend – selbst für Menio eine heilige Situation, die sie in dieser Art noch nie erlebt hatte. Die Kommunikation fand statt wie bei allen anderen Manifestationen, die Zeremonie war immer gleich, nur dass dieses Mal etwas sehr Heiliges angekündigt wurde. Und dann kam noch etwas nach – ein Sockel, auf dem der Buddhakopf stehen sollte, damit er nicht umfällt – die gleich Zeremonie wie vorher. Seinen Platz, mit ca. 40cm x 30cm x 30cm, hat er gefunden in einer alten englischen Villa, in einem Zentrum unseres Freundes in den Bergen von Sri Lanka.

Immer wieder habe ich gefilmt und dokumentiert, sodass jeglicher Zweifel und Glaube an Zaubereien und sonstige Tricks dementiert werden kann. Weitere tiefere Betrachtungen führten zu Erkenntnissen, die, ergänzend für die wissenschaftliche Betrachtung des Seins, von großer Bedeutung sind.

Es ist zu erwähnen, dass die Dame vielen, vielen Menschen aus der ganzen Welt geholfen hat, aus ihren Problemen herauszukommen.

Schon früh vor 6 Uhr bildeten sich Schlangen von Menschen vor ihrem Haus, die sich Hilfe erhofften. Eigenartigerweise brach der ganze Vorgang so gegen 9:30 Uhr ab.

Sie hat vielen Menschen geholfen, aber Menschen, die voller Egoismus und bösartig waren, nicht. Sie erklärte das damit, dass Menschen mit niedriger Energie (mit Sünde beladen) den Vorgang negativ beeinflussen, da dann die geistige Verbindung derart gestört werde oder nicht zustande komme, dass die Manifestation abgebrochen wird. Man sollte Achtung haben und Ehrfurcht vor dem, was da geschieht – ein heiliger Prozess, der in aller Reinheit und Liebe geschieht. Menschen, die in unserer Begleitung waren und nicht diese Achtung mitbrachten oder die in ihrem Alltag Menschen betrogen und andere negativen Eigenschaften besaßen, durften nicht die Räumlichkeiten betreten.

Sie hat Blinde wieder sehend gemacht, was dokumentiert wurde von behandelnden Ärzten und Instituten. Sie ist auch zu Menschen und Unternehmen vor Ort gegangen, um dort Gutes zu vollbringen. Es sei dem Leser überlassen, welche Gedanken er hat, wenn er dies liest. Aber alle, mit denen wir darüber gesprochen haben, wollten es uns zwar glauben, aber vorstellen konnten sie sich das nicht.

Nun ist das ja kein einzelnes Erlebnis, sondern stellvertretend für viele auf der Erde.

3.1.2. Menio materialisiert – Was geschieht?

Was geschieht? Zauberei und Magie schließen wir grundsätzlich in diesem Falle aus, da überwältigende Beweise vorliegen. Es ist ein sehr interessanter Vorgang, den ich dankenswerterweise beobachten und an dem ich teilnehmen durfte – als Zeuge von Vorgängen, die uns vollkommen fremd geworden sind.

Wenn ich noch einmal auf die Beobachtung zurückkommen darf, vor allem bei der Betrachtung der Filme, auch in Zeitlupe und Standbildern, so kann ich berichten, dass die nach oben gereckte, halb offene Hand der Frau darauf wartete, dass sich etwas ereigne, dass sie merkbar spürte, dass sich in der nächsten Sekunde oder Zehntelsekunde etwas in ihrer Hand – ja, wie soll man es sagen – manifestieren würde. Tatsächlich kann man erkennen, was man im Raum schon spürte, dass da etwas kommt und plötzlich, aber doch fast fließend, erst nur schemenhaft und dann fest werdend in ihren Fingerspitzen, größer werdend in ihrem Handteller, gleitend, fast plötzlich da war – eine Kupferplatte, zusammengerollt, in ihre ausgestreckte Hand passend. Als sie die Hand aufmachte, um mir zu zeigen, was da erschienen war, fast hätte ich gesagt „geboren wurde", rollte sich die Kupferrolle auf wie von selbst, damit ich erkennen konnte, dass da etwas geschrieben stand – Sanskrit, eine Sprache, die die Dame und ich nicht sprechen konnten.

Eine spätere Übersetzung sagte aus, dass da Hinweise standen für die Verhaltensweise meines Lebens – für mich und für alle Menschen.

Es ist nur ein Beispiel von fast unendlich vielen Phänomenen, die es auf der Erde gibt. Aber gerade dort, wo wir einen „hohen" Lebensstandard haben, verstehen wir diese Ereignisse nicht mehr. Dort, wo alles so hervorragend organisiert und technisiert ist, dort, wo der größte Fortschritt in der Entwicklung von Maschinen, Elektronik, Fahrzeugen besteht und sowohl das materielle, technische Konsumangebot als auch reichlich Lebensmittel vorhanden sind, können wir mit diesen eigentlich für andere selbstverständlichen Ereignissen in der Natur nicht oder nicht mehr umgehen. Wir haben uns von ihnen entfernt, sind nicht mehr sensibel dafür, nehmen diese Ereignisse nicht mehr wahr und verwerfen sie als Hokuspokus.

3.1.3. Noch ein Wunder

Und noch ein Ereignis sollte in diesem Zusammenhang genannt werden. Meine Frau, Isolde Heller-Bayer, mit der ich gemeinsam diese Reise unternommen hatte, ist in der Lage, in ihrer Tätigkeit als Lebensberaterin Menschen zu helfen, indem sie ihnen gewissermaßen auch mit einem Blick in die Zukunft auf der Basis realer Zusammenhänge ihren Weg aufzeigen kann. Das betrifft Fragen der Partnerschaft, Fragen der Gesundwerdung, allgemeine Fragen des Alltags und vor allem auch Fragen der persönlichen Entwicklung und damit auch Fragen des zukünftigen Lebensweges – und zwar in einer Präzision der tatsächlichen Erfüllung, wie sie sich auch im Zusammenhang mit der Erfahrung bei Menio darstellte und uns zu Menio führte.

Eines Tages kam Norbert F. zu ihr, der den Plan hatte, in Sri Lanka eine Praxis zu eröffnen. Und genau dieser Herr war es, der uns zu Menio führte. Heute wissen wir um diese Zusammenhänge und können sie auch erläutern und eine Gesetzmäßigkeit dahinter erkennen. Norbert F. spielt noch eine wesentliche Rolle, da wir durch ihn zu einer weiteren

Verbindung nach Indien geführt wurden, wo weitere interessante Erlebnisse, eigentliche Wunder, stattfanden, die für die Erkenntnis universeller Gesetze von wesentlicher Bedeutung sind.

Meine wissenschaftliche Laufbahn prägt mich. Ich habe es gelernt, wissenschaftlich – und vor allem im physikalisch-technischen Bereich – mit Fakten und Zahlen zu arbeiten, die es jeweils zu beweisen galt. Für mich gab es da plötzlich Fakten, die ich selbst sehr kritisch gesehen habe, und die einer wissenschaftlichen Erklärung bedurften, wenn ich mich weiterhin damit beschäftigen wollte.

> Es kann nicht sein, was nicht sein darf.
> Wir waren dabei – Materialisation.
> – Wunder –

Dabei geschah etwas außerordentlich Interessantes für mich. Erstmals habe ich in meinem Leben etwas in mir und um mich herum gespürt, das ich so noch nicht erlebte. Ein Wechselspiel, wie von einer anderen Welt. Auf der Basis wissenschaftlicher physikalischer Gesetze nicht erklärbar, aber es war da, existent.

Das, was geschah, verlief vorwiegend auf der Ebene des Spürens oder des Wahrnehmens außerhalb meiner fünf Sinne, aber in mir. Ich erkannte einen Prozess, wie ich das im Nachhinein bezeichnen möchte, der mir deutlich zeigte, dass für mich außerordentliche Dinge geschehen, die ich, möglichst wissenschaftlich, erklären möchte. Ich war unmittelbar Beteiligter und Zuschauer zugleich. Denn ich war nur einer von vielen, die, jeder einzeln, am Geschehen teilnahmen. Gewissermaßen hatte ich beobachtet, dass während vieler einzelner Zusammenkünfte vieler Menschen in einem Zeitraum von mehreren Jahren auf verschiedensten Gebieten immer wieder hervorragende Ergebnisse erzielt wurden, meistens die Gesundheit betreffend, aber alle mit Erfolg, und es waren mehrere hundert Fälle. Sie vollzogen sich nicht alle auf einmal, sondern über Jahre hinweg und jede Person einzeln betreffend.

3.2.   Das Wunder der Natur

Allein bei der Betrachtung des Beispiels von Menio, einer liebevollen Frau, ist eine Flut von Informationen geflossen. Informationen, die im Zusammenhang stehen mit einer Art der Kommunikation, die der Durchschnittsmensch nicht kennt und in seinem Bewusstseinszustand in seinen Energieumfeldern auch nicht erkennen kann. Trotzdem erfolgt dieser Prozess ständig, und vielen hundert Menschen wurden diese Wunderdinge „offenbart".

Schauen wir uns in der Natur um, erkennen wir das Wachstum der Pflanzen, der Bäume, der Tiere und von uns selbst. Zellen teilen sich, ständig, unaufhaltsam, erst eine, dann zwei, dann vier, dann acht ... – in einem atemberaubenden Tempo. In Zeitrafferaufnahmen ist das Spektakel leicht verfolgbar, unglaublich – eigentlich ein Wunder. Es entsteht etwas, ohne dass wir etwas dazu beitragen – genauso wie in dem oben beschriebenen Beispiel der wunderbaren Frau. Aus einem Nichts entsteht Materie, eine Blume, ein Elefant – ein Mensch: Materie, mitunter mit viel Gewicht, manchmal auch zu viel – und woher kommt das? – aus dem Nichts. Wer sorgt dafür, dass das alles wächst? Es ist vergleichbar mit dem Beispiel der materialisierenden Frau. Auch ein Wunder. Aber das Wunder sind wir. Man braucht nicht auf fremde Hilfe wie die der liebevollen Frau zurückzugreifen – wir sind das Wunder. Wir werden wie bei dieser Dame durchdrungen von Informationen, die uns am Leben halten. Und diese Zusammenhänge der Informationen wollen wir kennen lernen.

> Wir erkennen das Wunder Mensch und das Wunder der Natur. **Ständige** Materialisation um uns und in uns.
> Alles, was besteht und geschieht, folgt dem gleichen Prinzip.
> – Wunder –

Das Wunder ist die Natur – alles, was nicht vom Menschen erschaffen wurde. Da sehen wir das gesamte Universum, den Makro- und den Mikrokosmos, die Unendlichkeit von Zeit und Raum, kein Anfang und kein Ende – unvorstellbare Größenordnungen der Natur. Und sie scheinen noch größer zu sein, als es unser menschlicher Verstand zurzeit anzunehmen in der Lage ist.

Es deutet vieles darauf hin, dass es noch weitere Universen gibt, Paralleluniversen. Aber am Anfang war das Universum sehr klein – vielleicht so groß wie ein Stecknadelkopf oder noch wesentlich kleiner: Eine Singularität, ein Punkt – keine Materie, kein Raum und keine Zeit. Gott? Der Anfang? Und dann gab es den Urknall, durch den sich alles ausbreitete – eine Annahme der Wissenschaft.

Mit dem Beginn des Universums entwickelte sich zunächst das Elektron (man nimmt an: eine Sekunde nach dem Urknall) und viel später (ca. 380.000 Jahre) das erste Atom, mit nachfolgenden weiteren Atomen und späteren Molekülen und der weiteren Entwicklung der Materie in der Raumzeit – das gesamte „materielle" Universum, so wie wir es heute kennen: Mit einer Ausdehnung von > ca. 78 Mrd. Lichtjahren und einem Alter von ca. 14 Mrd. Jahren mit ca. 100 Mrd. Galaxien, gemäß dem derzeitigen Stand des beobachteten Universums.

Der Urknalltheorie entsprechend geht man davon aus, dass das Universum in einem bestimmten Augenblick entstand, den man als den Urknall, den *Big Bang,* bezeichnet. Dieser „Big Bang" wird aus einer Singularität heraus entstanden betrachtet, woraus die Dualität sich bildet. Die Singularität ist der Zeitpunkt, zu dem es keinen Raum, keine Zeit und keine Materie gibt. Zeit, Raum und Materie sind dann mit dem Urknall entstanden. Seitdem expandiert das Universum. Zeiten vor und Orte außerhalb des Universums sind physikalisch nicht definierbar. Nach den bisher bekannten naturwissenschaftlichen Gesetzen können die eigentlichen Vorgänge für die extremen Bedingungen während der ersten Sekunde (konkreter: etwa 10^{-43} Sekunden) nach dem Urknall nicht beschrieben werden – erst recht nicht die Bedingungen davor, also vor dem Urknall. Es gibt daher nach der Definition der Urknalltheorie weder ein räumliches

„*Außerhalb*", noch ein zeitliches „*Davor*", noch eine Ursache des Universums.[3]

Das Wunder ist die Natur. Es stellt sich die Frage, ob dieses Wunder mit dem sogenannten Urknall oder bereits davor begonnen hat. Dann würde das „*Davor*" zur Natur gehören.

---

3 Weinberg, Steven: *Die ersten drei Minuten. Der Ursprung des Universums*, 1997

3.3.   Mikro- und Makrokosmos

Eine Gegenüberstellung dieser beiden Konstrukte ist eine Betrachtung, die sich lohnt; sie beginnt im Bereich des Mikrokosmos', dem Bereich der Quantenmechanik, eigentlich dem Beginn der Materie durch die Entstehung des Elektrons und des sich später entwickelnden Atoms und aller Atome bei der Expansion des Universums – Atomen, aus denen wir bestehen, jede Zelle der ungefähr 50 Billionen Zellen eines durchschnittlichen erwachsenen Menschen besteht aus Milliarden von Atomen. Die menschliche Körperzelle hat nur einen Durchmesser von rund 0,002 cm, die von Atomen mit einem Durchmesser von rund 0,00.000.001 cm nur so wimmelt.

Wenn alles aus Atomen besteht, ist alles in uns und um uns in ständiger Bewegung und voller Energie. Das Atom, und was dahinter steht, gehört zu den Wundern der Natur: Energie, die nicht aufhört und die alles ständig nährt. Woher sie kommt, ist selbst wieder ein Wunder der Natur und unterliegt uns noch verborgenen „Natur"-Gesetzen der erweiterten ganzheitlichen Naturwissenschaft noch „vor" dem Urknall, außerhalb von Raum und Zeit und der sogenannten Materie. Das Universum – das Sichtbare, die Materie – begann mit der Entstehung des Atoms und macht den Makrokosmos und zugleich den Mikrokosmos aus. Alles ist eins.

3.4.   Halbwissen und blinder Glaube

Der Ursprung allen Seins ist eine Betrachtung der Gesamtheit aller Dinge. Das alles Seiende sind nicht nur allein die komplexen Gebilde von Atomen, sondern das, was diese komplexen Gebilde entstehen ließ, was dahinter steckt, oder besser ausgedrückt, was zuvor war – das Ursächliche. Man kann sich nicht davon loslösen. Die Religion spielt dabei eine wichtige Rolle – nur ist dabei zu beachten, dass sich nicht ein blinder Glaube entwickeln darf.

Blinder Glaube ist mit Halbwissen einhergehend. Das kann mehr Schaden als Nutzen bringen. Und davon gibt es genug auf dieser Welt. In diesem Zusammenhang darf ich nur an die sinnlosen Religionskriege erinnern, die alle aus diesem Halbwissen und damit aus der Unwissenheit entstanden sind. Wie viel Elend, wie viel Leid wurde so verursacht, wie viele Menschen mussten sterben, wurden aus diesem Halbwissen heraus verbrannt? Unwissenheit führt immer zu Leid oder eben zum Tod, was die Menschen selbst verursacht haben.

Damit hatte sich unter anderem Jesus auseinandersetzen müssen und immer darauf hingewiesen, dass die wahren Zusammenhänge zum Ziel führen. Man muss es erst verstehen lernen, wenn er sinngemäß sagte „Mein Vater und ich sind Eins" – der Ursprung allen Seins und mein Ich sind nicht voneinander trennbar, sind Eins. Diese Wahrheit müssen wir erkennen, um unser Sein zu verstehen. Die Dogmen der Kirche, die Herrschaft der Kirche, wie sie im Mittelalter mit Inquisition, Hexenverbrennung und brutaler Gewalt gegen Andersdenkende vorging, sind bestimmt nicht der richtige Weg. Halbwissen und Unwissenheit führen zu Gier, woraus Kriege und Krisen ganz allgemein entstehen. Unwissenheit bedeutet auch „nicht richtige" oder „unvollständige" Informationen. Menio hätte keines ihrer „Wunder" mit Halbwissen vollbringen können. Unsere Zellteilung kann nur erfolgen mit richtiger Information. Fehlen Informationen, oder sind sie nicht vollständig, wird die Zelle nicht richtig versorgt – sie verkümmert und wird „krank".

> Unsere Zellteilung erfolgt nur durch Information.
> Fehlen Informationen, oder sind sie nicht vollständig, wird die Zelle nicht richtig versorgt: Sie verkümmert und wird „krank".

Descartes (1596–1650) gilt als der Begründer des modernen frühneuzeitlichen Rationalismus. Er ist außerdem für das berühmte Dictum *„cogito ergo sum"* – „ich denke, also bin ich" – bekannt, das die Grundlage seiner Metaphysik bildet.

Isaac Newton (1643–1726) ist der Verfasser der „*Philosophiae Naturalis Principia Mathematica*", in denen er mit seinem Gravitationsgesetz die universelle Gravitation und die Bewegungsgesetze beschrieb und damit den Grundstein für die klassische Mechanik legte. Newton wurde und wird heute aus Unkenntnis oft nicht hinreichend interpretiert. Es ist den wenigsten bekannt, dass er zeitlebens die Ansicht vertrat, dass es eine immerwährende Präsenz Gottes gebe, welche die notwendige Voraussetzung sei für das Bestehen des Universums. Die nachkommende Physikergeneration machte dann „bedenkenlos", mit Halbwissen arbeitend, aus ihm den Newton, den man haben wollte oder den man verstanden hatte, indem man einige seiner Forschungsarbeiten nie veröffentlichte und einen großen Teil seines Werkes überhaupt „verschwinden ließ".[4]

Dieses Halbwissen über Newton sollte dann auch wesentliche Konsequenzen für die Entwicklung unseres Seins haben, die bis heute anhalten. Die immerwährende Präsenz Gottes wurde nicht verstanden, auch heute und jetzt nicht. Vielleicht ist es die Formulierung, die nicht verstanden wird. Die Präsenz Gottes ist weiter nichts als die immerwährende Energie, durch die alles genährt wird, das gesamte Universum und wir alle. Heute versuchen wir von Feldern zu sprechen, von Nullpunkttheorie oder von Dunkler Materie etc. Es ist aber alles das Gleiche, und das meinte Newton. Wenn wir richtig hin „hören" – nicht nur mit den Ohren –, dann nehmen wir wahr, dass da eine ständige Energie, eine latente Energie wirkt, ohne unser Zutun, und dass wir davon leben.

---

[4] Zafiropulo, Jean und Monod, Catherine: *Sensorium Dei dans l'hermetisme et la science,* Paris 1976

3.4.1. Die neue Ära der Naturwissenschaften

Was wir heute von Newton wissen, sind in erster Linie seine Axiome der Mechanik. Erstes Axiom – Trägheitsprinzip – ohne wirkende Kraft bewegen sich Körper nicht, das zweite newtonsche Axiom – das Aktionsprinzip – und das dritte newtonsche Axiom – das Reaktionsprinzip. Das sind Grundprinzipien, auf denen die klassische Mechanik aufbaut. Es sind aber keine Ergebnisse reinen Denkens. Sie sind aus der Erfahrung heraus entstanden und haben bis heute eine tiefgreifende Wirkung in der Physik und in der angewandten Technik. Die davon abgeleitete mechanistische Weltanschauung leitete eine neue Ära der Naturwissenschaften ein – eine große Bedeutung für unsere technische Welt heute, der man aber nachsagen kann, dass sie auch eine nur materielle Betrachtung unserer Welt nach sich zog.

> Die Arbeit von Newton wurde nicht vollständig übernommen. Von diesem Halbwissen wurde die mechanistische Weltanschauung hergeleitet – eine neue Ära der Naturwissenschaften entstand, die nur eine materielle Betrachtung unserer Welt nach sich zog.
> Die entscheidende Betrachtung der Ursachen erfolgte nicht mehr, sodass ein falsches, ein unvollständiges Weltbild erzeugt wird.

Die entscheidende Betrachtung der Ursachen erfolgte nicht mehr, sodass heute ein falsches, ein unvollständiges Weltbild erzeugt wird – und das, obwohl Newton die immerwährende Präsenz Gottes vornan setzte, welche die notwendige Voraussetzung sei für das Bestehen des Universums. Das haben die Naturwissenschaftler nicht mit übernommen und dem einfach keine Beachtung geschenkt, was das Entscheidendste darstellt. Das gilt es wieder richtig zu stellen. Es entstand daraus das Bild der mechanistischen Betrachtung aller Dinge, der Materie einschließlich des Menschen – wie das einer Maschine, als gäbe es keine Emotionen, keine Seele und kein

Bewusstsein, keine Intelligenz. Demnach sollte die jetzt nachkommende Generation, die Generation der Quantenphysik, die Generation mit im Vergleich zur Generation Newtons bereits erweitertem Bewusstsein, sich auf den Weg machen und sich der höheren Intelligenz bewusst werden. Alle großen Erfinder und Entdecker, alle Künstler, alle Musiker und natürlich alle großen Denker, Philosophen und Meister haben ihr Wissen aus dieser Intelligenz erhalten. Eine ständige Anwesenheit dieser Intelligenz erkennen wir im Evolutionsprozess. Heute versucht man die Vorgänge, die Phänomene oder allgemein die Zusammenhänge mit Feldern zu erklären, vielleicht mit elektromagnetischen Feldern, morphi-schen Feldern oder morphogenetischen Feldern etc. – also einer ständigen Anwesenheit von Informationen, von Gedanken, die uns zur Verfügung stehen. So war das auch schon bei Newton, bei Goethe, bei Einstein und bei allen großen „Denkern" – auch bei Jesus, bei Buddha und bei allen intelligenten Lebewesen und dem Menschen allgemein. Sie alle haben ständig Einfälle, erhalten ständig Informationen. Dadurch, dass man „bedenkenlos" aus dem Newton, den man vorfand, den Newton machte, den man haben wollte, indem man einige seiner Forschungsarbeiten nie veröffentlichte und einen großen Teil seines Werkes überhaupt verschwinden ließ, erkennen wir heute, dass dahinter nur eine Macht des Egos, eine Macht des Niederen oder eine Macht der Gier, des Herrschens steht. Welch ein Schaden in der Evolution der Menschheit da angerichtet wurde! Nur ein höheres Bewusstsein, ohne Gier und Macht kann diesen Fehler wieder ausgleichen. Das ist das Anliegen des Menschen, wenn er zu Höherem aufschaut und sich für eine hohe Macht für alle Menschen der Erde einsetzt; wenn er lernt, neu zu denken.

3.4.2. Welche Rolle spielt die Religion?

Man sollte immer in Erwägung ziehen, dass es ein „Ur-Wissen" gibt, eigentlich ein „Ur-Wissen", durch das alles schon bekannt ist – wir haben es einfach vergessen und vergessen immer noch. Das „Ur-Wissen", so sagen es die indischen Schriften, ist u. a. in den Upanishaden niedergeschrieben und in den Veden, die die Basis allen Wissens des Universums darstellen. Sri Yukteswar hatte den Auftrag erhalten, eine Gegenüberstellung der Aussagen der Lehren der Christen aus der Bibel und der Lehren des Hinduismus aus der *Bhagavad Gita* zu erstellen. Daraus entstand die „Heilige Wissenschaft", in der Übereinstimmungen beider großer Religionen erkennbar sind, und in der auch deutlich zum Ausdruck kommt, dass – so wie es z. B. auch Newton sah, – die immerwährende Präsenz Gottes immer vornan steht.[5]

> Blinder Glaube und daraus entstehendes Halbwissen (Unwissenheit) führen uns zum Leid.
> Wir sollten uns mit wahrem, vollkommenem Wissen beschäftigen.
> Erkennen vollkommener Zusammenhänge führt aus dem Leid.

Sie ist die notwendige Voraussetzung für das Bestehen des Universum – eine wissenschaftliche Betrachtung, die die Intelligenz und auch die Seele bei der Betrachtung der materiellen Dinge, des Atoms, mit einbezieht. Man könnte meinen, dass das zwei unterschiedliche Dinge seien. Das ist aber nicht der Fall – nur aus einer falsch entwickelten Betrachtung heraus wurde uns ständig die falsche, nicht vollständige Betrachtung beigebracht, und wir folgen ihr heute noch z. B. bei der Ausbildung unserer Kinder. Letztendlich ist die gesamte Menschheit in einem Muster geprägt, einer unvollständigen Betrachtung aller Dinge, und das ist Halbwissen, was zur Unwissenheit führt. Wir denken einfach Informationen weg und wundern uns, wenn

---

[5] Zafiropulo, Jean und Monod, Catherine: *Sensorium Dei dans l'hermetisme et la science,* Paris 1976

dabei Krankheiten, Misserfolg und Krisen oder – schlimmer – Kriege entstehen.

3.4.3. Das niedergeschriebene Wissen

Ich konnte mich von dem niedergeschriebenen Wissen überzeugen, von Propheten, von Rishi Agasthiya aus Südindien, der in der Lage war, sämtliches Wissen der Technik, Medizin, Biologie usw. niederzuschreiben bzw. deren Entwicklung schon vor 6- bis 7000 Jahren vorauszusagen. Es steht in Palmblättern niedergeschrieben.

Es sei an die Zeremonie mit Menio in Colombo erinnert. Durch die Intuition meiner Frau gelangten wir zu Herrn Norbert F., um das Wunder der Manifestation kennen zu lernen, denn genau dieser Herr hat uns zu Menio geführt, und dort lernten wir eine Frau kennen, die uns zu einer Palmblattbibliothek nach Südindien führte. Der Zusammenhang mit der „Meniobegegnung" ist erwähnenswert, da wir wiederum Wissen aus der Palmblattbibliothek erhielten, welches wir wie eine Botschaft an Menio weitergaben, die uns z. B. Medikamente zur Optimierung des Blutkreislaufes aus dem Himalaja materialisierte, zu denen man keinen Zugriff hat, in keiner Apotheke der Welt. Das ist kein Einzelfall. Wir hatten im Laufe der Zeit viele Medikamente für viele Menschen erhalten. Ich erwähne das aus dem Grunde, weil wir viele solcher nachweisbaren Fälle erleben durften, auch Wissen über Zusammenhänge unseres Seins teilhaftig wurden. Ich bin angehalten, eher aufgefordert, diese Erlebnisse und dieses Wissen weiter zu geben und auch zu erklären.

Aus diesen Erlebnissen und Erfahrungen sowie Wissensvermittlungen ergeben sich einige wissenschaftliche, naturwissenschaftliche Ansätze. Oft werden dem wissenschaftlichen Stand entsprechend nicht erklärbare Vorgänge als sogenannte „Wunder" bezeichnet. Nur weil es zurzeit keine Erklärung gibt, sind diese Vorgänge trotzdem vorhanden. Sie sind erklärbar. Es sind Beobachtungen der „Natur". Das „Davor", bevor etwas entsteht, ist von Bedeutung. Wir erhalten durch die genannten Vorgänge

Denkanstöße, Hinweise aus der Beobachtung der Natur. Das „Davor", bevor die Materie entsteht, ist nicht zu leugnen. Es ist momentan nur nicht messbar mit unseren technischen Messgeräten. Es ändert aber nichts an der Tatsache, dass das „Davor" vorhanden ist, das „Davor", bevor die Materie entsteht. Es ist sogar das Wesentliche, das uns formt – von größter Bedeutung für unser Sein und alles Existierende. Und es ist an der Zeit, sich damit auseinander zu setzen. Es gibt noch weitaus höhere Gesetzmäßigkeiten als nur die mechanistische Betrachtung. Nicht die Tatsache, dass wir das „Davor" nicht messen können, sondern die Tatsache, dass wir und alle Materie existieren, ist maßgebend. Wir selbst und unsere Welt sind Beweis genug. Und es ändert sich nichts daran, ob wir es messen können oder nicht. Die Gesetzmäßigkeiten des „Davor" bestehen. Wir selbst sind der Beweis.

Der Zusammenhang zwischen der Manifestation in Colombo auf Sri Lanka und der Palmblattbibliothek ist kein Wunder. Es wurde kommuniziert, auch über die Entfernung Colombo – Tritchy in Indien. Wie funktioniert diese Kommunikation? Handys waren noch nicht sehr verbreitet, und Telefonieren war nur mit großem zeitlichen Aufwand möglich in der Zeit um 1995, als ich in Colombo und Südindien war. Es gab da eine andere Art der Kommunikation. Das herauszufinden ist eine Aufgabe, die eingehender betrachtet werden soll.

Meine Frau und ich, wir haben unser Palmblatt gefunden und vorgelesen bekommen, und wir wissen über unser Leben Bescheid, auch wann unser Todestag ist und wie wir ihn verschieben oder auch vermeiden können, wenn wir uns richtig verhalten – eine Gebrauchsanweisung sozusagen. Die Zeremonie, unser Palmblatt zu finden, das richtige, ist eine ganz besondere Zeremonie, und es gibt sehr viele Zeremonien zu sehr vielen Palmblättern. Mehr als hundert Menschen haben wir zur Palmblattlesung geführt und uns ein umfangreiches Wissen aneignen können. Diese Vorgänge zu verstehen und die richtigen Zusammenhänge zu erkennen, ist für westlich erzogene Menschen sehr schwierig. Noch schwieriger wird es unter Beachtung der Ausbildung der westlichen Naturwissenschaften und deren Denkweise, sich mit diesen zunächst unglaubhaft erscheinenden Erläuterungen der Gegenwart, der Vergangenheit und vor allem der Zukunft auseinander zu setzen und deren Aussagen zu begreifen. Es ist, wie bei Menio, ein mysteriös erscheinender Vorgang – zunächst nicht erklärbar und unverständlich. Für die westliche Welt, für die Naturwissenschaft schwer erklärbar, nicht passend für diese Denkweise. Bei Menio wurden wir überzeugt durch die Vielzahl unterschiedlicher Manifestationen – ein breites Spektrum von Medikamenten, nahrhafte Pilze, Pillen, nach Kräutern riechende Perlen, Öle, die selbst noch warm waren, Statuen (ein Buddhakopf, mindestens 50 cm groß), kleinere Metallbehälter, beschriebene Kupferrollen usw.

Palmblattlesungen haben wir zur Kenntnis genommen – wurden aber überrascht, wenn der Name der Mutter, der Rufname und der zweite Name auch des Vaters genannt oder die Wegbeschreibung gegeben wurde, durch die man seinen Partner bzw. seine Partnerin findet. Selbst Kosenamen wurden vorgelesen und bei einer Frau italienischer Abstammung vier Vornamen. Auch die Namen der Kinder waren aufgeschrieben, eher eingeritzt auf getrockneten Palmblättern, vor mehr als 6000 Jahren, von einem weisen Propheten, einem Heiligen namens Agasthiya, der in Südindien einen Bekanntheitsgrad hat wie bei uns Jesus. Das eigene Schicksal und das der Familie und näherer Verwandter wurden mitgeteilt – aber auch der Beruf und damit verbundene Entwicklungen, Erfolge und Niederlagen und immer wieder Hinweise, Verhaltensregeln usw. Interessant waren auch wissenschaftliche Hinweise bis hin zu Patentbeschreibungen und technische Lösungen, auch medizinische Erläuterungen und nähere Hinweise für Behandlungen spezieller Krankheiten. In einem Fall wurde vorgelesen, dass der Partner im nächsten Jahr Vater werde. Die Frau glaubte das nicht, schließlich konnte sie keine Kinder mehr empfangen. Nach einem Jahr hat es jeder verstanden, denn die Mutter seines Kindes war seine Sekretärin. Es gab siebzehn verschiedene Kapitel über alle Belange des Lebens, auch Sonderkapitel. Für mich war ein Gespräch aufgezeichnet für ein spezielles wissenschaftliches Thema, das mit Shiva geführt wurde, einer Gottheit im Hinduismus. Es enthielt Hinweise, wie ich mich in meiner wissenschaftlichen Laufbahn verhalten solle und was ich dabei zu beachten habe. Nicht zuletzt finden sich in diesem Buch viele dieser Gedanken wieder.

Die große Frage, die sich jeder stellt, lautet: „Ist das wahr – und wenn ja, wie ist das möglich?" Und hier finden wir eine Lösung, wenn wir in das Atom gehen, um es dann später zu durchschreiten.

3.4.4. Die Zusammenhänge verschiedener Religionen

Diese Erfahrungen mit der indischen Mythologie, den verschiedenen Religionen, vor allem des Hinduismus' und des Buddhismus', zeigten uns eine sehr erweiterte Betrachtungsweise aller Zusammenhänge. Wir haben Indien vom Süden bis zum Himalaya erforscht und diese Erfahrungen zusammengefasst und in Verbindung gebracht mit der modernen westlichen Wissenschaft. Daraus ergeben sich holistisch erweiterte Betrachtungen der bedeutenden Religionen, der Naturwissenschaften und der fernöstlichen Betrachtungen unseres Seins.

Dieses ganzheitliche Wissen der Zusammenhänge der bestehenden Existenz unserer Materie und der immerwährenden Präsenz der universellen kosmischen Energie als notwendige Voraussetzung für das Bestehen des Universums geben wir als die darauf begründete Yogasolanwissenschaft in diesem Buch und in vielen Seminaren weiter.

Das Universum spielt natürlich in der indischen Mythologie eine außerordentliche Rolle und stellt in der Verbindung zur westlichen Religion und Naturwissenschaft eine Bereicherung für die Betrachtung unseres Seins und aller Zusammenhänge dar, meistens übereinstimmend und oft ergänzend.

Beeindruckend ist der Vergleich der Religionen untereinander, vor allem des Hinduismus' und des Christentums in einer Gegenüberstellung der Bibel und der *Bhagavad Gita* von Sri Yukteswar in der „Heiligen Wissenschaft".

4. Wir betreten den Bereich der Ursachen

Es ist schwierig, das Geschehen in uns und um uns anhand der Strukturen wie Raum, Zeit und Materie und deren Zusammenhänge zu erklären. Auf der Basis eines neuen höheren wahren Wissens, eines der höheren Wahrnehmung angepassten höheren Bewusstseins mit dem Blick in die „Leere", die wir erkennen wollen und in der alles enthalten ist, können wir es erkennen – und darüber hinaus auch die Zusammenhänge – mehr noch, als wir uns vorstellen können, denn wir betreten den nichtsichtbaren Bereich, den Bereich, den unsere fünf Sinne nicht mehr wahrnehmen können. Wir betreten den Bereich der Ursachen, dort, wo alles beginnt, ehe es „sichtbar" wird.

Wenn wir uns dieser Aufgabe zuwenden, so ist der Bezug zu Albert Einstein und seiner *„Speziellen und Allgemeinen Relativitätstheorie"* erforderlich. Ein wesentlicher Ausgangspunkt für den Erfolg seiner Relativitätstheorie, als fundamentales Gesetz der Physik, war die Betrachtung der physikalischen Vorgänge ohne den Äther. Darin liegt der wesentliche „Durchbruch" – auch deshalb, weil jetzt der Weg frei war und der damals nicht eindeutige Begriff des Äthers verschwand. Damit wurde der Weg frei zu diesen fundamentalen Gesetzen.

4.1. Einsteins Gedankenexperiment

Albert Einsteins Stärke war es, sich Experimente in Gedanken vorzustellen – der Gedanke, der der Anfang einer Idee ist, der dann viele folgten. Ein trainierbares Verfahren, durch das die Einfälle der Vorgänge im Gehirn eingeleitet werden – in Verbindung stehend mit der speziellen Bewusstseinsebene und den damit verbundenen Einfällen einer höheren Ebene. Gedankenexperimente, die es Einstein ermöglichten, Dinge (Zusammenhänge) zu erkennen, die anderen Menschen nicht so ohne weiteres zugänglich sind, aufgrund der nicht erreichbaren Bewusstseinsebene seiner Intelligenz. Einstein fragte sich, wie es wohl wäre, wenn er auf einem Lichtstrahl reiten könnte. Dies motivierte ihn, und das war ein

Antrieb für seine bahnbrechende Erforschung des Lichts und dessen Fortbewegung.

4.2.   Einsteins Relativitätstheorie

Die sogenannte „Leere" führt uns zu den Gedanken des ursprünglichen „Äthers", der nicht mehr verstanden wurde. Wir begleiten Einstein ein Stück des Weges zur Entwicklung seiner Relativitätstheorie. Es ist vor allem die Betrachtungsweise des Äthers. Sein „Weglassen" ermöglichte Einstein, die Theorie zum Erfolg zu bringen. Später erfahren wir, dass gerade das „Weglassen des Äthers" für die weitere Betrachtung von außerordentlicher Bedeutung ist.

Zunächst ist zu verstehen, um nicht zu weit in die Thematik einzudringen, dass die Gravitationstheorie im engen Zusammenhang mit der Entwicklung der Relativitätstheorie steht. Es ist sehr interessant, wie sich das Phänomen Äther, vor allem das Weglassen dieses Phänomens, auf die spätere Entwicklung der Relativitätstheorie von Einstein auswirkt. Interessant ist dann auch, dass wir sie in anderer Form wieder einführen werden und damit zu reichhaltigen Erkenntnissen kommen, die für unsere Betrachtungen, für unser Leben von außerordentlicher Bedeutung sind.

Einsteins beschriebene Gravitation, die er mit der Allgemeinen Relativitätstheorie in Verbindung brachte, führte zu einem geometrischen Phänomen, das in einer gekrümmten Raumzeit betrachtet wird. Energie krümmt die Raumzeit in ihrer Umgebung. In diesem Zusammenhang betrachtet man einen Gegenstand, auf den nur gravitative Kräfte wirken und der sich zwischen zwei Punkten in der Raumzeit stets auf einer sogenannten geodätischen Linie bewegt.

Ist die vierdimensionale Raumzeit der Speziellen Relativitätstheorie anschaulich schwer vorstellbar, so ist eine zusätzlich gekrümmte Raumzeit noch weniger vorstellbar. Es werden Beispiele zur Veranschaulichung herangezogen, die man dann auf einer zweidimensionalen Ebene versucht zu betrachten. Würden zwei Fahrzeuge am Äquator mit fixiertem Lenkrad nebeneinander exakt parallel Richtung Norden starten, dann würden sie sich am Nordpol treffen. Ein Beobachter, dem die Kugelgestalt der Erde verborgen bliebe, würde daraus auf eine Anziehungskraft zwischen den beiden Fahrzeugen schließen. Es handelt sich aber um ein rein geometrisches Phänomen. Gravitationskräfte werden daher in der Allgemeinen Relativitätstheorie gelegentlich auch als Scheinkräfte bezeichnet.

Das führte u. a. dazu, dass sich die Einführung eines „Lichtäthers" insofern als überflüssig erweisen würde, als nach der zu entwickelnden Auffassung weder ein mit besonderen Eigenschaften ausgestatteter „absoluter Raum" eingeführt werden muss, noch ein Punkt des leeren Raumes, in welchem elektromagnetische Prozesse stattfinden, denen dann ein Geschwindigkeitsvektor zugeordnet wird.

In der „*Speziellen Relativitätstheorie*" sind nun Längenkontraktion und Zeitdilatation eine Folge der Eigenschaften von Raum und Zeit und nicht von materiellen Maßstäben. Die Symmetrie dieser Effekte ist daher kein Zufall, sondern eine Folge der Gleichwertigkeit der Beobachter, die als Relativitätsprinzip der Theorie zugrunde liegt.

Alle Größen der Theorie sind experimentell zugänglich. Von diesen Prinzipien ausgehend konnte Einstein dann auch die Äquivalenz von Masse und Energie ableiten. Eine beträchtliche Erweiterung der Theorie bildete Hermann Minkowski (1907) mit der Ausarbeitung der von Poincaré (1906) vorgetragenen Idee eines vierdimensionalen Raumzeitkontinuums. Dies alles mündete später unter Einbeziehung weiterer Prinzipien in die „*Allgemeine Relativitätstheorie*".

Wissenschaftshistoriker wie Robert Rynasiewicz oder Jürgen Renn sind zusätzlich der Meinung, dass Überlegungen zur Quantentheorie – wie sie von Planck (1900) und Einstein (1905) eingeführt wurde – ebenfalls eine Rolle bei der Verwerfung des Äthers spielten. Diese möglichen Zusammenhänge der Arbeiten von Einstein, 1905 („Annus Miribilis"), bezüglich der Elektrodynamik bewegter Körper und der Lichtquantenhypothese wurden von Renn folgendermaßen beschrieben: „… Einsteins Überlegungen zur Lichtquantenhypothese hatten aber auch umgekehrt weitreichende Folgen für seine Arbeit zur Elektrodynamik bewegter Körper, denn sie transformierte seine ursprünglichen versuchsweisen Überlegungen zur Abschaffung des Äthers in eine unumgängliche Voraussetzung für seine weitere Forschung."

Diese Interpretation beruhte auf Analysen der Arbeiten von 1905, auf Briefen Einsteins, sowie auch auf einer Arbeit von 1909. Mehrere von Einstein 1905 entscheidend geprägten Hypothesen (Lichtquanten, Äquivalenz von Masse-Energie, Relativitätsprinzip, Lichtkonstanz, etc.), haben sich dieser Annahme zufolge dabei gegenseitig beeinflusst. Das hatte die Konsequenz, dass Strahlen und Felder als unabhängige Objekte existieren können, dass kein ruhender Äther existiert, und dass bestimmte Strahlungsphänomene für eine ätherlose Korpuskeltheorie sprechen. Die Spezielle Relativitätstheorie ist sowohl mit dem Wellen- als auch dem Teilchenkonzept verträglich.

Das derzeitige Standardmodell zur Beschreibung der Gravitation ohne Fernwirkung ist die 1915 von Einstein vollendete Allgemeine Relativitätstheorie (ART). In einem Brief an Einstein (1916) vermutete nun Lorentz, dass in dieser Theorie im Grunde der Äther wieder eingeführt worden sei. In seiner Antwort schrieb Einstein, dass man durchaus von einem „neuen Äther" sprechen könne, jedoch dürfe der Bewegungsbegriff nicht auf ihn angewendet werden. Diesen Gedankengang führte er in mehreren semi-populären Arbeiten (1918, 1920, 1924, 1930) weiter aus.

So schrieb er 1920 in der Arbeit „Äther und Relativitätstheorie", dass die spezielle Relativitätstheorie den Äther nicht notwendigerweise ausschließe, da man dem Raum physikalische Qualitäten zuschreiben müsse, um Effekte wie Rotation und Beschleunigung zu erklären. Und in der allgemeinen Relativitätstheorie könne der Raum nicht ohne Gravitationspotenzial gedacht werden, deswegen könne man von einem „Gravitationsäther" im Sinne eines „Äthers der Allgemeinen Relativitätstheorie" sprechen. Dieser sei von allen mechanischen Äthermodellen bzw. dem lorentzschen Äther grundverschieden, da (wie schon im Brief an Lorentz erwähnt) auf ihn der Bewegungsbegriff nicht angewendet werden könne.

Und 1924 verwendete Einstein in der Arbeit „Über den Äther" für jedes außerhalb der Materie existierende Objekt mit physikalischen Eigenschaften den Begriff Äther. Die Übereinstimmung dieses relativistischen Ätherbegriffs mit den klassischen Äthermodellen bestand also nur im Vorhandensein physikalischer Eigenschaften im Raum.

> Das Weglassen des Ätherbegriffes ermöglichte die Relativitätstheorie. Der Äther spielt keine Rolle mehr.

Deswegen ist auch die Annahme zu verneinen, dass Einsteins neuer Ätherbegriff im Widerspruch zu seiner vorherigen Verwerfung des Äthers stehe. Denn wie Einstein selbst ausführte, „… es kann, wie von der Speziellen Relativitätstheorie gefordert, auch weiterhin nicht von einem stofflichen Äther im Sinne der newtonschen Physik gesprochen werden", und auch der Bewegungsbegriff kann auf ihn nicht angewendet werden. Nun ist diese Übereinstimmung mit dem klassischen Äther zu gering, als dass sich dieser neue Ätherbegriff in der Fachwelt hätte durchsetzen können. Auch im Rahmen der Allgemeinen Relativitätstheorie wird er bis heute nicht verwendet. Im heute auf der ganzen Welt anerkannten Lehrbuch der „*Theoretischen Physik von Landau und Lifschitz*" findet man das Stichwort „Äther" im Band für klassische Feldtheorie nicht einmal im Register.

4.3.   Was ist der Äther?

Es gibt verschiedene Vorstellungen vom Äther – sowohl von seiner Lokalisierung im Kosmos als auch von seiner Stofflichkeit bzw. Dichte und auch der nichtstofflichen Betrachtung.

Der Begriff Äther ist zurückzuführen auf ein uraltes Wissen, mit dem wir heute nicht mehr viel anfangen können. Eine ursächliche Erklärung ist uns sozusagen abhanden gekommen. Der Ursprung liegt weitaus im Tieferen verborgen. Wenn wir die Ur-Religionen betrachten, so werden vergleichbare Begriffe verwendet. In der hinduistischen Literatur wird zum Beispiel von Akasha gesprochen, auch oft von der „Akasha-Chronik", wo alles Wissen vorhanden ist. Dort wird Akasha als grenzenloser Raum definiert. Das ist ein Begriff jenseits unseres heutigen Verstandes. Für Hindus lässt sich der Begriff Akasha weder definieren noch beschreiben. Während die vier Elemente Luft, Feuer, Wasser und Erde in der Natur leicht zu identifizieren und überall dort vorhanden sind, wo es Leben auf Erden gibt, wird Akasha auch als der Raumäther bezeichnet. Dort wird er als Wiege des Lebens verstanden, die deshalb nicht zu sehen ist, weil sie im Grunde die Leere ist. Sie füllt alles aus, ohne sie kann das Leben keine Gestalt annehmen oder existieren.

Das ist eine äußerst interessante Betrachtung. Wir kommen hier über den Begriff des Äthers zum Begriff der Leere. Nach dieser Erkenntnis sind Leere und Äther miteinander verbunden oder auch das ursächlich Gleiche. Im Laufe der Jahrtausende ist der tiefere Sinn des Äthers verloren gegangen.

Es passte auch nicht in das Vorstellungsbild – ein Raum, der leer ist. Also mussten Korpuskeln oder eben Teilchen, also Materie, her. Die Korpuskeltheorie ist eine vor allem von Isaac Newton entwickelte physikalische Theorie, nach welcher das Licht aus kleinsten Teilchen bzw. Korpuskeln (Körperchen) besteht. Diese Betrachtung ist mit einem „Äther" nicht in Einklang zu bringen.

Leere hatte da keinen Platz, und eine materielle Leere, wofür Äther dann „gedacht" wurde, konnte nicht sein. Albert Einstein betrachtete nicht die Leere, sondern die in Raum und Zeit angesammelte Materie, woraus richtigerweise die *„Spezielle und die Allgemeine Relativitätstheorie"* entstanden. Der Begriff des Äthers verliert sich hier und tritt heute nicht mehr wesentlich in Erscheinung.

Auch in einer der größten Weltreligionen, dem Buddhismus, spricht man von einer Leere. Siddharta Gautama, der in Nordindien lebte, ist der große Lehrer, der zur Erkenntnis, eigentlich zur Erleuchtung, gelangte und das Wissen über die Leere verbreitete. Diese Erkenntnisse gehen zurück in das 5., möglicherweise in das 4. Jahrhundert v. Chr. Nach der Erleuchtung des Gautama, der zu Buddha (wörtlich: Erwachter) wurde, entstand eine fundamentale und befreiende Einsicht in die Grundtatsachen allen Lebens, aus der sich die Überwindung des mit Leiden behafteten Daseins ergibt, die sich in der buddhistischen Lehre widerspiegelt.

Buddha selbst sah sich weder als Gott noch als Überbringer der Lehre eines Gottes. Zur Erkenntnis gelange man durch eigene meditative Schau und damit zu einem Verständnis der Natur des eigenen Geistes und der Natur aller Dinge. Diese Erkenntnis sei jedem zugänglich, der seiner Lehre und Methodik folge.

Akasha, Raumäther und Leere, die nicht zu sehen ist, weil sie im Grunde die materielle Leere darstellt, füllt alles aus, ohne sie kann das Leben keine Gestalt annehmen oder existieren.

Den Gedanken Buddhas folgend, sozusagen der meditativen Schau folgend und die Natur verstehend, sie erfassend und erkennend, in der Gesamtheit aller Dinge einschließlich des Geistes, des eigenen und des Geistes der Natur, kommen wir zur Erkenntnis der Leere. Nur müssen wir die Erkenntnis der Leere im richtigen Blickfeld des Nichts sehen und über die Korpuskel, die Teilchen, die Atome hinaus erkennen, aus was eigentlich „alles" oder anders ausgedrückt „das Alles" besteht. Zu dieser Erkenntnis gelangte auch Buddha. Das ist aber auch das, was im Hinduismus in der Akasha, also im sogenannten Raumäther, erkennbar ist, in der Wiege des Lebens, so wie auch bei Buddha.

> Akasha, Raumäther und Leere, die nicht zu sehen ist, weil sie im Grunde die materielle Leere darstellt, füllt alles aus – ohne sie kann das Leben keine Gestalt annehmen oder existieren.

Das ist aber auch das, was im Christentum als Gott zu sehen ist. Keine menschliche Gestalt, kein Bildnis, kein Großvater mit Bart – das Ebenbild Gottes ist die Leere, die Intelligenz, die Energie, die in uns besteht und hinter der alles steht, die Erkenntnis des Geistes, so wie Buddha es ebenfalls meinte.

Diese Erkenntnis gilt für den Ursprung aller Religionen, wenn man den Weg zurückverfolgt bis zur Ur-Religion. Unterscheidungsmerkmale der Religionen stellten sich in den von Menschen gemachten Gesetzen heraus, die sie in der Macht und der ihr anhaftenden Gier formten.

> Es ist nicht das, was den Kosmos sichtbar füllt, sondern das, was nicht sichtbar dahintersteckt, aus dem alles besteht. Aus der Sicht der fünf Sinnesorgane ist es nur das physisch Wahrnehmbare, was wir erkennen.

5. Dr. Bayers Gedankenexperiment: Reise durch das Atom

Ich lade Sie zu einem Gedankenexperiment ein. Ich frage mich, was passiert auf einer Reise durch das Atom, also durch die sogenannte Materie? Ein Gedankenexperiment, in dem wir in das Atom hineingehen und das Innere des Atoms betrachten und anschließend das Atom durchschreiten. Was finden wir auf diesem Wege nach dem Durchschreiten des Atoms, also hinter dem Atom? Erkennen wir die Ursache unseres Seins und wo diese Reise endet? Eines kann ich jetzt schon sagen – im „Nichts". Aber beginnen wir unsere Reise mit der Betrachtung des Atoms, besser: des Inneren des Atoms.

Auf dieser Reise nehme ich wahr, dass unser Körper aus Trilliarden von Trilliarden Atomen besteht. Die Masse eines Atoms beträgt durchschnittlich ca. 0,000 000 000 000 000 000 000 000 001 kg. Ein Mensch mit ca. 80 kg Gewicht besteht dann aus ca. 10^{28} also ca. 80.000 Quadrillionen Atomen. Eine unvorstellbar hohe Anzahl von Atomen, deren Teilchenanzahl sich im Inneren des Atoms, im Bereich der Quanten, um ein Vielfaches erhöht. Das sind wir. Alle diese Atome sind untereinander vernetzt – sie kommunizieren miteinander. Welch eine Leistung, welch eine Macht in uns steckt!

> Welch' eine Macht wir sind, eine Macht in uns – ohne unser Zutun – ca. 80.000 Quadrillionen Atome, die miteinander kommunizieren.

Erschaffen ohne unser Zutun – das klingt so wie bei Menio, die aus dem Nichts etwas erschaffen hat – der gleiche Prozess? – Oder mindestens so ähnlich? – Oder das gleiche Prinzip? So wie das Universum? Und alle Atome kommunizieren zusammen – über Informationen?

5.1. Das Innere des Atoms

Jetzt nähern wir uns den Grundbausteinen der Natur, der Materie – Zellen bestehen aus Atomen und diese aus sogenannten Quarks. Das ist eine Betrachtung, die uns in das Innere unserer Materie führt.

Albert Einstein sagte hierzu ganz eindeutig „… die Welt wird sich radikal ändern, wenn wir das Innere des Atoms erkennen" – wir sind jetzt so weit, und unser Weltbild wird sich ab sofort radikal ändern, wenn wir jetzt das „Innere des Atoms" durchdringen. Das wird uns ab sofort bewusst und uns weiter auf dem Weg begleiten, weg von der bisherigen Betrachtung, die halbes Wissen ist, was mit Unwissenheit gleichzusetzen ist, hin zum wahren vollkommenen Wissen.

Dort setzen wir an und erweitern den Gedanken mit Sri Yukteswars Worten, eines indischen Meisters, der den Gedanken so erweiterte, dass er sagte „… durch das Atom hindurch gehend gelangen wir zur höchsten Intelligenz und somit zum höchsten wahren Wissen".

Anstrengend genug ist ja schon die Herausforderung, sich mit dem Inneren des Atoms vertraut zu machen, aber jetzt kommt eine neue Herausforderung, an die wir noch nie gedacht haben. Durch ein Atom hindurch gehen, wie soll das funktionieren?

Wenn wir in das Innere des Atoms schauen, wird sich die Erkenntnis der Welt total ändern, und wenn wir nach den Worten Yukteswars den „Thron der Schöpfung", das ist das „Durchschreiten" des Atoms, vollziehen, werden wir alle Zusammenhänge erkennen. Also schauen wir in das Innere der Welt hinein, die alles zusammenhält, so wie Goethe es formulierte.

Da erinnere ich mich wieder an unsere liebevolle Frau, die wir Menio genannt haben, übersetzt als „liebevolle Mutter". Was spielt sich bei dem Vorgang der „Geburt" gewisser Gegenstände ab? Diese ist gleichzusetzen mit der Materialisation oder einfach der Manifestation oder der Offenbarung, die auch eine Materialisation ist oder auch eine Schöpfung, hier aber die Schöpfung der Materie. Die Schöpfung des Fleisches, wie es die Religion verwendet, geschieht aus der Schöpfung der Materie und bekommt somit die richtige Bedeutung. Alles in der Schöpfung der Materie beginnt mit dem Atom, das letztendlich Fleisch wird. Das spielt eine wichtige Rolle bei der Betrachtung der Informationen, denn alle Informationen, alle Energien befinden sich im Atom, und diese stehen im Wechselspiel mit unseren später zu betrachtenden Energieumfeldern.

Schauen wir uns die kleinsten Grundbausteine der Materie etwas näher an. Es ist nicht erforderlich, dazu ein Grundstudium der Physik zu absolvieren. Aber wenn wir die Zusammenhänge verstehen und vor allem später mit ihnen umgehen und sie in der Praxis anwenden wollen, müssen wir ein paar schwierige Begriffe auf einfache Art und Weise betrachten. Es ist ganz einfach – bitte begleiten Sie mich, ich bin sozusagen immer bei Ihnen.

Die Naturwissenschaften lehren uns, dass die kleinsten Teile der Materie die Atome sind. Der Name, aus dem Griechischen übersetzt, bedeutet „unteilbar", wurde aus der Philosophie hergeleitet und führt uns ungefähr in das Jahr 460 vor Christus zurück. Demokrit (460–370 v. Chr.) postulierte, dass die gesamte Natur aus kleinsten, unteilbaren Einheiten, den Atomen, zusammengesetzt sei. Seine Aussage dazu lautet: „Nur scheinbar hat ein Ding eine Farbe, nur scheinbar ist es süß oder bitter; in Wirklichkeit gibt es nur Atome im leeren Raum." Bemerkenswert ist auch seine Aussage, dass „es nichts gibt als das Atom und den leeren Raum, alles andere ist Kommentar."

„… wenn wir das Innere des Atoms durchschauen, wird sich die Welt radikal ändern." Einstein

Wir gehen einen Schritt weiter – „durch das Atom hindurch" Yukteswar, um zu erkennen, „… was die Welt im Innersten zusammenhält". Goethe

Die früheste uns bekannte Erwähnung, die aus dem 6. Jahrhundert vor Christus aus Indien stammt, entwickelte schon Theorien von komplexen Gebilden von Atomen, die sich zusammenschlossen, alles auf der Basis philosophischer Betrachtungen, die aber bis heute übernommen wurden. Vertreter der Schule von Milet, ebenfalls 6. Jhd. v. Chr., stellen den Ursprung des Seins im Urstoff der Materie fest. Milet gilt als Geburtsstätte der Wissenschaft. Es ist die Loslösung von der mythologisch geprägten Weltsicht der Dinge und die Suche nach der Arché, dem Ursprung allen Seins.

5.2.   Die Leere des Atoms

Auf unserer Reise durch das Atom finden wir im Atom selbst eine unvorstellbare Leere von ca. 99 % – also keine Teilchen, sondern Wellen, elektromagnetische Wellen, schwingend, schwingende Energie, hohe schwingende Energie, die, so nehmen wir das wahr, wenn wir bereits das Atom durchschritten haben, in Feldern eingeschlossene Energie ist. Das hat Einstein ebenso gesehen – Materie ist in Feldern eingeschlossene Energie. Das ist sozusagen ein Magnetismus, den wir erkennen, der das Atom, eigentlich die Energie und damit die stoffliche Leere, umgibt: Eine Leere, Unsichtbares, materiell betrachtetes Nichts, nicht fest, keine feste stoffliche Materie, sondern nur Energie. Unser Atom ist nichts Festes, es schwingt, aber so hoch, dass es nicht durchdringbar ist, und wir betrachten es als etwas Festes. Es ist nur unsere Vorstellung. Unser Körper ist nichts Festes, aber wir sehen ihn so. Es übersteigt unsere Vorstellung, was nichts an den wahren Zusammenhängen ändert. Wir müssen lernen, unsere Wahrnehmung und damit unser Bewusstsein zu schulen.

Es gibt sie nicht, die Teilchen. Die Teilchen sind von Menschen gemacht. Sie sind nur eine Vorstellung des Menschen. Da beginnt ein großer Irrtum – eine Begrenzung, der wir unterliegen, denn alle weiteren Betrachtungen unseres Seins werden darauf ausgerichtet. Eine schwingende Energie, in Feldern eingeschlossen, ändert all unsere Betrachtungen. Sie löst Begrenzungen auf, in unserem Alltag, in unserem Zusammensein, bei der Betrachtung der Krankheiten, der Forschung und Entwicklung, der Anwendung in der Technik, der Medizin usw. und vor allem bei der

Betrachtung unseres Universums, in dem wir miteinander leben. Wir müssen erst lernen damit umzugehen – verstehen, uns bewusst werden, von welchem Ausmaß wir sprechen. Das beginnt bei unserer eigenen Entwicklung, bereits in den Schulen und der weiteren Ausbildung und der Anwendung in unserem Alltag. Ein vollkommen neues Bewusstsein, ein „Neues Denken" der Menschheit mit außerordentlichen Konsequenzen – das meinte Albert Einstein damit, dass sich die Welt radikal ändert, wenn der Mensch das Innere des Atoms erkennt. Das Atom ist kein Teilchen, so wie alle Materie nicht aus Teilchen besteht, das Elektron nicht, der Mensch nicht und das gesamte Universum nicht. So wie auch unsere Organe, unsere Leber und unser Blut nicht aus Teilchen bestehen, sondern aus einem in Feldern eingeschlossenen Energiesystem, das nicht fest, nicht starr ist und auch nicht so behandelt werden möchte.

Aber unsere Reise durch das Atom hat gerade erst begonnen. Wir sind ja erst am Anfang und haben schon Gravierendes erlebt. Wir gehen auf unserer Reise weiter und werden viel Abenteuerliches nach den ersten Erkenntnissen erleben.

> Eine unvorstellbare Leere von mehr als 99 % finden wir im Atom
> – keine Materie –
> sondern schwingende Energie.
>
> Materie ist in Feldern eingeschlossene Energie. Einstein

5.3. Woher kommt die Energie?

Wenn wir weiter reisen, fragen wir uns, wo kommen diese Felder her? Woher kommt die darin schwingende Energie? Die Antwort lautet: Eigentlich aus dem Nichts, so wie auch plötzlich ein Elektron auftaucht, aus dem Nichts. Wir gehen weiter und stellen fest, dass diese in Feldern eingeschlossene Energie sich vorher, außerhalb des Feldes, frei bewegen konnte. Eine Energie existierte bereits, bevor sie eingeschlossen wurde. Diese Energie war frei, eine freie Energie. Der Ursprung dieser Energie liegt vor dem Urknall, die sich durch den Urknall entfaltete – besser gesagt, aus der Energie vor dem Urknall, die nicht sichtbar und damit nicht messbar ist mit uns bekannten Messinstrumenten und trotzdem vorhanden ist, sonst würde die Materie und würden somit wir nicht bestehen. Wir reden hier von einer Energie, aus der alle unsere Materie, das sichtbare Universum mit all seinen Planeten, Galaxien, seinen Sonnen, besteht, wie auch die Erde und unsere Körper – alles Stoffliche. Unser Universum ist ein mit der in Feldern eingeschlossenen Energie aus freier Energie entstandenes schwingendes Energiesystem, aus der sich alles formt. Diese freie Energie war schon vorhanden, bevor diese in Feldern eingeschlossen wurde. Sie wurde dann als festes unzertrennbares Teilchen bezeichnet, als „Atom" – was sich als ein großer Irrtum herausstellte, der aus Unwissenheit entstand.

Zur Richtigstellung und zum besseren Verständnis, dem neuesten Wissensstand entsprechend und um den Irrtum zu beseitigen, führen wir gemäß der Nichtrelativitätstheorie die alternative Bezeichnung „Swings" ein, an Stelle des „Atoms".

Swings

schwingende
intelligenzbehaftete = Swings = Atom
Energiesysteme

Wir erkennen aber auch auf unserer Reise, dass das Universum ein wohl organisiertes Energiesystem ist, wo alles seine Ordnung hat – im Mikro- und im Makrokosmos.

Wenn wir uns jetzt in diesem „Atom", im schwingenden, wohl organisierten Energiesystem, aufhalten, müssen wir uns fragen, wie diese Ordnung organisiert ist, die alles formt, was uns in der Materie begegnet, z. B. auch unsere Zellen und unseren Körper und vielleicht auch unsere Intelligenz – und unser Bewusstsein?

Demzufolge steht hinter der Materie, durch das „Atom" gehend, eine höhere Intelligenz, die alles formt.

Wir betrachten die Vorgänge der Natur, indem wir die Evolution des Universums einbeziehen. Darwin hat in seiner Evolutionstheorie in einer Fleißarbeit die Entwicklung der Natur untersucht und wesentliche Entwicklungen erforscht und erkannt. Der Evolutionsprozess bis zum Menschen ist sozusagen aufgenommen worden – eine Bestandsaufnahme des materiell Existierenden – die Manifestation, die aus dem sich selbst organisierenden System erkennbar ist.

Alle Naturwissenschaften beschäftigen sich mit der Auswirkung der Manifestation des sich selbst organisierenden Systems. So auch die Erkenntnisse von Demokrit, Newton, Keppler, Einstein und vielen anderen. Eine diskursive Betrachtung aller Wissenschaften, die sich auf die sogenannte Materie bezieht. Aus der Materie heraus beobachtet, gemessen und daraus abgeleitet Gesetze, Naturgesetze, nach denen unsere Vorstellung des Lebens bestimmt wird. Aus diesen diskursiven Betrachtungen entstehen die von Menschen gemachten Gesetze, die sich aufgrund immer wieder neu entdeckter Naturerscheinungen diskursiv aus den Beobachtungen ergeben. Die Naturgesetze, die sich im sich selbst organisierenden System entwickeln, werden nicht vollständig erkannt, sondern immer nur so weit wie die Beobachtungen, die dafür entwickelten Messinstrumente und vor allem das sich zum Zeitpunkt der Beobachtung entwickelte Bewusstsein.

Unser Gedankenexperiment führt uns zum Ursprung unseres Seins: Zur Manifestation unseres materiellen Seins, unseres Körpers und aller Materie, durch die wir hindurch schauen müssen, um zu erkennen, wer oder was wir sind. Das Sein aller Materie, ist mindestens auf die in der Energie enthaltene Intelligenz zurück zu führen. Warum wir von der Intelligenz sprechen können, die in der Energie erhalten ist, ist in dem Zusammenhang zu sehen, dass wir es im Universum mit sich selbst organisierenden Systemen zu tun haben. Das Universum ist ein fortlaufender Prozess, in all seinen Teilen ein lebendes System, das durch Selbstorganisation und Selbstgestaltung charakterisiert ist. Ein selbstorganisierendes System ist ein System, das seine grundlegende Struktur als Funktion seiner Erfahrung und seiner Umwelt verändert (Farley und Clark, Lincoln Laboratory, 1954). Es steckt System dahinter, ein intelligentes System. Das sind Systeme, die sich fern vom thermodynamischen Gleichgewicht befinden, die also Energie, Stoffe oder Informationen mit der Außenwelt austauschen. Ein selbstorganisiertes System verändert seine grundlegende Struktur als Funktion seiner Erfahrung und seiner Energieumfelder und der in den Feldern eingeschlossenen Energie, die als universelle Energie Intelligenz-behaftet ist. Das ist ein Prozess der Natur, der bereits beim Urknall stattgefunden hat – eine Intelligenz, die den Geist aktivierte.

5.4.   Formbildende Felder

Die mit Intelligenz aktivierte, ständig vorhandene labile Energie, die wir auch Geist nennen, ist in den Feldern eingeschlossen und offenbart sich im Prozess der Manifestation. "The field is the sole governing agency of the particle", formulierte Einstein und brachte damit zum Ausdruck, dass das Feld die einzige Regelgröße der Materie sei. Somit formen Felder die Materie, hinter denen Intelligenz steht, sonst würde das gesamte System nicht funktionieren. Wenn es Felder sind, in denen Energie eingeschlossen ist, dann ist diese Energie mit der sich selbst organisierenden Intelligenz verknüpft. Also steckt hinter jeder Form Intelligenz.

Interessant ist hierbei die Betrachtung der Intelligenz. Es gibt keine von allen Psychologen geteilte eindeutige Definition von *Intelligenz.* Stattdessen existieren verschiedene Intelligenzmodelle. Für die Betrachtung unseres Gedankenexperimentes, durch das Atom durchgehend, stellen wir fest, dass aufgrund der für uns nicht begreifbaren Auswirkung des Universums und seiner Entwicklung eine so hohe Intelligenz vorhanden ist, die wir ebenfalls nicht begreifen, die aber so unendlich ist wie das Universum selbst, sonst würde es nicht in dieser Unendlichkeit bestehen. Selbstorganisierende Systeme funktionieren nicht nur auf der Basis der in den Feldern vorhandenen Energien, sondern vor allem auch auf der Basis dort enthaltenen Intelligenz und des Informationsaustausches im Gesamtsystem.

> Das Sein aller Materie ist ein selbstorganisierendes System und ist mindestens auf die in der Energie enthaltene Intelligenz und deren Informationen zurückzuführen.

5.5. Die Intelligenz in der Energie

Die Intelligenz in der Energie enthält die Informationen im sich selbst organisierenden System. Die Intelligenz fehlt bei der Betrachtung der Relativitätstheorie. Das gilt ebenso bei allen aus der diskursiven Naturbetrachtung entstandenen Naturgesetzen. Die von der Natur diskursiv abgeleiteten Naturgesetze, die ihre Berechtigung haben und in keiner Weise dementiert werden, müssen unter der Betrachtung und Einbeziehung der Intelligenz, der eigentlichen Ursache, betrachtet und erweitert werden. Denn per Definition der Natur versteht man darunter „… alles, was ohne den Menschen entstanden ist". Das Universum besteht schon weit vor dem Menschen, unserem Sonnensystem, der Erde, den Meeren, jeder Pflanze und jedem Tier und damit der gesamten Natur.

Wenn wir in diesem Zusammenhang von Intelligenz sprechen, beziehen wir uns nicht auf eine emotionale Intelligenz oder auf irgendeinen anderen Intelligenzbegriff und schon gar nicht auf einen Intelligenzkoeffizienten. Denn es gibt eine Anzahl von Definitionen in der Naturwissenschaft, z. B. die der technischen Intelligenz usw. Aber in der

Natur erfolgt alles nach dieser hohen Intelligenz. Es ist genau diese hohe Intelligenz, nach der sich alles formt. Der Mikro- und Makrokosmos, die Teilung der Zelle ist von so hoher Intelligenz, dass es ein Gehirn nicht schaffen würde, diesen Prozess mit den erforderlichen Informationen zu verarbeiten, das alles ist der Natur zuzuordnen:

> Die Intelligenz der selbstregulierenden Systeme des Mikro- und Makrokosmos ist eine sehr hohe Intelligenz.
> Intelligenz, die uns umgibt, und die in uns ist.
> Dieser hohen Intelligenz müssen wir uns bewusst werden, genau wie den darin enthaltenen Informationen.

Einsteins Relativitätstheorien haben nur Gültigkeit durch die Herausnahme des Äthers aus seinen Gleichungen. Der Ätherbegriff, so wie ihn Einstein, vor allem nach dem Michelson-Morley-Experiment, gesehen hat, hatte für sein Gleichungssystem keine Bedeutung mehr. Das war der wesentliche Schritt zur Entwicklung der Relativitätstheorie.

Es ist aber auch der wesentlichste Aspekt, dass die Relativitätstheorie nur die Materie betrachtet und dafür ihre Gültigkeit hat, Intelligenz spielt da noch keine Rolle, sondern, wie gesagt, nur die Auswirkung der Intelligenz, die in der Materie vorhanden ist, besser in der Energie, die zur Materie wurde, aber letztendlich pure Energie bedeutet. Die Entwicklung der Relativitätstheorie hat eine außerordentliche Bedeutung. Durch sie wurde eine wesentliche Epoche der Wissenschaft, von der wir heute alle profitieren, eingeleitet. Aber auch hier ist es der Evolutionsprozess, der, immer weiter voran schreitend, auf neuesten Erkenntnissen aufbauend, unsere Entwicklung vorantreibt in eine weitere neue Zeit. Das ist der eher geistige Evolutionsprozess, der in der NRZ stattfindet und sich in der RZ als der uns bekannte Evolutionsprozess offenbart, den wir als geistige Evolution definieren oder in der gekürzten Form als g-Evolutionsprozess bezeichnen.

Wenn wir heute die Welt betrachten, kommen wir an der „Leere" nicht vorbei. Letztendlich macht uns Einstein darauf aufmerksam, und wir erkennen sie im Mikro- und im Makrokosmos. Die Leere wird uns immer mehr bewusst.

Das ist ein Prozess der Bewusstwerdung, so wie er schon immer stattfindet: der Evolutionsprozess des gesamten Universums, eigentlich aller Universen. Hinter jedem System, hinter jedem Universum im Mikro- und Makrokosmos, also hinter aller Materie, steht diese Leere. Dann kann man auch sagen, dass alles Sichtbare, alles mit unseren fünf Sinnesorganen Erfassbare, alle Materie, von der wir umgeben sind, Leere ist und aus der Leere entstanden ist – Bestandteil der Leere ist und selbst diese Leere ist. Nur, wir konnten es bis jetzt nicht „sehen". Wir waren uns dieser Leere bis jetzt nicht bewusst – haben sie nicht zur Kenntnis genommen.

> Alle Materie, von der wir umgeben sind, ist Leere
> und ist aus der Leere entstanden.
> Sie ist Bestandteil der Leere und ist selbst Leere.
> Wir konnten sie bis jetzt nicht „sehen".

Es ist so wie vor einigen hundert Jahren, zur Zeit der Inquisition, wo die Mächtigen der „Welt" in ihrem Verständnis von Religion Menschen folterten und verbrannten, wenn sie den Blick erhoben haben, ja, sagen wir zur wahren Erkenntnis in dieser Leere. Die Erde war eine Scheibe, und die Sonne kreiste um die Erde usw. Es war kein Platz für neue, richtigere Gedanken. Es durfte nicht sein, was nicht sein durfte. Aber es war – es ist. Es ist das „Sein" – ich denke, also bin ich.

Das war aber zu Zeiten des griechischen Philosophen Demokrit 460/459 v. Christus nicht anders. Die Menschen und die damaligen Gelehrten haben sich nur mit dem beschäftigt, was sichtbar ist. Auch Newton hat sich damit auseinandergesetzt und vor allem auch Einstein (stellvertretend für alle Wissenschaftler) – mit der Materie. „$E=mc^2$" wurde die weltbekannteste Formel. In dieser wird der Zusammenhang der Energie und der Materie hervorragend dargestellt. Die *„Spezielle und die Allgemeine Relativitätstheorie"*, die als die Grundgleichungen der Physik in diesem Zusammenhang der Materie stehen, sind genauso „nur" eine Betrachtung des Stofflichen, das aus der Leere besteht und somit aus dem „Nichts" entstand. Es ist genau der gleiche Prozess wie vor zweitausend Jahren, wie vor fünfhundert Jahren – wieder von Menschen aufgestellte Gesetzmäßigkeiten, aufgestellt auf der Basis von Betrachtungen, Beobachtungen und Messungen der Materie, des Stofflichen und sich daraus ergebender Vorstellungen der Materie. Es hat sich nicht viel geändert. Natürlich gibt es keine Inquisition mehr – aber das, was außerhalb der fünf Sinne geschieht, erkennt man nicht, weil es physikalisch nicht messbar ist. Es kann nicht sein, was nicht sein darf. Unsere Existenz, die Natur, wir selbst sind der Beweis. Es kommt immer auf das Bewusstsein des Betrachters an, gemäß seinem Evolutionsprozess der zugeordneten Zeit.

Folgen wir den Gedanken von Albert Einstein, dass beim Erkennen des Inneren des Atoms sich die Welt radikal ändern wird, und dass wir durch das Atom gehen müssen, um die Ursache zu erkennen, dann treffen wir genau auf diese Leere – eine Leere in dem Bereich der Quanten.

Im Inneren des Atoms finden wir pure Energie – höchste Schwingungen, die Bausteine aller Materie, allen Lebens. Jede Materie ist erfüllt von dieser Energie – das gesamte materielle Universum. In uns und um uns. Im Makro- und im Mikrokosmos.

pure Energie

Alle Materie und damit auch alle Pflanzen, alle Tiere, wir, als intelligente Wesen, sind durchdrungen von dieser Energie – in jeder Ader, in unserem Blut, in unseren Organen, unserem Gehirn, in allen Neuronen und Neuronennetzwerken, jeder Zelle, jedem Atom. Von Geburt an und davor. Keiner von uns hat etwas dazu beigetragen im stofflichen Sinne, dass er ist. Auch nicht die Kaiserpinguine, die bei minus 50°C umgeben von Eis ihre Eier bebrüten oder Delphine, die sich paaren, und selbst Krokodile wissen, was zu tun ist. Keiner hat es ihnen gesagt oder es sie gelehrt, auch uns Menschen nicht. Trotzdem teilen sich die Zellen, wachsen die Organe, und das Wunderwerk Mensch entsteht – ohne unser Zutun. Woher stammt das Wissen, dass das geschieht, was geschieht? Immer wieder laufen diese Prozesse ab, angepasst an die dazu gehörenden Energieumfelder. Die Atome, das Innere des Atoms, erhält immer wieder die richtigen   Hinweise, wie sie sich entfalten oder gestalten müssen – Hinweise sind Informationen, die weitergegeben werden – im gesamten Universum und in uns, den Atomen in den Zellen.

Spätestens jetzt muss es uns bewusst sein, wer wir sind und aus was die gesamte Materie besteht: Aus purer Energie – Energie, hinter der System steckt. Ein Geheimnis der Natur? Kreativität, Schöpferkraft mit höchster Intelligenz? Die Evolution des Universums? Pure Energie, die uns als Materie erscheint! Materie und die Intelligenz sind vereint zu betrachten. Es ist diese Energie und diese Intelligenz, die hinter jedem Atom steht, jeder Materie, jeder Zelle, jedem Individuum. Es ist, materiell betrachtet, das materiell gesehene „Nichts", das hinter dem Atom steht.

> Alle Materie ist durchdrungen von dieser Energie.
> Keiner hat uns gesagt, dass sich die Zellen teilen sollen,
> Organe wachsen etc. Die Atome erhalten immer die richtigen
> Hinweise ohne unser Zutun. Sind diese Hinweise
> Informationen?

Es ist nicht das, was den Kosmos sichtbar füllt, sondern das, was nicht sichtbar dahinter steckt, aus dem alles besteht. Es ist, aus der Sicht der Materie und der Sicht der fünf Sinnesorgane, nur das physisch Wahrnehmbare, das wir erkennen.

Und genau da treffen wir wieder auf Einstein, der sagte, wenn man das Innere des Atoms erkennt, wird die Welt sich radikal ändern.

Die Quantenphysik führt uns dort hin, was Einstein schon lange erkannte. Heute wissen wir, dass das Atom zu 99,9 Prozent leer ist – somit alle Materie, somit auch das Universum. Einsteins Gedanken stimmen überein mit Buddhas Gedanken und denen des Hinduismus' und auch mit denen von Jesus und dem Christentum. Überall spricht man von der Leere, manchmal bezeichnet man sie eben anders, aber alles ist das Gleiche.

Was den Kosmos erfüllt, ist auch nicht das Vakuum. Es ist diese Leere, es ist die Akasha, es ist im Prinzip der damit gemeinte „Äther", der sich, so könnte man sagen, im nicht sichtbaren Bereich befindet, also im Bereich der nicht sinnlichen Wahrnehmung, also jenseits von Raum, Zeit und Materie.

5.6.   Die unendliche Leere ist nicht leer

Um alles zu erkennen, bräuchten wir erweiterte Sinne, die das erfassen könnten. Buddha hat uns da schon einen Weg gezeigt – Erlernen einer höheren Wahrnehmung oder auch unser Bewusstsein dorthin auszurichten, wo die Leere ist. Wir sollten das Leere „durchdringen" und wissen, wie man das tut. Buddha hatte sich mit der Leere verbunden, er nannte es Meditation, sozusagen ein Blick in die Leere, in die Stille, oder auch Erleuchtung.

Die Physiker versuchen heute, den alten Ätherhintergrund durch das „neue" kosmische Vakuum abzulösen, neu zu definieren, wobei das Vakuum nicht die Leere ist. Man bräuchte ein integrales neues intuitives, vielleicht auch kreatives Bewusstsein, um die Welt wirklich verstehen zu können. Wer das hat, dem kann man dann diese Zusammenhänge erklären, besser: wahrscheinlich erkennen lassen, einen Einblick in die Leere geben, den Geist durchschauen, den eigenen und den ganz großen – das könnte dann funktionieren. Goethe meinte das auch im *Faust I, V. 512,* als er sagte: „Du gleichst dem Geist, den du begreifst, …". Und er hat recht, denn ich kann nur das erkennen, dessen Bewusstsein ich habe. Es spielt keine Rolle, was ich denke, der Prozess und die Gesetze des Universums finden unabhängig davon statt.

> Man bräuchte ein integrales, neues intuitives, vielleicht auch kreatives Bewusstsein, um die Welt wirklich zu verstehen, besser erkennen zu können.

Diese unendliche Leere ist nicht leer, bloß weil wir sie nicht sehen können, sie ist voll, voller Energie. Das Nichts ist aber das, was wir mit unseren fünf Sinnen und mit Messgeräten nicht wahrnehmen und nicht messen können. Wohlgemerkt:

„Nichts ist Alles" und „Alles ist Nichts" ...

…, denn es ist die nicht sichtbare Energie in Feldern und damit auch die nicht sichtbare Intelligenz, die hinter allem steht. Wir können sie nicht sehen und nicht messen – trotzdem ist sie ständig präsent, oft spüren wir sie, egal, ob wir es verstehen oder nicht. Die nichtsichtbare Energie ist eine latente Energie, eine immer während Energie, die wir nicht verstehen kön-nen, ohne Anfang und ohne Ende.

> Die unendliche Leere ist nicht leer. Sie ist voll, voller Energie.
> Nichtsichtbare latente Energie, immer während, nicht begreifbar.

Wir sehen nur das materielle Universum und staunen über diese Größe, diese Weite in der Unendlichkeit. Und das, was wir sehen, ist nur 1 % – der Rest, der nicht sichtbare, besteht aus der latenten Energie. Die latente Ener-gie selbst ist eine labile Energie, die genutzt werden kann, die stets für jeden Zweck zur Verfügung steht. Wir nennen diese Energie die nicht sichtbare labile Energie oder Geist, was dem ursprünglichen Begriff des Äthers am ehesten entspricht und ihn ersetzen soll.

5.6.1. Was wird mit Einsteins Gleichung ohne Materie?

Einsteins Gedankenexperiment folgend findet der Prozess der Betrachtung nach Einstein, so wie seine weiteren Betrachtungen es deutlich zum Ausdruck bringen, in einer Raumzeit statt. Letztendlich ist bei der *„Allgemeinen Relativitätstheorie"* die Betrachtung der Gravitation interessant, die Betrachtung von der Krümmung der Zeit im Raum.

Einsteins *„Allgemeine Relativitätstheorie"* sagt Gravitationswellen voraus, die sich ebenfalls mit Lichtgeschwindigkeit ausbreiten. Als

„Gravitationswellen" bezeichnet man Wellen in der *Raumzeit,* die den Raum durchqueren und ihn dabei stauchen und strecken. Dabei ist zu beachten, dass der Nachweis von Gravitationswellen außerordentlich schwierig ist. Direkt ist es noch nie gelungen, jedoch indirekt durch ihre Wirkungen auf astronomische Objekte.

Gravitationswellen werden von der „*Allgemeinen Relativitätstheorie*" vorhergesagt, in der klassischen newtonschen Gravitationstheorie existieren sie aber nicht.

Bei der Teilchenbetrachtung konnte man in Teilchenbeschleunigern Elektronen auf Geschwindigkeiten beschleunigen, die nur noch ein Hundertstel Promille langsamer als die Lichtgeschwindigkeit sind. Umgekehrt hätten aber Teilchen, die sich mit Lichtgeschwindigkeit bewegen, keine Masse, d. h., die Masse würde in diesem Falle Null, also „m=0" sein. Was passiert dann mit Einsteins Gleichung „E=mc²"? Die Energie wird ebenfalls Null. Und das ist falsch, denn die Energie, die alles formt, ist nach wie vor vorhanden. Für „m=0" hat Einsteins Formel keine Gültigkeit mehr.

5.6.2. Die Materie verschwindet

Wir setzen unser Gedankenexperiment fort: „m $\leq$ 0"

Wir folgen Einstein, der sich auf einen Lichtstrahl „setzte", und erkennen, dass beim Überschreiten der Lichtgeschwindigkeit keine Materie mehr besteht, aber Energie! Das trifft auch zu, wenn wir uns außerhalb der Materie in unserem Gedankenexperiment aufhalten. Das beginnt innerhalb des Atoms. Quanten, Elektronen etc. sind mit elektrischen Ladungen versehene Energien, die in Feldern eingeschlossen sind, elektromagnetische Felder, also Felder im Magnetismus. Wir erkennen Felder mit eingeschlossener Energie und wieder die darin enthaltene Intelligenz.

Einsteins Gleichung „E=mc²" wird Null, wenn die Masse Null ist.

Dann wäre die Energie ebenfalls Null. Und das ist falsch.

Energie, die alles formt, ist nach wie vor vorhanden.

Für „m ≤ 0" hat Einsteins Formel keine Gültigkeit mehr.

Das ist das, was Yukteswar meint, wenn er in seinem Buch „Die Heilige Wissenschaft" sagt, wir müssen durch das Atom. Dort sind wir jetzt mit unseren Gedanken im Gedankenexperiment.

5.5.3. Wir durchschreiten das Atom: Was kommt danach?

Wir haben alles hinter uns gelassen, was Materie ist, weit hinter uns. Jetzt sehen wir in der Intelligenz, die in der Energie besteht, in den Feldern, nur noch pure Energie, die Intelligenz ist. Mit der Betrachtung der Intelligenz führen wir eine Größe ein, die in der Relativitätstheorie nicht enthalten ist, die aber von außerordentlicher Bedeutung ist: Intelligenz, die also auch in der Energie und somit in Feldern eingeschlossen ist.

Somit besteht eine intelligente „Ebene" oder besser intelligente Muster, die u. a. auch vom Bewusstsein abhängig sind und als Bewusstseinsmuster auf die Natur zurückgreifen oder einwirken.

Das ist eine Erweiterung zu Darwins Lehre, die eigentlich dem materiell betrachteten Prozess, also einem materiellen Evolutionsprozess, entspricht. Die erweiterte Betrachtung des Evolutionsprozesses, also die Ausrichtung auf die dahinter stehenden Ursachen, die dahinter stehende Intelligenz, lassen erkennen, dass sich alle Materie formte gemäß der in den Feldern bestehenden Energie. Diese Felder mit der eingeschlossenen Energie verfügen immer über eine dem Prozess der Materie zugeordnete Intelligenz in der Energie. Sie sind formbildende Felder – je nachdem, wo sich der Prozess abspielt, also in welchem Energiebereich das entsteht, was mit dieser Intelligenz in den Intelligenzmustern in Resonanz geht. Wir haben es hier mit einem Resonanzgesetz zu tun, das sich auf das Bewusstsein bezieht. Nach diesem Resonanzgesetz kann sich jetzt in der nicht-materiellen Ebene nur das entwickeln bzw. formen, was dem Bewusstsein entspricht – die Intelligenz in der Evolution im Zusammenhang mit den wirkenden Feldern, die in Resonanz gehen.

Voraussetzung der materiellen Evolution von Darwin ist die Betrachtung, in welchen Energieumfeldern sich der Prozess befindet, z. B. jener der sich formenden Pflanzen, Tiere oder der Menschwerdung. Erst wenn die Materie, eigentlich der atomare Bereich, mit der zugehörenden Intelligenz in Resonanz gehen kann, wird sich die Form entsprechend der „erreichbaren" Intelligenz gestalten. Ein ständiger Entwicklungsprozess der Intelligenzmuster – der Ursache des gesamten Prinzips der Evolution, die vor der materiellen Evolution steht – kommt zum Tragen. Die materielle Evolution der sich formenden Materie ist nur im Zusammenhang mit dem formgebenden Prozess, also der Intelligenz und dem Bewusstsein, zu sehen.

Es wird oft von „in Form bringen" gesprochen. Das ist genau der richtige Ansatz – etwas in Form bringen. Um etwas „in Form zu bringen", muss ein Impuls gegeben werden. Wie soll sich etwas formen ohne vorgegebene Richtung? Das ist die dahinter stehende Intelligenz. Bei dem Menschen leicht erklärbar: Mit seinen Gedanken kann er Berge versetzen, wenn er den richtigen Gedanken bekommt. Und woher bekommt er ihn? Es fällt ihm etwas ein. Wie bei Goethe, der sagt „… es schreibt in mir". Er brauchte nicht nachzudenken, es fiel ihm ein. Wie oft fällt Ihnen etwas ein? Und Sie merken das schon – mir ist da etwas eingefallen – und erst dann fange ich an zu denken. Das ist sozusagen schon ein in Form gebrachter Gedanke.

Und wo kommt dieser her – aus dem „Nichts", das „Alles" ist. Denn „Alles", was wir nicht messen können, kommt aus dem „Nichts", dieser „Leere", die voller Energie ist, voller Intelligenz, voller Hinweise zur „In-Form-Bringung". Und hier ist es angebracht, von Information zu sprechen.

Das ist das Wort, das sich formt durch unsere Gedanken, durch unsere Einfälle aus dem sogenannten „Nichts", das „Alles" ist.

5.6.4. Wir treffen auf Informationsmuster

Diese Informationen stehen im engen Zusammenhang mit den Intelligenzmustern. Das sind dann auch zusammengefasste Informationen, nicht mehr in Feldern (Informationsmustern), da es diese in der NRZ nicht gibt, sondern in Informationsmustern, auf denen die Intelligenz beruht. Wir erkennen Muster von Informationen – Informationsmuster, wie gesagt: nicht sichtbar. „Sehen" ist hier zu ersetzen durch „erkennen" oder besser „wissen".

Im Vergleich zu Darwins materiell betrachteter Evolution ist es wichtig, diese Betrachtung zu ergänzen, um die Ursachen zu erkennen, die hinter jeder Evolution, hinter jedem Prozess der Formbildung stehen. Die Evolutionstheorie auf der Basis der Informationen, der wirkenden Intelligenz auf den Geist ist dann quasi eine geistige Evolutionstheorie (g-Evolution), die vom Bewusstseinsverlauf abhängt und die materielle Evolution vorbereitet, als „geistiger Vorläufer".

> Wir treffen auf Informationsmuster, die im engen Zusammenhang mit den Intelligenzmustern stehen.

Im Hinblick auf diese Informationsmuster sind wir immer noch im Gedankenexperiment, wie Einstein, der sich auf den Lichtstrahl „setzte" und von da aus alles beobachtete – relativ. Wir beobachten jetzt Zusammenhänge der Informationsmuster außerhalb der *Raumzeit*, ohne ein Bezugssystem auf den Raum und die Zeit – ***„nichtrelativ"***. Wir treffen unterschiedliche Energieniveaus an. Zu beachten ist immer die Abhängigkeit vom Beobachter, wie bei den Teilchen, die dann wieder Wellen sind.

Nur erkennen wir hier materielose Informationen, also keine BITS wie im Computer, aber so ähnlich, masselos – keine Teilchen, keine Wellen, auch keine Strings – sie sind einfach da mit ihrem Wissensgehalt, mit ihrem Wissensspeicher.

Die Informationen, die wir erhalten, sind abhängig von uns selbst – abhängig von unserem Bewusstsein als Betrachter, in Resonanz gehend mit der dem Bewusstsein zugeordneten Intelligenz. Die dem Bewusstsein zugeordnete Intelligenz ist entscheidend für das Erkennen unseres Seins und deren Gestaltung.

Je höher das Bewusstsein, desto höher die Intelligenz und die mit uns in Resonanz gehenden Informationen und die sich daraus ergebenden Gedanken – ein Grundstein für unsere weiteren Betrachtungen in unserem weiteren Gedankenexperiment. Ein neues „Denken" beginnt.

5.7. Die Nichtraumzeit (NRZ) – ein neues Denken

Es ist schwierig für uns, das zu verstehen, schließlich sind wir im ungewohnten „Nichts", also in der masselosen Welt. Aber wenn es keine Masse gibt, dann gibt es auch keine Ausbreitung im Raum. Der Raum verliert plötzlich seine Bedeutung – ohne Masse. Es gibt die Ausdehnung nicht mehr – keinen Raum. Wir werden ganz schön strapaziert in unserem Gedankenexperiment. Kein Raum, in dem ich mich bewegen kann – brauche ich da noch Zeit?

Ich muss nicht mehr von A nach B. Wenn alles Energie oder besser gesagt alles Intelligenz ist und keine Materie, dann ist in dem nicht mehr vorhandenen Raum, im Informationsmuster, dem sich zugeordneten Bewusstsein, alles ohne Zeit erreichbar – eigentlich „ImNu", denn es ist alles im „Jetzt" und im „Hier".

„Überall", jetzt in der *Nichtraumzeit* (NRZ) gedacht, ist Information, „überall" Intelligenz, „überall" Energie, „gleichzeitig" – alles „Muster" ohne Ausdehnung, ohne Raum und Zeit, immer vorhanden, „gleichzeitig" in der „Unendlichkeit", die es ja nicht mehr in unserem Gedanken-experiment gibt.

Das alles erkennen wir in unseren Gedanken ohne Raum und ohne Zeit. Wir erkennen, dass unsere Gedanken sich „überall" in einer *Nichtraumzeit* aufhalten.

Wir erkennen im Gegensatz zur *Raumzeit* (RZ) die *Nichtraumzeit* (NRZ). Wir sind im leeren (materiell leeren) Raum, in der NRZ, wo die Naturgesetze keine Gültigkeit mehr haben.

In der NRZ liegt die Ursache der Entstehung der RZ, mit der Intelligenz, die uns hat entstehen lassen, ohne unser Zutun, die die Atome hat entstehen lassen, bevor der Mensch war, die die Zellteilung hat entstehen lassen, und die den Menschen formte mit einer unwahrscheinlichen Intelligenz – einer Intelligenz, wie sie bereits in einer einzigen Zelle steckt, einer Intelligenz, die kein menschliches Gehirn fähig ist zu gestalten.

Vor dieser Intelligenz kann man sich nur mit voller Hochachtung verneigen. Wer das nicht erkennt oder anerkennt oder anerkennen will, hat nichts von diesem Universum verstanden.

5.7.1. Wir kehren zurück von unserem Gedankenexperiment

Jetzt sind wir wieder zurück in unserem Magnetismus, in der Welt der Elektrizitäten und der Anziehung, in der Welt der Atome, der Materie. Jetzt können wir wieder mit unseren fünf Sinnen der gewohnten Wahrnehmung folgen – aber wir sollten nie vergessen, was wir erlebt und erkannt haben. Jetzt brauchen wir über die fünf Sinne hinausgehende Wahrnehmungen, um schnell wieder in die Welt der NRZ einzutauchen, die Welt der Ursachen. Wir brauchen neue Gesetze der NRZ, um in der RZ zu erkennen, was wirkt bzw. um zu erkennen, wie wir sie wirken lassen können.

5.7.2. Wir brauchen neue Gesetze

Die NRZ ist aus der Sicht der Materie, der Betrachtung der RZ, leer: Leere, die nicht zu sehen ist, weil sie aber im Grunde die Leere ist, die alles ausfüllt, ist sie in jede Betrachtung mit einzubeziehen. Sie füllt alles aus, ohne sie kann das Leben keine Gestalt annehmen oder existieren. Akasha, Raumäther und Leere, die alles ausfüllt, ist in jede Betrachtung mit einzubeziehen. Das trifft auch auf die Religionen zu – auch auf das Christentum, hier als Gott benannt, auf die Intelligenz, aus der alles besteht, in uns und um uns, die Erkenntnis des Geistes (in der Leere), so wie Buddha es ebenfalls meinte.

> Wir brauchen neue Gesetze der NRZ, um die Ursachen zu erkennen, die in der RZ wirken, um zu erkennen, was wir bewirken können – um alles gestalten zu können, so wie wir es bestimmen.

Es ist an der Zeit, „die Zeit davor" zu betrachten und die Zusammenhänge zu erkennen. Um mit Goethe zu sprechen: „Dass ich erkenne, was die Welt im Innersten zusammenhält." (*Faust I, Vers 382 f.*). Wir haben das „Innere" im Atom erkannt, erkannt durch die Reise ins Atom und durch das Atom hindurch – die hinter jeder offenbarten Materie stehende Intelligenz, die nicht zu leugnen ist – sonst gäbe es uns nicht. Wir erkennen das Gott die höchste Energie, die höchste Intelligenz und das höchste Bewusstsein ist, welches in uns steckt und um uns ist – die Offenbarung im Atom, die die Materie ist, die aus Gott oder eben aus der immerwährenden Energie besteht – immer verbunden mit der Intelligenz oder eben dem Bewusstsein was dahinter steht. Das ist nicht in der Relativitätstheorie enthalten. Das Universum bestand vor dem Menschen. Der Mensch kann die immerwährende Energie, überhaupt die Unendlichkeit in Raum und Zeit nicht begreifen, und die Energie, die dahinter steht – diese Kraft, diese Energie nannte der Mensch Gott und beschreibt damit das Unbegreifbare, die hohe Intelligenz, die hinter allem steht, was wir betrachten.

Das ist auch der Grund, dass die Wissenschaft vergebens nach einer „Weltformel" nur im Offenbarten sucht. Solches ist nicht allein nur mathematisch und mit physikalischen Formeln darstellbar: da sind die dahinter stehende Intelligenz und das Bewusstsein, die als wesentlichste Bestandteile mit einzubeziehen sind. Ohne Intelligenz geht nichts.

Es beginnt ein vollkommen neues Denken, ein neues Bewusstwerden in der *Nichtraumzeit* – vollkommen neue Gesetze, die wir in der *Nichtraumzeit* betrachten werden. Auch die Betrachtung von dunkler Materie, also Materie, die so dunkel ist, dass man sie nicht sehen kann, ist erforderlich. In diesem Zusammenhang sei darauf hingewiesen, dass die Heiligen Schriften, deren Ursprung man in der Urreligion suchen muss, unverfälscht im Prinzip reines Wissen – eben Urwissen – widerspiegeln. Dort erhält man, wenn man es dann richtig versteht, erstaunliche Hinweise. Es ist nicht nur interessant, sondern auch bereichernd, wenn wir einen kleinen Einblick nehmen und einige Passagen der Heiligen Schriften unter dem Aspekt der Hintergründe der *Nichtraumzeit* betrachten im Hinblick darauf, was hinter den Worten, den Gedanken, den Einfällen aus der *Nichtraumzeit* steht. Ein kleiner Ausflug:

Wenn Jesus sagte „… ich bin nicht von dieser Welt", so ist darunter zu verstehen, dass er sich nicht in der Raumzeit aufhält, sondern in der Nichtraumzeit – in der Welt der Ursachen.

„Und das Licht scheint in der Finsternis, und die Finsternis hat's nicht begriffen."[6] – sollte zum Nachdenken anregen, auch oder gerade in der Dunkelheit, die wir mit unseren fünf Sinnen nur so wahrnehmen und nicht erkennen, was dahinter steckt. Die Dunkelheit symbolisiert die Unwissenheit und das Licht das Wissen. Wenn man vom Licht spricht, spricht man vom Wissen, vom Erkennen der Welt.

„Alle Dinge sind durch dasselbe gemacht, und ohne dasselbe ist nichts gemacht, was gemacht ist."[7]

---

[6] Johannes 1,5
[7] Johannes 1,3

Erkennen wir uns nicht darin, in den Atomen, in den Zellen – unseren Körper oder das gesamte sichtbare Universum?

„Wer Augen hat zu sehen ...", sagte Jesus (vgl. Mk 8,18) und meinte damit nicht die grobstofflichen Augen, sondern die geistigen Augen, also die Wahrnehmung, das Erkennen außerhalb der Raumzeit, eben das Erkennen in der *Nichtraumzeit* – ohne Raum und Zeit, dort wo alle Offenbarung oder Manifestation oder Materialisation beginnt, dort wo das Elektron entsteht. Es geht hier nicht nur um die Offenbarung des Fleisches, das stellvertretend für die Materie steht, denn vor dem Fleisch war das Universum und alle seine „Offenbarungen" im Atom – in der Materie. Die Dunkelheit wird dort beschrieben als „... es war volles Licht, und die Dunkelheit hat es nicht gesehen".

Das findet man in der Bibel, aber auch in der hinduistischen *Bhagavad Gita*. Dort ist das Licht das Ergebnis des Rückzuges der fünf Sinne von den Objekten und entspricht einem sehr fortgeschrittenen Zustand, der unmittelbar vor der Bedingung, wie sie im 2. Kapitel der *Bhagavad Gita* beschrieben wird, vorherrscht, wo sozusagen „GOTT Selbst kommt und uns an der Hand hin in Höhere Reiche führt".

Wenn wir heute in Gott die Intelligenz des sich selbst regulierenden Systems sehen, wird das verständlich. Die Dunkelheit ist in der RZ nicht erklärbar – nicht erkennbar. Sie ist die Finsternis, die auch mit Unwissenheit beschrieben wird.

Und genau das erkennen wir bei der Betrachtung in der NRZ: eine nicht beschreibbare Größe – wie auch die Wissenschaftler es meinen, wenn sie über die Dunkelheit, über die dunkle Materie sprechen „... wir wissen es nicht". Selbst Licht verschwindet in der Dunkelheit bei der Betrachtung eines Schwarzen Loches, wenn das Licht in die „Leere" fällt. Nur das Wissen bringt Licht hinter die Dunkelheit – ein Wissen aus der *Nichtraumzeit*, die Ursache für den Beginn der Materie, die wir dann mit unseren höheren Sinnen erkennen, sehen, das Wissen, was vorher ist und auch das Licht, das keine Schatten wirft, das wir noch nicht sehen in der RZ, aber in der *Nichtraumzeit* erkennen werden. Gott richtig erkennen. Die Zusammenhänge richtig erkennen, den Mut haben, sich der höchsten Intelligenz und der höchsten Energie bewusst zu werden – die Bedeutung der Informationsmuster, Bewusstseinsmuster und daraus entstehender höchster Energie, die wir selbst formen können, erkennen.

99,9 % der geistigen Energie liegen in der NRZ, im Verborgenen für den Menschen, der nicht hinein schauen kann ins Verborgene: 99,9 % Energie, die aus Intelligenz und Geist besteht. Wir nutzen höchstens 0,1 % des Wissens mit unserem Gehirn. 99,9 % Intelligenz stehen uns zusätzlich zur Verfügung, die wir nicht nutzen. Das ist genau das, was Einstein meinte, als er sagte, dass der Mensch nur zu 10 % sein Gehirn nutzt und geistig zu 90 % brach liegt.

Der Mensch tut gut daran, wenn er beginnt, sich mit der Ursache zu beschäftigen.

> Nicht beobachten, was ist, sondern ausrichten darauf,
> was wie wird, bevor es entsteht.

Die Ursache liegt in der NRZ – das wahre, das vollständige Wissen auch. Halten wir uns dort auf, beziehen wir dort das wahre Wissen.

Wenn wir uns nicht nur mit dem Materiellen beschäftigen, sondern uns über die Wahrnehmung der fünf Sinne ausrichten, kommen wir zum Ursprung des Materiellen, zu den Erkenntnissen der wahren Zusammenhänge. Das gelingt nur, wenn wir durch das Atom gehen.

> Die Form, bevor sie entsteht, ist in der NRZ (im Geistigen)
> schon vorhanden. Das ist auch der Grund,
> dass wir die Idee, den Einfall, bekommen.

5.8. Die Ursache unseres Seins liegt in der NRZ

Bei der Materialisation mit Menio in Colombo fand zuvor immer eine Konzentrationsphase statt. Keine Ausrichtung auf die fünf Sinne, sondern auf eine andere Wahrnehmungsebene – wahrnehmbar für Menio, nicht für uns. Trotzdem spürbar, aber vollkommen unbekannt oder ungewohnt. Es erfolgte eine Art geistiges Zwiegespräch – als würden Gedanken ausgetauscht – Informationen, die hin und her gesendet werden – geistig, nicht materiell. Manchmal machte sie auch Druck und forderte eine zügige Antwort – und sie kam, die Antwort. Ganz erstaunlich. Mal konnte etwas nicht übersetzt werden in ihre Sprache, und wir schrieben die Worte auf. Diese aufgeschriebenen Worte, diese Information wurde verstanden, und es kam sofort eine Antwort (wir hörten nichts – aber Menio „hörte"). Das, was wir brauchten, war ein Medikament, welches wir aufgeschrieben bekamen, überliefert von einem Weisen in Indien auf einem ca. 6000 Jahre alten Dokument, einem Palmblatt, in Sanskrit bzw. in Alttamil.

Der Gedankenaustausch, der Informationsaustausch erfolgte offensichtlich über eine höhere Wahrnehmung. Die Gedanken, von Menio oft gesprochen, oft nur gedacht, wurden klarer. Wir spürten das an den Pausen, die manchmal eintraten. Die Antworten hörten wir nicht, aber das Zwiegespräch fand statt. Immer mehr Informationen wurden ausgetauscht und in Sätze gefasst – und es herrschte, für uns spürbar, im Raum, eine eigenartige Stimmung – nicht unangenehm, eher faszinierend, prickelnd, spannend mit erwartender Freude, plötzliche Stille, solange bis sich, so war der Eindruck, etwas zu formen begann, noch nicht sichtbar, aber spürbar, klarer werdend, eine Richtung erkennend.

> Der Gedankenaustausch, der Informationsaustausch erfolgte offensichtlich über eine höhere Wahrnehmung – wie auf einer anderen Ebene, die wir nicht kennen.

Aber sie sprach wieder, mit Nachdruck, fordernd und etwas mit hoher Achtung murmelnd, auch mal lachend – wir hatten den Eindruck, dass das, was geschah, auch mit Liebe und Achtung geschah, aber so, als kenne man sich schon länger. Wir fühlten uns in der prickelnden Atmosphäre, in dem eher dunklen Raum mit Kerzen und angenehmen Gerüchen sehr wohl, in guter Gesellschaft. Trotzdem fand die Zeremonie oder besser die Kommunikation weiterhin statt. Man ließ sich Zeit oder hat sich nebenher ein wenig unterhalten, wir haben es ja nicht verstanden, aber die miteinander Kommunizierenden wohl sehr gut. Eine Kommunikation des Geistes fand statt, des Geistes Menios mit einem anderen, den zuzuordnen uns sehr schwer fiel, weil wir so etwas nicht kannten. Wer unterhält sich schon mit jemandem, der gar nicht da ist?

Aber man „einigte" sich dann doch. „Gedankenaustausch" vollzog sich, der wie zwischen zwei Medien erfolgte, die in Resonanz zu einander stehen. Medien des Geistes?

> Eine Kommunikation in der NRZ (geistig),
> Menio mit Ampabani in der NRZ.

5.9.   Die Materialisation durch Menio

Menio reckte immer wieder ihre Hände nach oben, in der Hoffnung, dass sie etwas „Materielles" empfange, sie nahm es bereits wahr, was wir alle hofften. Es sah so aus, dass sie sich dessen bewusst war, was da kommen werde. Es wurde ihr auch mehrfach bestätigt, wenn sie nachfragte. Also begann sich etwas zu gestalten. Es formte sich im Unsichtbaren, was vorher „besprochen" wurde. Es war nur eine kurze Zeit, in der sich das abspielte, wenige Minuten vielleicht, aber für uns eine Ewigkeit.

Wir hatten den Eindruck, dass sich im Unsichtbaren einige Vorgänge ereigneten, bevor das Szenario der Manifestation vollbracht werden konnte. Das sind Vorgänge, die sich in ähnlicher Weise bei jedem Besuch mit einhergehender Manifestation immer wiederholten, denn wir hatten das Glück und das Interesse und die Neugier, immer wieder in bestimmten Zeitabständen bei so einer Zeremonie anwesend zu sein. Es waren immer identische Abläufe, immer sich ähnelnde Zeremonien und immer wieder spannend. Es war auch immer wieder anders, obwohl es immer das Gleiche war. Einmal mussten wir auch etwas geben, ein Opfer oder ein Danke o. Ä. Da sahen wir den Prozess umgekehrt ablaufen – sozusagen, als ob etwas dematerialisiert wird und plötzlich verschwindet und in ein „Nichts" übergeht. Es waren 100 Rupien, die sich vollkommen aufgelöst haben – auch im Zwiegespräch, mit Worten z. B. auch, warum das geschieht – wir hatten eher den Eindruck, dass man uns demonstrieren wollte, dass die Prozesse der Materialisation in beide Richtungen ablaufen und dass es letztendlich ganz „normal" ist, eine Demonstration, die wir gerne und dankbar aufgenommen haben und die uns animierte und die auch eine Aufforderung ist, zu erkennen, was dahinter steht. Es machte allen Freude.

Aber unsere Materialisation ist ja noch nicht zu Ende. Wir warteten noch. Unglaublich, dass Menio wieder die Hände hob – jetzt musste es doch passieren. Aber nein, sie zog die Hände wieder zurück und sagte etwas Unverständliches. Wie geht das? Ja, sollte denn der Prozess abgebrochen werden? So etwas kam noch nie vor – also warten. Irgendwie doch noch vorbereitende Phase?

Übrigens haben niedrige Gedankenstrukturen einen negativen Einfluss. Wir hatten es erlebt, dass unsere Dolmetscherin nie etwas aus der unsichtbaren Welt bekam. Menio hatte es uns einmal anvertraut, dass diese Frau schlechte Gedanken habe und auch keinen guten Umgang mit anderen Menschen. Sie bekam nie etwas.

Interessant für uns, dass es diese Auswirkungen gibt. Während es andererseits vorkam, dass Menschen, arme kranke Menschen vorrangig betreut wurden, wie von einer Apotheke des Himmels und ohne Kosten, nur ein paar Gaben, jeder wie er konnte.

Jetzt war es aber so weit. Menio erhob sich, unsere Herzen schlugen höher, wir spürten Freude, Glück, eigentlich Energie um uns. Die Stimmung stieg, es knisterte im Raum, man konnte es fast hören.

Und dann geschieht etwas für uns Unfassbares. Ganz langsam, man konnte zuschauen, wie sich etwas vorher nicht Sichtbares in der Hand von Menio formt. Nicht sofort, sondern wie schemenhaft Erscheinendes – wie im Nebel. Erst schimmernd, langsam, die sich bildende Form erkennend, bis es endlich vollbracht ist und das vorher Beschriebene nun doch materialisiert.

Ich habe das sehr oft erlebt, in vielfältigster Form, großer und kleiner, mal aus Stein, mal pilzartig, mal Perlen, mal Kupferblätter, Schriftformen, Hilfe für Heilungen, Löwenhaar eines Leitlöwen im Himalaya etc. Das aufzuzählen, würde den Rahmen sprengen. Es ist eine Information für die Menschen, die dieses Glück nicht hatten, und somit eine Aufforderung, darüber zu berichten. Wie schon einführend erwähnt, habe ich das dokumentiert, interessanterweise nicht nur in Bildern und Berichten, sondern auch in Filmen.

Schon früh, als es noch dunkel war, standen mindestens 100 Menschen vor der Lehmhütte und warteten auf Menio – jeden Tag von 6 Uhr morgens bis ca. 9:30 Uhr. Die Wartenden erhielten meistens Medikamente, aber auch Naturalien oder Heilbehandlungen oder Hilfsmittel für Menschen, die Hilfe brauchen.

Hilfe gab es auch im Business bis hin zu höher Gestellten in Politik, Wirtschaft und Wissenschaft.

Alles wurde aus der „unsichtbaren Welt" über die Gedanken in Form gebracht: So wie wir es täglich auch tun, denn wir formen unseren Körper nach unseren Gedanken ständig – nur sind wir uns dessen nicht bewusst.

> Wir formen unsere Krankheit,
> warum dann nicht auch unsere Gesundheit?

Innerhalb der Yogasolanwissenschaft wurden diese Vorgänge analysiert und nach den yogasolanwissenschaftlichen Standpunkten im Zusammenhang mit den Ursachen und Wirkungen der ganzheitlichen materiellen und geistigen Betrachtungen erklärt.

Der Weg der Materialisation führt uns auch unmittelbar in den Bereich der materiell kleinsten Teile des Atoms und der Quanten, zu deren Entstehung, die vor dem Atom, also in der NRZ liegt, wie das Beispiel das sehr verdeutlichte.

Das betrifft einmal das Atom selbst, gemäß den höheren Anordnungen, und die Form und Formen durch die Anordnung mehrerer Atome zu Molekülen, zu Mineralien, Zellen, Organen und des Organismus'.

6.   Das Menioprinzip

Wenn wir den beobachteten Vorgang der Materialisation mit Menio genauer betrachten, genauer hinschauen, erkennen wir Zusammenhänge rein aus der Beobachtung heraus, die wesentlich sind für die weiteren Betrachtungen.

Interessant ist die Konzentrationsphase, in die sich Menio begab: Eine Phase, die sie benötigte, um die fünf Sinne in den Hintergrund zu setzen – ihr Bewusstsein zu erhöhen, indem sie in eine andere über den fünf Sinnen liegende Wahrnehmung gelangte, das war offensichtlich. Wir konnten ihr mit unserer Wahrnehmung über die fünf Sinne nicht mehr folgen. Das war eine Bewusstseinsveränderung durch die veränderte Wahrnehmung, eine Erhöhung der Wahrnehmung, wenn wir die Wahrnehmung über den fünf Sinnen als eine höhere ansehen. Damit aber auch eine Bewusstseinserhöhung per Definition.

Es wurden so die Beobachtungen, Gedanken ausgetauscht und damit in Verbindungen stehende Informationen. Immer mehr, sie nahmen zu, denn die „Gespräche" – der Informationsaustausch – wurden intensiver, Sätze wurden „gesprochen" aus der RZ in die NRZ. In der NRZ sind das dann Informationen, zu denen wir Zugriff bekommen, wenn wir uns darauf konzentrieren. Also wenn die fünf nur auf die Materie ausgerichteten Sinne sozusagen still gelegt werden, dann öffnen sich die „höheren" Sinne, die außerhalb der RZ sind. Das geschah bei Menio.

Die Informationen, die Menio erhielt, nahmen zu und auch der Gedankenaustausch von der RZ in die NRZ. Immer mehr Informationen, die sich, schon konkreter werdend, sammelten.

Es entwickelten sich daraus immer mehr konkretere Gedanken in der RZ, die sich zu Worten formten und dann zu Sätzen – spürbar, solange bis sich etwas zu formen begann, noch nicht sichtbar, aber spürbar, klarer werdend, eine Richtung erkennend. Menio streckte immer wieder die Hand aus, mit dem Wissen, dem Bewusstsein, etwas zu empfangen, etwas Materielles. Sie konnte es noch nicht greifen, aber es kündigte sich an – in der NRZ.

6.1.   Entstehung der Informationsmuster

Aus der Beobachtung heraus treffen immer mehr Informationen in Resonanz gehend zusammen.

So entstehen „Informationsmuster" in der NRZ, eher zunehmende Informationsansammlungen in der NRZ, die sich immer mehr vereinen, in Resonanz gehend mit den Gedanken, hier von Menio, eigentlich dem gesetzten Impuls durch die Intelligenz.

Jeder, der zu Menio kam, kam mit der Hoffnung, Hilfe für persönliches Leid, die Partnerschaft und auch wirtschaftlicher Art zu bekommen – auch hohe Persönlichkeiten – auch Minister.

Diese Menschen brachten alle eine Frage mit, eine Bitte aus der Not heraus, oder suchten Hilfe für andere Menschen, Verwandte, Freunde und Bekannte oder auch für die Herstellung eines Produktes etc. Dahinter steht der Impuls oder auch der Gedanke, die Intelligenz, die in Resonanz geht mit der ihr zugehörenden Information, aber dann in der NRZ. Menio war der Vermittler zwischen dem Irdischen und dem Geistigen. Die Informationen der Gedanken waren aber schon in der NRZ. Das ist wieder ein Bezug zur Religion „… am Anfang war das Wort" oder „… bevor du es ausgesprochen hast, wusste ich es schon" – leichter zu verstehen, wenn man sich mit der NRZ beschäftigt und deren Gesetze kennt.

Informationsmuster

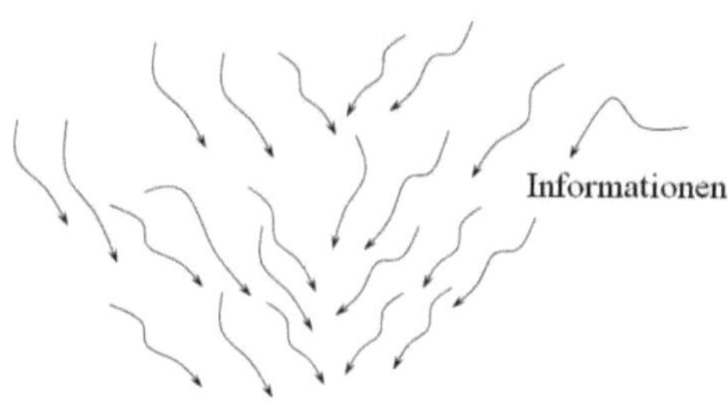

**Informationen, die sich zu Informationsmustern
in der NRZ entwickeln.**

Man spürte, dass eine ständige Kommunikation, eine geistige Kommunikation, zwischen Menio in der RZ und einer Intelligenz in der NRZ stattfand – immer ausgerichtet auf die zuerst gestellte Frage.

6.2.   Entstehung der Bewusstseinsmuster

Die ständige geistige Kommunikation, die immer eine Ausrichtung auf etwas Bestimmtes hat, eine Wegweisung, eine Richtung angebend, ein Impuls, mit dahinter liegender Intelligenz, die für unsere weitere Betrachtung von Bedeutung ist. Das Ganze erklärt sich als eine Kommunikation des menschlichen Geistes mit dem höheren Geiste. Das haben wir live erlebt: Eine Kommunikation mit einem „Informationsmuster", einem „Bewusstseinsmuster", einer dahinter stehenden Intelligenz. Ein Austausch von Informationen, in einer bestimmten Resonanz mit den Gedanken und daraus resultierender Informationen und dahinter stehender Intelligenz. Der Informationsaustausch findet in der NRZ statt – im „Nichts".

Anders als die Informationsübertragung in der Raumzeit: Hierfür ist eine bestimmte Kommunikationstechnik erforderlich, indem von einem Sender, einer Informationsquelle, zu einem Empfänger Informationen oder Daten übermittelt werden. Vom Sender wird eine physikalische Größe, wie beispielsweise Frequenzen von elektromagnetischen Wellen, zum Empfänger übermittelt. Für diese Kommunikation ist immer ein „Medium" erforderlich.

In der NRZ gibt es kein Medium. Keine Sinne, keine Materie, keine Schwingungen – die Informationsübertragung erfolgt unabhängig von einem Medium – geistig (ohne Materie). Die Informationen sind bereits „da". Die Informationen, die im „Informationsmuster" in Resonanz gehend sich verbunden haben, werden gemäß der zugeordneten Intelligenz und dem Bewusstsein (des Betrachters) im „Bewusstseinsmuster" mehr gefestigt und stabilisiert.

Während der Kommunikation von Menio in der NRZ – stellvertretend sprach sie immer wieder ihr imaginäres „Gegenüber" mit dem Namen Ambapani an – wurde ihr bewusst, dass sich der Vorgang weiter entwickelte. Die sich immer mehr verbindenden Informationen formieren sich zu einem „Bewusstseinsmuster".

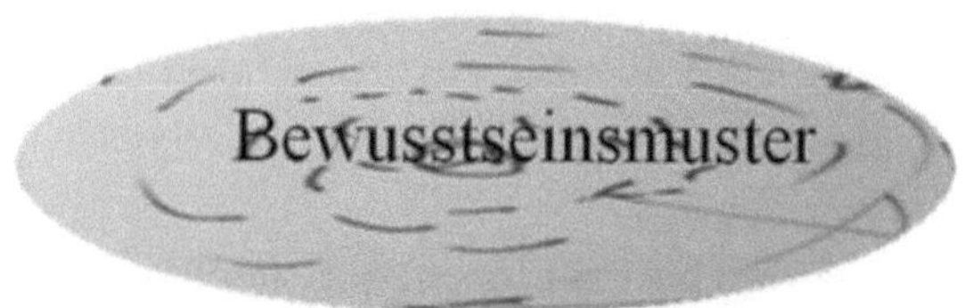

Auf der Basis der Informationen,
der Informationsmuster und der zugeordneten
Intelligenz bilden sich Bewusstseinsmuster

In der NRZ (m = 0), wo es keine Schwingungen gibt, wird pure Energie aktiviert. Das gelingt durch die Intelligenz entsprechend dem Bewusstsein. Die Intelligenz aktiviert den Geist. Der Geist ist immer labile immerwährende Energie (noch nicht aktivierte Energie). Die Energie, die sich später als Materie offenbart, entsteht durch den Impuls der Intelligenz in Abhängigkeit zum zugehörenden Bewusstsein.

Zusammenfassend betrachtet gibt es unbegrenzte Informationen in der NRZ, im Jetzt, ohne Raum und ohne Zeit, nur pure Energie, reines Bewusstsein, höchste Intelligenz und Informationen. Es gibt keinen Raum, also auch keine Ausbreitung im Raum, weil der nicht vorhanden ist, und es gibt auch keine Zeit und keine Schwingung. Das ist die nicht stoffliche Betrachtung in der Nichtraumzeit. Wenn es keinen Raum gibt, dann ist es durchdringende Energie, pure Energie, so wie wir den Geist beschrieben haben, latente Energie, die aber in ihrer Manifestation in der RZ überall sich offenbaren kann, gemäß der Ausrichtung der Intelligenz in der Raumzeit, auf den Raum, den Ort bezogen und den Zeitpunkt, zu dem die Energie wirksam wird. Damit verbunden ist die sich bildende Form aus der den Informationsmustern entsprechenden Intelligenz, die sich in den Gedanken widerspiegelt und sich nach dem Menioprinzip offenbart, z. B. als Atom, Moleküle und deren Anordnungen: „Werde eine Zelle …“. Diese Offenbarung findet in der RZ lokal statt, also auch in der äußeren RZ und der inneren, also auch im Bereich der Quanten.

Erklären lässt sich das aus der Betrachtung der Energie, die in der NRZ aus Intelligenz und Geist besteht. Geist ist als Energie betrachtet immer und überall und Intelligenz ebenfalls, die zuvor als Information, also Speicher des Wissens, der durch Gedanken zur Intelligenz erhoben wird, den Geist zur Energie aktiviert.

So gesehen sind die Informationen, die Intelligenz und die daraus entstehende Energie ständig in uns und um uns, in der inneren und äußeren RZ und in der NRZ. Wenn diese Palmblätter vor 6000 Jahren geschrieben wurden und das aus der NRZ „diktiert wird“, dann ist vor 6000 Jahren in der NRZ „Jetzt“, da es keine Zeit gibt. Und das geschieht beim Schreiben dieser Palmblätter.

Die Aussage von Agasthiya, eines Propheten aus Südindien,
„Yogan, ich bin Dir näher als Dein Atem“, bestätigt das oben Beschriebene dahingehend, dass die Informationen und die Energie überall in der RZ und in der NRZ vorhanden sind. Gemeint ist auch der Geist, also die Energie Agasthiyas.
Der Prophet Agasthiya hat in Südindien einen Stellenwert wie Jesus oder auch Allah. Er hat die Gnade Gottes, Niederschriften anzufertigen auf Palmblättern, die er z. B. für mich vor ca. 6000 Jahren geschrieben und mich dort als Yogan angesprochen hatte. Yogan ist ein blumiger Name in Indien und meinem Vornamen Jürgen nahe. In der NRZ gibt es keine Zeit, also auch keine 6000 Jahre, aber in der RZ.

Ich erinnere an unser Gedankenexperiment. Da alles „Jetzt" ist, gibt es keine Vergangenheit in der NRZ und auch keine Zukunft. Unser Gedankenexperiment ist erst dann verständlich, wenn ich mich in diese Sphäre, diese Intelligenz, in diese Bewusstseinsebene begeben kann. Wenn wir uns dieser Wahrnehmung bewusst werden, verfügen wir über hohes und immer höher werdendes Bewusstsein, über eine ständig zunehmende Intelligenz in Informations- und Intelligenzmustern, aus denen wir voll schöpfen können und damit selbst zum Schöpfer werden – ein Prozess, in dem wir leben und der sich ständig vollzieht. Das Bewusstsein ist entscheidend, ob wir das erkennen (wahrnehmen) oder nicht.

Im sich immer mehr verbindenden Bewusstseinsmuster beginnt sich die Form in der NRZ heraus zu bilden, gemäß den Anweisungen der Intelligenz und der zusammengefassten Informationen des Informationsmusters. Der Nachdruck von Menios Sprache macht das deutlich, eine Aufforderung der höheren Intelligenz in der NRZ.

Das sich immer mehr verbindende „Bewusstseinsmuster" zieht die Informationen weiter und intensiver zusammen – gemäß der Gedankenstruktur und der damit in Verbindung stehenden Informationen im Hinblick auf die dahinter stehenden Intelligenz (Impuls). Die Gedankenstruktur und das Bewusstsein geben dem Bewusstseinsmuster eine festere Struktur je nach Gedankenausrichtung.

Niedrige Gedankenstrukturen, die auch niedriges Wissen und somit auch niedriges Bewusstsein nach sich ziehen, lassen nur eingeschränkte Informationen, also nicht der höheren Intelligenz entsprechend, wirksam werden. Daraus entwickeln sich Muster, die entscheidend sind für die Manifestation. Das Muster festigt sich aufgrund niedrigen Bewusstseins und lockert sich aufgrund höheren Bewusstseins. Es wird gewissermaßen die RZ vorbereitet, in der die Manifestation stattfindet. Der sich bildende Raum steht im Zusammenhang mit den Mustern und der damit im Zusammenhang stehenden Gravitation.

Der Kontakt zu Menio wurde immer vertrauter im Laufe der zunehmenden Begegnungen, sodass wir nähere Einzelheiten erfuhren. Es passierte immer wieder, dass Menschen mit höherem Bewusstsein,

Menschen mit hohen Eigenschaften, mit Wohltätigkeitscharakter zum Wohle anderer Menschen bevorzugt „beschenkt wurden" und andere mit negativen egoistischen Eigenschaften oft leer ausgingen.

6.3. Entstehung der Gravitation aus der g-Gravitation

Die aus der NRZ sich entwickelnde Gravitationskraft ist schwierig nachzuvollziehen, da das Bewusstsein, also die Wahrnehmung, sehr mit dem Sinnesbewusstsein, also mit der materiellen Sichtweise (Wahrnehmung), im Zusammenhang steht. Aus der NRZ betrachtet, womit sich Einstein des Öfteren beschäftigte, ist der Zusammenhang der Gravitation gut und sehr einfach erklärbar, ja erkennbar – nur ist das eine vorbereitende Gravitationskraft im Nichtmateriellen, also im Geistigen und wird somit als geistige Gravitation (g-Gravitation) bezeichnet. Die g-Gravitation ist die Ursache der Gravitation, die Führungsgröße („Informationsmuster", „Intelligenzmuster" und „Bewusstseinsmuster") in der NRZ, die aufgrund sich verringernder Intelligenz die Krümmung des Raumes vorbereitet und die „Schwere" verursacht und somit formbildend in der RZ wirkt. Die g-Gravitation, so wie wir die Gravitation kennen aus der RZ, also materiell, ist nicht so einfach erklärbar, da sie, sich offenbarend, z. T. materiell noch nicht erkennbar ist. Materiell, also in der RZ erkennbar (wahrnehmbar), entfaltet sie sich vielfältig mit den unterschiedlichsten Erscheinungsformen der Materie und deren Schwere in der RZ, entstanden ist sie aber in der Bewusstseinsebene aus der NRZ, unverständlich für den, der sich nur mit der Auswirkung beschäftigt.

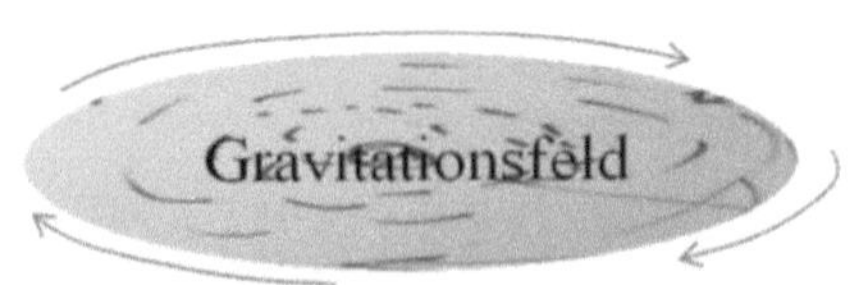

Sich bildendes Gravitationsfeld auf der
Basis der g-Gravitation

Wohlgemerkt: in der NRZ gibt es noch keinen Raum, also auch keine Krümmung. Die g-Gravitation ist aber in der NRZ die Führungsgröße („Informationsmuster", „Intelligenzmuster" und „Bewusstseinsmuster"), die in der Manifestation in der RZ, der Vorbereitung der Entstehung von Raum und Zeit, also auch der Krümmung des Raumes und somit die Gravitation vorbereitet.

> Die g-Gravitation ist die Ursache der Gravitation, die Führungsgröße („Informationsmuster", „Intelligenzmuster" und „Bewusstseinsmuster") in der NRZ, die aufgrund sich verringender Intelligenz die Krümmung des Raumes vorbereitet und die „Schwere" verursacht
> und somit formbildend in der RZ wirkt.

Das ist wesentlich für die materielle Gravitation, in der sich dann die Zeit und der Raum zu offenbaren beginnen, was am Beispiel des gekrümmten Raumes, wie es Einstein schon festgestellt hat, erkennbar ist und wodurch die Gravitationskraft sich in Raum und Zeit formt.

6.4. Entstehung des Magnetismus'

Im g-Gravitationsfeld sind die Informationen so vereint, dass das Bild der Form gefestigt ist und die darin enthaltene Energie in einem weiteren Feld sozusagen festgehalten oder eingesperrt wird. Das ist die von Einstein beschriebene, in Feldern (dem Bereich des Magnetismus') festgehaltene oder eingeschlossene Energie.

In dieser im Magnetfeld eingesperrten Energie, die ja die aus der NRZ kommenden Größen der Intelligenz (Informationen und auch der dahinter stehenden Gedanken und der Intelligenz) und des Geistes beinhaltet, tritt die Manifestation im sogenannten kausalen Bereich des Magnetismus' auf. Das ist auch der Bereich der Emotionen, wo Kraft bzw. Energie gespürt werden kann, außerhalb der fünf Sinne. Das ist auch der Moment, als wir bei Menio spürten (Magnetismus), dass da etwas passiert – Energie im Feld, im Magnetismus, deren Felder uns berührten – Energie im Raum der RZ.

In Feldern eingesperrte Energie E_{NRZ} mit der aufgeprägten Intelligenz

Der g-Magnetismus ist die aus der NRZ kommende Wirkung der Intelligenz, der Informationen und der dahinter stehenden Gedanken.

6.5.   Entstehung der Elektrizität

Der Übergang zur RZ wird immer deutlicher. Was jetzt fehlt, ist die Polarität, die Elektrizität, die für die Gestaltung des Atoms bestimmend ist. Der Magnetismus ist die Voraussetzung für die Manifestation des Atoms – für die Elektrizität, das Elektron, das sich bilden wird, und für das Proton, aus dem sich das elektrische Feld entwickelt. Das Knistern im Raum, das uns berührte, spannte unsere Sinne, unsere Psyche, das Nervensystem und damit die Sinnesorgane und die Elektrizität in uns an, die sich im Äußeren der RZ zeigte.

Bildung der Elektrizität
in der Raumzeit

6.6. Die Manifestation des Atoms

Im Zusammenhang mit dem Elektromagnetismus stehen die sich bildenden elektromagnetischen Felder und Wellen und die sich bildenden Energieformen der Quanten, die aus dem „Nichts" entstehen. Es entstehen die negativ geladenen Elektronen und die positiven Ladungen der Protonen als Voraussetzung der Manifestation des Atoms, der Formbildung des Atoms, der Materie – die man auch als die Offenbarung des Geistes bezeichnet.

Das Atom manifestiert sich gemäß den höheren Anordnungen und die äußere Form durch die Anordnung mehrerer Atome zu Molekülen, zu Mineralien, Zellen, Organen und dem Organismus.

> Die Materialisation, die Manifestation des Atoms,
> der Formbildung des Atoms, der Materie – die man
> auch als die Offenbarung des Geistes bezeichnet
> oder als die Schöpfung.

Stellt man die einzelnen Stufen der Manifestation in einem Bild zusammen, erkennt man die Zusammenhänge der Manifestation der Gedanken und Informationen mit der zugeordneten Intelligenz und deren Phasen zur Formwerdung im Atom.

Was wir sehen, ist ein Prozess, der ständig stattfindet, wie wir ihn überall und ununterbrochen beobachten können in unserem Alltag, in uns und um uns: Ein Werdungsprozess unseres Körpers, der Evolution der Intelligenz durch höhere Wahrnehmung, die Bedeutung des Bewusstseins. Das ist gleichzeitig das Bindeglied zur Gravitation – als eine Gestaltungsgröße der Manifestation und des in uns und um uns wirkenden Magnetismus', der uns verbindet. Mehr oder weniger anziehend in der sich bildenden Polarisation, auch der Gedankenpolarität. Das zeigt sich immer wieder in sich herausstellender Zwietracht und Widerspiegelung in unserer

Psyche und aller bestehenden Unzufriedenheit im Ego des Menschen bis hin zu jeglicher Disharmonie und zu den Kriegen. Wir erkennen aber auch die Vielfalt der Natur, die sich durch eine höhere Intelligenz in der NRZ formte, die Vielfalt der Tiere mit Sinnesbewusstsein, der Vorstufe des sich entwickelnden höheren Bewusstseins des sich weiter entwickelnden Menschen in seiner Wahrnehmung und seiner Intelligenz.

Das Menioprinzip

Phasen der Formwerdung der Materie – der Manifestation des Atoms.

Zusammenhänge der Manifestation der Gedanken und Informationen mit der zugeordneten Intelligenz und dem Bewusstsein.

> Das Prinzip der Manifestation, das wir als
> Menioprinzip bezeichnen, das in einzelne
> Phasen zerlegt betrachtet wurde, wird wieder
> zu einem zusammenhängenden Ablauf
> zusammen geführt. Diese Darstellung zeigt den
> Zusammenhang des Entstehens von Materie –
> aus der NRZ in die RZ.

Das Menioprinzip im Universum

Wir erkennen aber auch die anorganische Struktur unseres Planeten und der Planetenanordnung in unserem Universum bis hin zur Entstehung des Universums – des Universums, welches aus einem „Nichts" entstand, wie man annehmen muss, wenn man sich nur auf das Sinnesbewusstsein, also auf die Wahrnehmung über die fünf Sinne beschränkt.

Schauen wir in das Universum, so finden wir ein überwältigendes Bild der Gestaltungsvariationen. Hier hat uns die Astronomie in den letzten Jahren einen faszinierenden Einblick geben können. Sie hat uns den Makrokosmos näher gebracht. Hervorragende Erkenntnisse, vor allem der Manifestation, also der „Materialisation", konnten aufgezeigt werden. Das gilt auch in überwältigender Weise für den Mikrokosmos. Aber es ist nur das mit dem Sinnesbewusstsein Erfassbare – nur die vorher genannten 0,1 % der sichtbaren Offenbarung!

Das Atom zu durchschreiten, so wie es Yukteswar meinte, ist aus der Sicht des materiell denkenden Menschen nicht zu verstehen. Das Atom ist der Thron der Schöpfung. Das ist ein Aufenthaltsort, an dem gerade die Schöpfung stattfindet.

Nach Heisenbergs Unschärferelation verhält sich Licht, z. B. ein Photon, mal als Welle und mal als Teilchen. Dies hängt jedoch vom Betrachter ab – genauer gesagt, von den Gedanken des Betrachters. Der Betrachter wird sich immer so ausrichten, wie er gerade denkt. Und das Denken hängt ab davon, was ihm gerade bewusst ist. Somit ist sein

Bewusstsein in Zusammenhang stehend mit seinem Denken, gemäß der jeweiligen Situation, die er nach seinen Erfahrungen, sprich nach seinem Wissen, erfasst, einschätzt und dementsprechend denkt. Er ist sich im Moment des Betrachtens einer Situation eben seiner Situation gemäß seines Wissens bewusst. Bewusstsein spielt also die entscheidende große Rolle. Dieser Bezug zum Bewusstsein ist bei den weiteren Betrachtungen vorrangig und hat größte Priorität.

Das Bewusstsein ist auch ein Ergebnis der Wahrnehmung. Wir nehmen das wahr, was wir denken und denken nur das, was wir wissen, was wir erkennen. Es ist von Bedeutung, dass wir unterscheiden können zwischen Wissen und Unwissenheit, zwischen Wahrheit und Irrtum. Wenn die Wahrnehmung nur auf das Materielle über die fünf Sinne ausgerichtet ist, wird uns nur das Materielle bewusst. Eine weitaus höhere Ausrichtung geht über die fünf Sinne hinaus und zieht eine höhere Wahrnehmung nach sich. Im ersten Fall ist das Sinnesbewusstsein vorrangig, und im zweiten Fall sehen wir über die Materie hinaus und erkennen, was dahinter steht, wir betrachten die übersinnliche, die geistige Sphäre und haben aufgrund der höheren Wahrnehmung ein höheres Bewusstsein.

> Die Schöpfung, also die
> Manifestation des Geistes (Materiewerdung),
> die Offenbarung der Materie, findet ständig statt.

Wenn ich mir bewusst bin, dass die Schöpfung, also die Manifestation des Geistes (Materiewerdung), ständig stattfindet, bekomme ich als Betrachter einen ganz anderen Blick, als ein Betrachter, der sich der Offenbarung der Materie nicht bewusst ist. Und das macht den Unterschied. Wenn die Religion von der Offenbarung des Geistes spricht, meint sie das Gleiche, aber sie beschränkt sich immer nur auf die Offenbarung des Fleisches. Die Offenbarung des Fleisches unterliegt aber immer der Manifestation der sogenannten Materie, die aber pure Energie ist – in Verbindung mit der Intelligenz, die dahinter steht, in der NRZ betrachtet.

Die eigentliche Offenbarung des Geistes ist die Materiewerdung, so wie wir es kennen aus der Quantenmechanik, wenn aus dem Nichts ein Elektron entsteht.

Je nachdem, wer es betrachtet: Die Religion sieht die Schöpfung nur als einen auf Glauben aufgebauten geistigen Prozess, ohne wahres Wissen – eben nur Glauben. Die Physiker bzw. die Pragmatiker lehnen diesen Gedanken des Geistes ab, weil sie nicht daran glauben, weil nicht sein kann, was nicht sein darf. Es ist nicht messbar, und was ich nicht „sehen" bzw. mit den fünf Sinnen nicht wahrnehmen und nicht messen bzw. nachweisen kann, das gibt es nicht.

Wir definieren den Geist als die latente Energie, also eine immerwährende Energie. Das ist leicht nachvollziehbar, da alles Materielle existiert und ständig genährt wird, sonst würde es nicht existieren – jedes Atom, alle Zellen, alle Materie. Sonst gäbe es uns und den Makro- und Mikrokosmos nicht. Es gäbe auch die nicht, die daran nicht glauben oder es nicht verstehen. Sie wissen es nicht, sie erkennen es nicht und nehmen es nicht wahr, obwohl ihr Körper ihre Organe ständig mit Energie versorgt werden – sie glauben es nicht und lehnen es dann ab. Der Beweis sind wir selbst!

Und es gab die gesamte Offenbarung bereits schon, als es den Menschen noch nicht gab.

Und da merkt man, was Unwissenheit bewirkt – vollkommen falsche Erkenntnisse – unvollkommenes Bewusstsein. Es besteht kein Unterschied. Nur der Betrachter, also der Mensch selbst, macht den Unterschied und streitet um das Recht, bis zu Gewalt und Tod, aus Unwissenheit.

Offensichtlich ist, dass das Elektron plötzlich da ist, wo vorher nichts war. Wir haben also eine gedachte Grenze zwischen dem Nichts und der Materie, kein plötzlicher Übergang aus dem Nichts, sondern eine Übergangsphase. Plötzlich ist nur das „Sichtbar Werden".

Stellen wir uns der Einfachheit halber eine Trennungslinie vor (die so nicht vorhanden ist) und teilen die Bereiche ein: in den linken des „Nichts" und den rechten uns bekannten sichtbaren Bereich. Das Elektron taucht dort plötzlich auf.

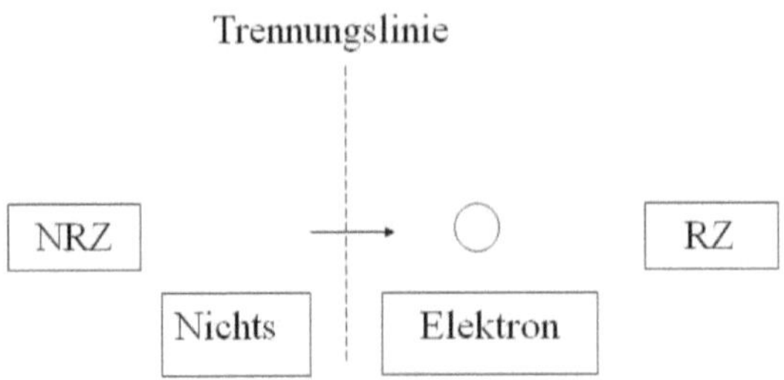

Verfolgt man die Urknalltheorie oder einen dementsprechenden Vorgang, so kommt unser Universum ebenfalls aus dem Nichts, eine Sekunde nach dem Urknall das Elektron. Und dieser Vorgang des Entstehens aus dem Nichts spielt sich ständig ab. Es offenbart sich das Universum mit der Entstehung des Elektrons, so wie sich ständig Elektronen offenbaren, in jeder Materie und auch in jeder Zelle, ständig. Wir leben durch diesen Prozess. Es bildete sich in diesem Werdungsprozess das Weltall und, in diesem jetzt materiellen, sichtbaren, mit den fünf Sinnen wahrnehmbaren Universum, der Makro- und Mikrokosmos.

Die wissenschaftlichen Beobachtungen ergeben, egal ob man die Urknalltheorie oder andere mögliche Entstehungsformen und Manifestationen oder Ausdehnungsvorgänge der Materie betrachtet, dass immer z. B. die Abkühlung des Universums eine außerordentliche Rolle spielt. Der Abkühlung ging voraus, dass sich außerordentlich hochenergetische Prozesse abspielten, die diese Energie freiwerden ließen, sonst wäre eine Abkühlung in dieser außerordentlichen Dimension nicht messbar. Wenn man heute weiß, dass nach 1 Sekunde des Freiwerdens dieser enormen Energie sich das Elektron bildete, so weiß man auch, dass eine Ausweitung in Länge, Breite und Höhe erfolgte. Es haben sich in diesem Energie-freiwerdungsprozess der Raum und die Zeit gebildet. Es entsteht die Raumzeit (RZ), wobei sich in der Ausweitung in den Raum gleichzeitig die Dualität bildete, wodurch die elektrische negative Ladung zum Ausdruck kam.

Eine Sekunde nach der Bildung des Raumes, der 3. Dimensionalität, kam eine weitere Dimension, die der Zeit hinzu. Diese vier Dimensionen stellen die für uns alltägliche uns umgebende Raumzeit dar. Wir leben im

Raum und in der Zeit, seit der Entstehung des Universums – in der Raumzeit, die alle materiellen Vorgänge begleitet und in der wir es gelernt haben, uns auszudrücken und Zusammenhänge mit unseren fünf Sinnen zu erkennen.

Es stellt sich die Frage: Was war vor der Entstehung des Universums? Aus naturwissenschaftlicher Betrachtung heraus gibt es keine Untersuchungsergebnisse, was auch logisch ist, da es ja keinen für uns messbaren, erkennbaren Raum gab, z. B. auch kein Elektron, keine Elektrizität, keine Polarität etc. Es gab ihn nicht, den Raum. Auch keine Zeit.

Aber mit Sicherheit gab es etwas, das diese enorme Ausdehnung bewirkte, ohne Zweifel. Und es kann nur eine eminent hohe, für uns unvorstellbare hohe Energie gegeben haben, die dieses Universum zum Ausdruck brachte. Hierfür brauche ich keinen Glauben und keine Messtechnik, die mir das bestätigt, was mein Bewusstsein mir zeigt. Ich bin mir bewusst, dass es diese hohe Energie gibt, sonst wäre dieses Universum nicht entstanden, ohne jeden Zweifel. Hierfür bedarf es nicht einer von Menschen entwickelten Formel, die das belegt, was schon vorhanden ist, sondern eine hohe Akzeptanz dessen, was ist. Die weiteren Betrachtungen dienen einer sinnvollen Beschreibung des nicht zu Begreifenden. Fest steht aber bereits jetzt schon, dass es vor der Entstehung des Universums (z. B. des Urknalls), keinen Raum und keine Zeit gab. Daraus leitet sich eine Betrachtung der Nichtraumzeit (NRZ) ab. Das setzt vollkommen neue Gedanken und vollkommen neue Tatsachen unseres Seins frei.

> Das soll die Basis der weiteren Betrachtungen sein
> – ein vollkommen „Neues Denken".

Nach Einstein stellt sich die in Feldern eingeschlossene Energie als Materie dar. Das Ursächliche der Materie ist die Energie. Vor dem Urknall (Universumsbildung), also in der Nichtraumzeit, gab es pure Energie, ohne Raum und ohne Zeit. Die Energie war nicht gebunden an eine Form und auch nicht an die Zeit, aber sie war und ist existent – ob wir daran glauben oder nicht. Es besteht kein Zweifel über die Existenz dieser Energie, sonst gäbe es uns nicht. Die Energie, die in der RZ und in der NRZ besteht, existiert ständig.

Die Raumzeit (RZ), rechts im Bild der Trennungslinie, die es vorher nicht gab. Und da treffen wir, links im Bild, auf die Nichtraumzeit (NRZ). In der NRZ gelten natürlich ganz andere Gesetze als in der RZ.

Die Gesetze in der RZ sind uns mehr oder weniger bekannt, viele davon sind uns bewusst, aber viele liegen noch im Verborgenen, und manche ändern sich auch, eben aufgrund neuer Betrachtungen im Bewusstsein des Betrachters und der damit verbundenen Erkenntnisse, die ihm bewusst werden. Die newtonschen Gesetze und die Entwicklung der Quantenmechanik lehren uns das, genauso wie Darwins Evolutionstheorie, die nur auf die Betrachtung der entstandenen Materie und deren Gesetze ausgerichtet ist.

In beiden Fällen der Betrachtung kann man von einer RZ und einer NRZ ausgehen, je nachdem von wo aus der Betrachter es sieht, es wahrnimmt.

Unserem Gedankenexperiment folgend, muss ich durch das Atom hindurch, um die Schöpfung der Materie zu verstehen. Allein die Größenordnung eines Atoms gibt uns keine Chance, durch das Atom „hindurch zu gehen". Stellt man sich den Atomkern eines Wasserstoffatoms auf eine Zündholzkopfgröße vergrößert vor, so wäre das Gesamtatom so groß wie der Eiffelturm (Höhe 324 m). Das entspricht einem Radienverhältnis von etwa 1:40.000.

Wenn wir materiell nicht durchpassen, dann vielleicht geistig. Geistig kommen wir aus der Nichtraumzeit, also einer Energie ohne Raum und ohne Zeit, ohne Materie. Hier gibt es kein Proton, kein Elektron, keine Schwingung – keine Elektrizität, keinen Magnetismus.

> Die Nichtraumzeit (NRZ) ist dadurch gekennzeichnet,
> dass sie keine Masse besitzt – es gilt "m = 0".

Einsteins Gleichung „$E = m \times c^2$" hat für die NRZ keine Bedeutung mehr.

Daraus ergeben sich vollkommen neue Ansätze, Gesetze in der NRZ, die für die RZ eine wesentliche Bedeutung haben, die miteinander in enger Beziehung stehen. Die Gesetze der NRZ sind die Ursachen der Gesetze der Auswirkung in der RZ und stehen somit immer im Zusammenhang zueinander.

Die Wissenschaft hat herausgefunden, dass das Elektron ca. 1 Sekunde nach dem Urknall entstand. Aus der NRZ kommende Energie verursacht die Manifestation, mit den entsprechenden Informationen des Elektrons, in der Raumzeit (RZ). Das Atom entstand erst ca. 380.000 Jahre später als das Elektron. Dieser Prozess hat sich in der NRZ vorbereitet und kann sich erst manifestieren, wenn die Bedingungen, die Felder, sich entfalten können. Das ist dann keine Frage der Zeit, sondern eine Frage der Energie in Verbindung mit der ihr anhaftenden Intelligenz.

Woher kommt das Elektron?
Was hat sich ereignet?
Was war vor dem Urknall?

Vor dem Urknall war aus der RZ betrachtet „Nichts"– nichts Materielles. Keine Form, keine Offenbarung. Jedenfalls nichts Sichtbares für das menschliche Auge und die von Menschen entwickelte Messtechnik und sonstige Geräte zur Untersuchung von Materie und deren Teilchen.

Einsteins Relativitätstheorie hat keine Bedeutung, da in der NRZ, ohne Raum und Zeit kein Bezugspunkt der Relativität vorhanden ist. Das Nichts ist anders zu beschreiben.

Es ist auf einer anderen, einer höheren Bewusstseinsebene einer höheren Intelligenz zu erkennen. Erkennen, was geschieht. Es geschieht ständig, dass aus dem Nichts Materie entsteht – ein Elektron, ein Photon etc. Das ist ein alltäglicher, ein ständiger Prozess, latent – immer vorhanden, in aller Materie, und wir sehen es an uns selbst, der Zellbildung, der Zellteilung auch in den Pflanzen: Eine Offenbarung, die ständig stattfindet. Das ist wissenschaftlich und bedarf keines Labors, denn wir sind es selbst und alles, was um uns und in uns geschieht.

Das Einzige, das wir tun müssen, ist hinschauen, zuhören – nicht mit unseren fünf Sinnen, sondern mit der höheren Wahrnehmung. Erkennen mit höherem Wissen in der höchsten Intelligenz. Die richtigen Zusammenhänge erkennen. Messgeräte allein helfen uns nicht, sie reichen da nicht mehr aus. Nur höhere Intelligenz, höheres Bewusstsein – die „Messgeräte" in uns – helfen uns weiter, mehr zu erkennen.

Wir haben links im Bild die NRZ: Kein Raum, keine Zeit – also auch keine Schwingung. In der NRZ gibt es keine Schwingung, da es keinen Raum, in dem sich eine Welle ausdehnen könnte, gibt und die Zeit auch nicht. Für uns Menschen, die wir nur an die Materie gewöhnt sind, ist das nicht vorstellbar – keine Zeit, kein Raum.

Bei der Betrachtung der Erkenntnisse, das Weltall betreffend, sehen wir die Bildung der Materie, die Bildung von Planeten und die Entstehung von Schwarzen Löchern und Quasaren: Unwahrscheinliche Energien, hochenergetisch, und unvorstellbare Massen von vielen 100 Sonnenmassen – unvorstellbar. Energie wird eingesammelt und ausgestrahlt, neu gebildet, als Energiestrahl aus ehemaligem Sternenstaub, der wieder als Jet Gasströme in das Weltall sendet – Dimensionen, die wir uns nicht vorstellen können, mit Entfernungen größten Ausmaßes in Raum und Zeit.

Das sind aber auch wieder Wahrnehmungen mit den fünf Sinnen, erstaunliche Beobachtungen mit neuester Technik, die uns in Erstaunen versetzen bezüglich des Energiereichtums des Universums. Die Krönung sind momentan Quasare mit erstaunlicher Energie, sichtbar über viele 100 Lichtjahre aufgrund der Leuchtkraft dieser Energie mit mehreren Milliarden Sonnenmassen. Sie sind die hellsten, weil energiereichsten Objekte – faszinierend, unglaublich, aber nicht erklärbar, nur beobachtend mit den fünf Sinnen aufnehmbar.

Eine wirkliche Erklärung, was dahinter steckt, gibt es nicht.

Wahre Zusammenhänge sind nur aus der Sicht der NRZ, mit einer höheren Erkenntnis, einem höheren Bewusstsein möglich.

Wenn wir in unserem Gedankenexperiment in die NRZ gehen, erkennen wir den Zusammenhang zur inneren RZ, einen Zusammenhang zum Atom und damit auch den Zusammenhang zur Quantenphysik, die uns aber auch Grenzen aufsetzt, da die Betrachtung noch in der RZ erfolgt. So versteht man z. B. nicht, wie aus ionisierenden Gasen Galaxien werden konnten. Den Ursprung der ionisierenden Gase zieht man erst gar nicht in Betracht. Die Entstehungszusammenhänge sind in der RZ, wo man davon ausgeht, neue Raumstrukturen zu entdecken, mit den fünf Sinnen nicht erklärbar. Der Zusammenhang mit dem „Menioprinzip", wie vorhin darge-stellt bei der Materialisation, wird bei der Betrachtung der Entstehung des Universums mit Hilfe der NRZ vergleichsweise vorgenommen.

Sich selbst organisierende Felder wurden bereits in der Betrachtung morphischer Felder diskutiert. Da steht eine Intelligenz dahinter, die sich einer höheren Intelligenz zugeordnet selbstständig, aber den höheren Anweisungen einer höheren Intelligenz untergeordnet, weiter entwickelt, so wie das auch bei morphogenetischen Feldern betrachtet wird[8].

Eine neue ganzheitliche Wissenschaft, die die Intelligenz, die Information, das Bewusstsein und die Naturwissenschaft der Biologie, Physik, Neurologie usw. einbezieht, so wie das die Yogasolanwissenschaft beschreibt.

Wenden wir das Menioprinzip für die Entstehung des Universums an, so steht auch hier eine Intelligenz, aber für die Entstehung des Universums eine außerordentlich hohe, höchste Intelligenz am Anfang – eine Intelligenz mit den höchsten Informationen in der NRZ am Beginn des Menioprinzips. Nur ist im Falle der Entstehung des Universums die höchste Intelligenz, die den labilen Geist aktiviert, eine Größenordnung der Intelligenz und der Information und der damit verbundenen Aktivierung, die unvorstellbar ist. Gott ist ein Ausdruck dessen, was wir uns nicht vorstellen können. Es ist nur richtig, dass die Bibel vom Wort spricht, das am Anfang stand, denn ohne Intelligenz gäbe es das Wort nicht. Und zum Wort gehören sich zusammenfassend bildende Informationen sowie im Effekt des Menio-

---

[8] Rupert Sheldrake: Der siebte Sinn der Tiere. Scherz Verlag 1999, S. 354–373.

prinzips – dem Menioeffekt – sich abspielende Vorgänge, nur in einem außerordentlich hohen Ausmaße. Wir müssen von einer außerordentlich hohen Intelligenz ausgehen, die die Ideenwelt anschob, sie aktivierte.

Es entstehen noch weit vor dem Urknall in der NRZ eben diese Informations- und Intelligenzmuster wie beim Menioeffekt: Kein Unterschied, denn es handelt sich immer um eine Manifestation, nur das Ausmaß, die Intelligenz unterscheidet sich außerordentlich, eine außerordentliche Macht, die dahinter steht, eine außerordentliche Intelligenz, um es noch einmal zu nennen. Es fehlen einem die Worte, es zu beschreiben. Will man das beschreiben, muss man selbst zu dieser Intelligenz werden. Der Vorgang ist immer der Gleiche, ob Mikro- oder Makrokosmos, ob Gegenstände, wie sie Menio manifestierte, oder unsere Zellen, ein Grashalm oder ein Stein: Es ist immer der gleiche Vorgang des Menioeffektes. Auch wenn wir unsere Umfelder, unsere Sorgen unsere Krankheiten oder die Idee eines schönen Autos, unsere Partnerschaft oder unseren Beruf verfolgen und „werden" lassen, es beginnt immer mit unseren Gedanken – aber ein Universum schaffen?

Bei genauer Betrachtung stellen wir ohne viel Mühe fest, dass alles, was auf dieser Erde entstand und von Menschenhand geschaffen wurde, immer vom Bewusstsein, immer von der Intelligenz desjenigen abhängt, der es kreiert oder entwickelt hat: Ein PKW, ein Flugzeug oder ein Fahrrad, alles aus dem Geist, aus der Intelligenz des Menschen, aus den ersten Gedanken nach dem Menioeffekt sich formend, alles was Menschen geschaffen haben. Eine Frage der Intelligenz. Wir wissen: Intelligenz x Geist = Energie. Das Universum wurde auch von einer Intelligenz geschaffen – es ist das gleiche Prinzip, das Menioprinzip.

> Alles im Universum geschieht nach dem gleichen Prinzip – dem Menioprinzip.

Das ist eine geistige Betrachtung. Nur die Intelligenz, die hinter oder besser vor der Idee, der Entstehung des Universums, steht, ist nachzuvollziehen, wenigstens in etwa. Die Idee des Universums beinhaltet alles, was ist. Die Idee entsteht in der NRZ, einen Prozess einleitend, der solch ein Ausmaß annimmt, wie das Universum es uns vor Augen führt. Die erste Information des uns vor Augen Führens, denn zum Zeitpunkt der Idee, die zum Universum führt, gab es noch kein Auge, keine fünf Sinne und nichts Materielles, das man hätte sehen oder erfassen können. Die Idee, wie in der Bibel zitiert, kam von Gott, dass etwas ihm zum Bilde, also sein Ebenbild, geschaffen werden sollte, das Ebenbild der Intelligenz. Wenn man diese Idee verfolgt, erkennt man sehr schnell, dass am Ende der Schöpfung eine hohe intelligente Form entstehen soll, die ihm entspricht, woraus sich ja noch der im Entstehungsprozess befindliche Mensch entwickelt, sozusagen noch im Prozess der Manifestation, nach dem Menioeffekt. Wenn dieses Geschöpf sich weiterentwickeln wird, wird es sich ebenfalls zum Gottesgeschöpf entwickeln. Es wird in seiner Intelligenz dem „Schöpfer" nicht nachstehen. Wenn der intelligente Mensch sich so entwickelt und selbst ein Gotteswesen, ein Gottmensch wird, könnte es der Zeitpunkt sein, wo der Schöpfungsprozess weitgehend abgeschlossen ist. Es sei denn, dass sich zwischenzeitlich in der Idee des „Schöpfers" weitere höhere Ideen der Schöpfung bilden. Dann wird der sich entwickelnde Gottesmensch in einem sich nie endenden Schöpfungsprozess befinden. Die höchste Intelligenz, der „Schöpfer", befindet sich selbst in einer Phase der ständigen Weiterentwicklung: Einer Weiterentwicklung der schöpferischen Intelligenz, welche als immer wieder weiter führende Idee sich im Menioeffekt einstellt – ein unendlicher Prozess. Die Kreativität hört nie auf, da sich hinter der Intelligenz ein sich selbst organisierendes intelligentes System verbirgt. Es macht ja auch keinen Sinn, hinter dem „Schöpfer" einen alten greisen Mann zu sehen. Die Idee der Schöpfung schließt also ein Bild ein, das dem Schöpfer gleich kommt, und das ist höchste Intelligenz, die mit der äußeren Form zunächst gar nichts zu tun hat. Aber der Geist steht im Vordergrund, die labile unendliche Energie, die mit Intelligenz gepaart zur materiellen Energie der RZ wird, womit wir den

Schöpfungskreis wieder schließen. Es wird solange eine Schöpfung, einen Menioeffekt geben, solange es die Intelligenz gibt. Man könnte auch sagen, eine Schöpfung ohne Ende in der Unendlichkeit in der RZ betrachtet.

Aber warum nun dieses gewaltige Universum? In seiner Vielfalt der Schöpfungskreativität ist ein Evolutionsprozess des Universums, aus der NRZ betrachtet, nie aufhörende Intelligenz und Energie und in der RZ unendlich zu betrachten. Hier spielt die intelligente Vernetzung des Universums und des sich selbst organisierenden, sich entwickelnden intelligenten vernetzten Systems eine außerordentliche Rolle. Im Evolutionsprozess des Universums sind der Kreativität keine Grenzen gesetzt. Es wird sich immer das intelligentere System durchsetzen, und das geschieht gerade, gerade jetzt.

Man könnte meinen, Gott „probiert" in seiner „Probierkammer" des Universums solange die Entfaltung des Geistes und der Intelligenz aus, bis sich ein Optimum einstellt, darauf aufbauend entwickelt sich sofort die höhere Form. Das beginnt mit der Bildung der Materie, die sich selbst kreiert. Sicher gibt es sozusagen ein kommunizierfähiges System, woraus sich die Entwicklungsstufen des Bewusstseins, seiner Manifestation in der Gravitation, im Magnetismus entwickeln – letztendlich in den elektromagnetischen Feldern, bis hin zu Feldern selbst, in denen die Energie, die geistige Energie, mit der innewohnenden Intelligenz festgehalten werden konnte.

Die erforderliche Kommunikation mit anderen eingeschlossenen Energien und deren Intelligenz entwickelt sich weiter, bis sich eine feste Form der Materie bildet, die in der Lage ist, nach sehr vielen Evolutionsphasen selbst zu kommunizieren und sich letztendlich als intelligente Materie entwickelt. Das schreitet so voran, bis die intelligent gewordene Materie sich selbst zu einem hohen intelligenten Bewusstseinswesen entwickelt. Das sogenannte Chaos, der labile Geist, ist die Voraussetzung, die im Universum zur höchsten Ordnung führt und zur höchsten Intelligenz. Das ist es, was der „Schöpfer", der höchstes Bewusstsein, höchste Intelligenz ist, auf seinem Plan hat und den wir gerade beginnen zu erkennen, um ihm zum Bilde Höchstes zu vollbringen.

Wenden wir uns jetzt wieder dem Menioeffekt bei der Entstehung des Universums zu und betrachten den sogenannten Urknall, wo die höchste Intelligenz und die dementsprechenden Informationen sich formieren. Man muss sich vorstellen, dass in der NRZ nur pure Energie mit reiner höchster Intelligenz wirkt, nichts anderes, keine Störungen, Reinheit, keine Ablenkungen, nur höchstes Gedankengut. Das ist auch keine extreme oder gar harte, brutale Energie, sondern feinste, reine, heilige Energie auf der Basis reinster Gedanken. Und das gehört ebenfalls zur Intelligenz Gottes, dass sich ein Universum entfalte, in dem es möglich ist, diese Manifestation der Energie in der Vielfalt der feinst möglichen Verteilung sich entfalten zu lassen, in den Quarks, den Elektronen und den unendlichen, immer schwingenden Atomen.

Es entwickeln sich nach dem Menioprinzip die Informationen, welche sich immer mehr im „Informationsmuster" ordnen. Entsprechend dem hohen Bewusstsein entsteht das sich immer mehr ordnende Bewusstseinsmuster und das sich anschließende Gravitationsfeld und dann der Magnetismus mit der eingeschlossenen Energie und schließlich das elektromagnetische Feld des Elektrons mit der Bildung der Quarks, Photonen etc. und den Protonen, mit der Ausbildung des Atoms zum sogenannten, vom Menschen festgelegten Materiebegriff des Atoms: Materie, die nicht fest ist, die höchste schwingende Energie ist, die z. B. dem Menschen nicht durchdringbar erscheint in seiner Vorstellung. Das Atom, die sogenannte Materie, ist reine Schwingung, sind elektromagnetische Wellen, die sich bewegen und das prinzipiell sehr schnell. Elektronen als Bestandteile des Atoms, die in sich Photonen, auch sogenannte Energie- oder Lichtpakete, enthalten, sind in der inneren RZ mit Energie durchflutet, es sind keine Teilchen. Der Teilchenbegriff ist irreführend, wir haben es grundsätzlich mit Energie zu tun – Energie der NRZ, mit auf der höchsten Intelligenz beruhenden Informationen. Wir sind so gesehen ein Informationssystem.

Damit bildet sich die Materie in der Raumzeit, im Universum: Es gibt keine exakte Trennungslinie des Überganges von der NRZ zur RZ. Die NRZ und die RZ wirken immer gemeinsam. Solange wir uns mit unseren Gedanken in der RZ aufhalten, existiert die NRZ immer in der Auswirkung der RZ. Aber bei der Bildung, also der Entstehung des Raumes und der Zeit, gibt es eine Übergangsphase, keinen plötzlichen Übergang, keine harte Trennungslinie. Im Falle einer Materialisation ist das in „Erscheinung-Treten" der Materie, die sichtbar werdende Auswirkung, eine plötzliche, da sie in dem Moment erst wahrnehmbar ist, wenn es die Sinne erfassen können, also plötzlich.

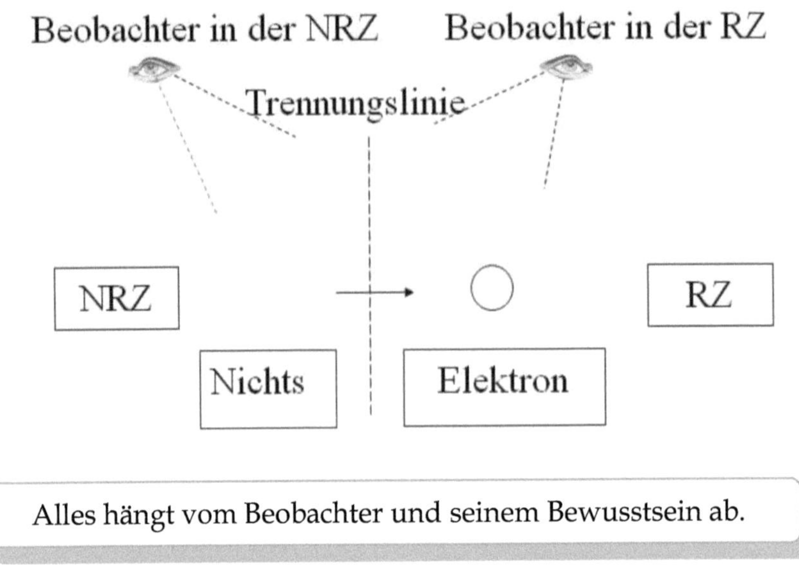

Alles hängt vom Beobachter und seinem Bewusstsein ab.

Im Falle des Urknalls gibt es also auch keinen plötzlichen Übergang der Manifestation, nur die Erscheinung ist plötzlich, den fünf Sinnen entsprechend wahrnehmbar, was letztendlich erkennbar ist an z. B. Temperaturbildern oder Lichterscheinungen etc.

Mit dem Beginn des Universums entwickelte sich zunächst das Elektron (man nimmt an: nach einer Sekunde des Urknalls) und viel später (ca. 380.000 Jahre) das erste Atom mit nachfolgenden weiteren Atomen und späteren Molekülen und der weiteren Entwicklung der Materie in der Raumzeit, das gesamte „materielle" Universum – so wie wir es heute kennen, aus Energie bestehend, mit einer entsprechenden Geometrie und sich herausbildenden Formen in einer entsprechenden Zeit und der Evolution bis hin zu den organischen Verbindungen und den intelligenten Formen mit der Bewusstwerdung und Bewusstseinsbildung und damit der Bewusstwerdung der Materie.

Der Prozess der Entstehung, besser der Offenbarung des Geistes oder der Intelligenz-behafteten Energie, also der Materie aus der NRZ in die RZ, ist ein Prozess über einen sehr langen Zeitraum innerhalb der RZ betrachtet. Der relativ einfache Menioeffekt nimmt während des Urknalls wesentlich andere Ausmaße an, als das bei der einfachen Manifestation von Menio der Fall war. Wir führen einen gestreckten Verlauf auf der Zeitachse im Raum ein. Für diesen Zweck stellen wir uns den Menioeffekt horizontal vor und sehen uns den Verlauf aus einer anderen Perspektive an, aber im gleichen Ablauf. Gleichzeitig vermittelt uns der Verlauf des Urknalls durch die Zeitstreckung in der RZ die Verzögerung bei der Manifestation, d. h. wir berücksichtigen den Beginn der Entstehung des Elektrons ca. eine Sekunde nach dem vermeintlichen Knall. Es ist der Moment, wo sich die noch pure Energie (und Intelligenz) entfaltet. Die gesamte Energie löst sich aus der NRZ, und es bilden sich der Raum und somit auch die Zeit. Das ist zu erkennen an der Ausdehnung der Energie und der Entstehung des Elektrons nach relativ kurzer Zeit.

7. Die Nichtrelativitätstheorie

Das Vakuum, welches man immer wieder als leeren Raum betrachtet, ist unter den Bedingungen der NRZ immer noch als Materie-behaftet anzusehen. Es befinden sich im Vakuum gemäß der RZ immer noch Moleküle bzw. Atome. So war auch das Weglassen des Äthers ein wesentlicher Schritt für die Entwicklung der Relativitätstheorie Einsteins. Mit der Einführung der Nichtraumzeit und der Bedeutung der Informationen und der damit in Verbindung stehenden Intelligenz beginnt eine vollkommen neue erweiterte Betrachtung unseres Seins. Mit der „Richtigstellung" des Äthers erlebt der „Äther" quasi eine Renaissance. Mit der Einbeziehung und Betrachtung der (materiellen) Leere und damit der Intelligenz unter Einbeziehung der Informationen und sich daraus entwickelnder Informationsmustern nach Menio, durchdrungen mit Bewusstsein in uns und um uns, beginnt ein vollkommen neues Denken.

<u>Vollkommen neues Denken</u>

> Es beginnt ein vollkommen neues Denken,
> ein neues Bewusstwerden in der NRZ
> – vollkommen neue Gesetze.

7.1. Wir finden den „Äther" wieder

Nach diesem Gedankenexperiment treffen wir wieder auf den Begriff des Äthers, nur – richtiggestellt – ist der Äther eigentlich ursächlich der Raumäther bzw. die Akasha oder eben die „Leere" und letztendlich die Intelligenz in dieser „Leere" mit der Erkenntnis der Energie des Geistes in dieser „Leere".

Gehen wir aber, wie in unserem Gedankenexperiment beschrieben, durch die Materie – durch das Atom hindurch, erkennen wir, wissen wir um den Zusammenhang und müssen den „Äther" wieder mit einbeziehen, also die „Leere" und die Intelligenz, die hinter allem steckt. Und das gelingt uns ausgezeichnet, wenn wir von der Erkenntnis ausgehen, dass vor der Materie die Intelligenz steht. Nun sind in der „Leere" unendliche Informationen, Energie-behaftete, mit Intelligenz versehene Informationen.

Der Äther, so ist das ursächliche Verständnis zu sehen, ist materiell nicht betrachtbar, aber eher als die Akasha, die man als „Leere" versteht, worin alles enthalten ist – die Intelligenz und der Geist als latente, labile Energie –, der Nichtraumzeit zugeordnet.

Nochmals das Gedankenexperiment aufnehmend erkennen wir, dass es unterschiedliche Energielevel gibt, unendlich viele. Das erkennen wir an der Manifestation der Materie. Es existieren, wie leicht erkennbar, unterschiedlichste Auswirkungen in der Materie, mit den unterschiedlichsten Intelligenzmerkmalen. Ein Stein, ein trivialer Kieselstein, hat eine andere Konfiguration, also eine andere Gitterstruktur der Atome, als ein Goldstück – einen anderen Energiegehalt als ein Baum, einen anderen als eine Ziege und als ein Mensch, der einen wesentlich höheren Energiegehalt, eigentlich mehr Intelligenz-behaftete Energie besitzt. Das führt uns unmittelbar zur Betrachtung des Einflusses der Intelligenz in der offenbarten Materie.

> In der Leere sind unendliche Informationsmuster, Energie-behaftete, mit Intelligenz versehene Informationen.
> Intelligenz in der NRZ, die wir nutzen können für uns.

7.2. Die Bedeutung der Intelligenz in der Nichtraumzeit

Es ist davon auszugehen, wenn wir unser Gedankenexperiment fortführen, dass die Intelligenz eine entscheidende Rolle spielt und dass es eine immerwährende Energie, also eine latente Energie in der NRZ gibt, im sich selbst organisierenden System des Makro- und Mikrokosmos. Nur auf der Basis dieser latenten Energie wirkt die zugeordnete Intelligenz, die Ursache, die sich dann in der Offenbarung, der Materiewerdung in einem entsprechenden Level auswirkt. In den Urreligionen spricht man von einem Geist, der im Universum vorhanden ist. Wenn wir den Geist mit der latent vorhandenen Energie in Verbindung bringen, dann ist der Zusammenhang der wirkenden latenten Energie mit der zuzuordnenden Intelligenz als ein Produkt der Energie in der Leere erklärbar.

$$E_{univ} = E_{basis} \times \text{Intelligenz.}$$

Intelligenz, gepaart mit der ständig vorhandenen latenten Energie (Geist), ist die Gesamtenergie einschließlich des manifestierten Objektes. Das Universum setzt sich demzufolge zusammen aus der latent vorhandenen Basisenergie (Geist), die überall vorhanden ist in der NRZ, und der Intelligenz, die dahinter steht, und der offenbarten Energie, der mit den fünf Sinnen erfassbaren, also auch messbaren Energie der Materie. Die Intelligenz aktiviert die latent vorhandene Basisenergie (G). Aus dieser Betrachtung ist das Produkt der latenten Basisenergie und der Intelligenz, das manifestierte Objekt, seiner Intelligenz entsprechend.

> Aus der NRZ betrachtet offenbart sich in der RZ das sichtbare materielle Universum,
> die Energie des materiellen Universums aus dem Produkt latenter Basisenergie (G) mal zugeordneter Intelligenz.

Mit der Betrachtung des Geistes, als die ursprüngliche Kraft, als die ursächliche Energie im Universum, im Mikro- und im Makrokosmos, kehren wir zurück zur Betrachtung des Universums, dieser Unendlichkeit der latent vorhandenen Energie, und nehmen sie als Maß aller Dinge. So ist Geist eine nicht stoffliche Energie, eine Ur-Urenergie, die unendlich zur Verfügung steht und aus der alles besteht. Diese „bereitstehende" Energie, also die latente, aber labile Energie, bedarf eines Anstoßes, eines Impulses, damit sie sich entfalten kann, damit sie die potenzielle kosmische Universalenergie zur Entfaltung bringen kann.

Hinter jeder Idee steckt ein Geist, sagt man. Eine Idee ist ein Einfall, es fällt mir ein, so wie es schon Goethe sagte. Einfälle, Ideen, aus dem Informationsmuster kommend, aus dem Bewusstseinsmuster einer Intelligenz, die dahinter steht. Diese Intelligenz bestimmt die Form. Also stehen der Geist und die Intelligenz miteinander in Beziehung. So bedarf es eines Gedankens, eines Einfalles oder einer Information, der aus der NRZ „eingegeben" wird, eines Einfalles, um dann mit dieser Intelligenz entsprechend den entscheidenden Anstoß zu geben. Der bis hierhin labile Geist, die „lauernde" Energie, kann durch die Intelligenz angeschoben werden, damit das entstehe, sich im atomaren Bereich manifestiere, was hinter der Intelligenz des Gedankens steht.

7.3. Die Darstellung der Nichtrelativitätstheorie

Die Aktivierung der latenten, labilen Energie, der unendlichen Energie des Geistes zur wirksam werdenden Energie, erfolgt durch den Impuls der Intelligenz.

Hieraus ergibt sich die Betrachtung der gesamten Energie der NRZ als Funktion von Intelligenz (I) und einer immer wirkenden Basisenergie, hier als Geist (G) bezeichnet:

$$E_{gesamt} = f(I,G)$$

Da wir uns jetzt bei dieser Betrachtung außerhalb der Raumzeit befinden, haben in der Nichtraumzeit die irdischen Gesetze keine Gültigkeit mehr. In der NRZ gilt, dass es nur pure Energie gibt: Zunächst nur latente, labile Energie, die aber, aktiviert mit Intelligenz, Intelligenz-behaftete Energie ist. Eine Teilung der Energie gibt es nicht und somit auch keine Einteilung und keine Klassifizierung. Selbst die Bezeichnung einer unendlichen Energie und einer unendlichen Intelligenz ist nicht relevant, da es in einer NRZ keine Unendlichkeit gibt. Mit zunehmendem Bewusstsein, sich dieser Situation der NRZ bewusst werdend, kann ich mit der dann höheren Intelligenz die Zusammenhänge glasklar erkennen. Dann ist es möglich, für die uns gewohnte Betrachtung in der RZ, nach einer Ausdrucksform der Darstellung der Zusammenhänge zu suchen.

Alles ist Energie, auch in der RZ. Die Intelligenz und der Geist der NRZ ist die Ursache für die in der RZ sich offenbarenden, wirkenden Energien, die dann in der Summe aller Teilenergien wieder der Gesamtenergie entspricht, der NRZ zugeordnet.

Die Energie der NRZ ist das Produkt aus Intelligenz (I) und Geist (G), der latent vorhandenen labilen, nicht aktivierten Energie = Basisenergie, also aktivierter Geist.

Diese Gedankengänge führen uns dazu, eine zusammenhängende Darstellung der Energie der NRZ und der RZ zu übernehmen, um überhaupt ein Verständnis der Gesamtbetrachtung durchführen zu können. Alle Energie ist auf die latente Energie, den Geist, zurückzuführen und die diese latente Energie des Geistes aktivierende Intelligenz. Somit gilt grundsätzlich für alle Energie die Beziehung: $E = I \times G$.

Die Basis der Nichtrelativitätstheorie

$$E = I \times G$$

Wobei der Ausdruck „I x G" absolut zu betrachten ist – keine Zahlen, keine Mengen, nur pure Energie. Insofern unterscheidet sich die Betrachtung dieser Beziehung wesentlich von der Betrachtung der RZ. Eine Dimension des Geistes und der Intelligenz steht in diesem Zusammenhang nicht zur Verfügung.

Bevor die RZ entstehen kann, sind sozusagen „Vorbereitungen" in der NRZ erforderlich. Das sind vor allem die der Intelligenz zuzuordnenden Informationen und des damit verbundenen Bewusstseins mit dem zuzuordnenden Magnetismus, dem Menioeffekt entsprechend. Alles sind dimensionslose Größen in der NRZ.

Die Informations- und Bewusstseinsmuster sowie das geistige Gravitations- und das geistige Magnetfeld und andere davon abgeleitete Größen, sind in der NRZ dimensionslos, da es keinen Raum gibt, in dem sich z. B. eine Welle ausbreiten könnte, keine Länge, Breite, Höhe, vor allem keine Zeit.

7.4.   Ein „Neues Denken" beginnt

Geist ist immer während Energie, die nie aufhörende und nie beginnende Energie, ohne Anfang und – ohne Ende – **das Unbegreifliche.** Das ist ein Phänomen des in der Raumzeit lebenden Menschen, das er gemäß seinem Evolutionsprozess, seinem Bewusstsein entsprechend, seiner begrenzten Intelligenz nicht (oder noch nicht) verstehen kann. Wenn Jesus solche Worte wählte wie „der Vater und ich sind Eins", so meinte er genau das. Seine Ausdrucksweise war dem Wissensstand der damaligen Zeit angepasst. Der „Vater" ist der Inbegriff der Intelligenz und der Energie des Geistes in der Nichtraumzeit. Befindet sich der Mensch auf diesem Pfad, wird er die Zusammenhänge immer deutlicher erkennen können. Gerade aus der Betrachtung heraus, dass die Energie nicht unendlich, sondern immerwährend ist. Wer das versteht, der versteht die Nichtrelativität der NRZ. Wer das versteht, versteht auch, dass es hier keine Dimension geben kann – keinen Raum und keine Zeit, auch keine Unendlichkeit. Dafür gibt es keine Zahl, keine Menge, keine Form (keine Geometrie), keine Mathematik, keine Physik, keine materielle Wissenschaft der RZ.

Vollkommen neues Denken

Die immer während Energie kann man bezeichnen als die höchste Energie, aber auch als die latente, immerwährende Energie des Geistes. Erst wenn diese Energie durch die Intelligenz aktiviert wird (I x G), wird sie in der NRZ aktiv.

Die Energie Geist (G) ist reine latente Energie: „$G = E_G$". Die Energie der NRZ, E_{NRZ}, ist eine Energie (G) mit Intelligenz gepaart – die höchste Intelligenz (I) aktiviert die pure Energie (G) der NRZ. Das ist Gottes Energie. Pure Energie, höchste Intelligenz, höchste Informationen – höchste Energie und nichts weiter. Eine Energie, der wir uns annähern können, sie aber nie erreichen, es sei denn, ich werde in die höchste Intelligenz integriert. Das wäre der Zeitpunkt, wo der Mensch selbst zur höchsten Intelligenz aufsteigt und sein Selbst, sein Ich, sein Ego endgültig aufgegeben hat. Das ist gemeint mit „Der Vater und ich werden Eins".

Die Energie der NRZ entspricht der mit Intelligenz aktivierten Energie des Geistes, also „$E_{NRZ} = I \times G$". E_{NRZ} ist eine in Abhängigkeit der individuellen wirksamen Intelligenz zugeordnete individuelle Energie der NRZ.

Geist ist immer die Ursache. Alles ist Geist. Alles Offenbarte ist Geist, jede Materie, alle „Dinge" sind Geist. Auch in allem, was gesagt wird, ist Geist. Alles, was wir mit unseren fünf Sinnen aufnehmen können – alles, was wir lesen, was geschrieben steht, was wir hören, jede Melodie, unser Denken und Fühlen ist durchdrungen von Geist, jede Konstruktion, jedes Bauwerk – alle ablaufenden Prozesse in der Wirtschaft, in der Politik und vor allem unseren Alltag betreffend – alles durchdrungen von Geist. Alles, was wir wahrnehmen, unsere Umwelt ist durchdrungen vom Geist, der labilen Energie der NRZ und der aktivierten Energie in der RZ.

Nach der Beziehung „$E = I \times G$" befindet sich hinter jeder Offenbarung in der RZ, in allem Materiellen oder in jedem „Ding", in jeder

Sache und jeder Funktion, jeder Situation, jeder Lebenssituation und jeder Beziehung, die ja auch offenbarter Geist ist, immer eine Intelligenz. Somit können wir aus jeder Offenbarung, jeder Manifestation, jedem Gegenstand und allen Abläufen in unserem Leben, im privaten Leben, aber auch in der Wirtschaft und in der Politik, allgemein im öffentlichen Leben, aber auch in jedem Ereignis der Natur usw. die Intelligenz erkennen, die dahinter steht. Hinter jedem Geist steht in der zugehörigen Energie immer eine zugeordnete Intelligenz. Wir können, nach einiger Übung, immer die Intelligenz erkennen, die im sich entwickelnden Prozess aus der NRZ den Geist aktiviert hat. Das ist von erheblichem Nutzen für jeden und für jede Lebenssituation. Es hilft Situationen zu erkennen, den Hintergrund einer Situation, die Ursache der Situation zu erkennen, die natürlich im Geistigen liegt und vor allem die dahinter stehende Intelligenz. Wir erkennen die Intelligenz der beteiligten Personen und im erweiterten Sinne damit deren Gedanken. Wenn eine Person nur aus dem Ego heraus handelt und mir Schaden zufügen möchte, kann ich diesen Schaden abwehren, mit meiner höheren Intelligenz, womit ich zum Beispiel Sorgen und Ängste beseitigen kann. Es sind immer aufeinandertreffende Energien, deren Geist und deren Intelligenz: Ein Prozess der Evolution, die uns weiter nach „Vorne" bringt – ein Lernprozess, wenn ich die Intelligenz erkenne, die dahinter steht und im höheren Wissen handle. Je höhere Intelligenz ich wirken lasse, desto höher der Erfolg, das Ergebnis, das ich erzielen möchte.

Die in der RZ offenbarte Energie ist nur eine Teilenergie der NRZ. Es gilt „$E_{NRZ} > E_{RZ}$". In der RZ hat die Relativitätstheorie Gültigkeit. Wir befinden uns wieder in Raum und Zeit, unserem vertrauten Bereich mit unseren Dimensionen.

Mit dem Eintritt in die RZ beginnt die Allgemeine Relativitätstheorie, die Quantenphysik, beginnen alle von Menschen erkannten und daraus gemachten Gesetze, die wirksam werden. Dann erfolgt die Teilung und die Einteilung der Energie, der Intelligenz, das Zählen, die Mathematik, die Physik und alle darauf aufbauenden materiellen Naturwissenschaften etc. Die immerwährende Energie wird zur unendlichen Energie, da sie jetzt der RZ zugeordnet in Raum und Zeit zu betrachten ist.

Die NRZ ist eine andere Welt als die, die wir kennen, wohlgemerkt nur mit unseren fünf Sinnen betrachtet. Was wir brauchen, ist ein höheres Verständnis, ein über die fünf Sinne hinausgehendes Verständnis, ein Bewusstsein, das höher ist als das Sinnesbewusstsein. Die Erkenntnis der Natur, das Wirklichkeitsprinzip führt uns zu diesem Bewusstsein, zu einem immer höheren Bewusstsein.

Interessant ist die Betrachtung der Energie, die aus diesem Produkt Intelligenz und Geist hergeleitet unser Universum in der RZ füllt – und damit den Makro- und Mikrokosmos. Wobei wir selbst aus dieser Energie bestehen und das im Zusammenhang steht mit dem Energieverbrauch in uns und um uns.

> Was wir brauchen, ist ein höheres Verständnis über den Zusammenhang der Energie und der Intelligenz.

Die Leere hat in der Relativitätstheorie von Einstein keinen Platz, sie ist auch nicht dafür vorgesehen – im Gegenteil, sie wurde bewusst herausgenommen, so wie es Einstein getan hat. Während dieses Prozesses erkannte man aber, auch auf der Basis der Weiterentwicklung der Technik, vor allem der Messtechnik in Verbindung mit den neuesten Erkenntnissen, mehr aus diskursiver Betrachtung, dass es im Innersten des Atoms, den Quarks, eine große, materielle Leere gibt. Sich dessen bewusst werdend besteht das Universum zu weniger als 1 % Materie und in dieser Größenordnung aus materieller Energie der Raumzeit (E_{RZ}). Das ist die Betrachtung, die uns zum Zusammenhang der NRZ und der RZ führt: Kurz vor dem Ziel unserer Reise durch das Atom gehend, ein vollkommen neuer Gedankenansatz.

Der Zusammenhang der Energien

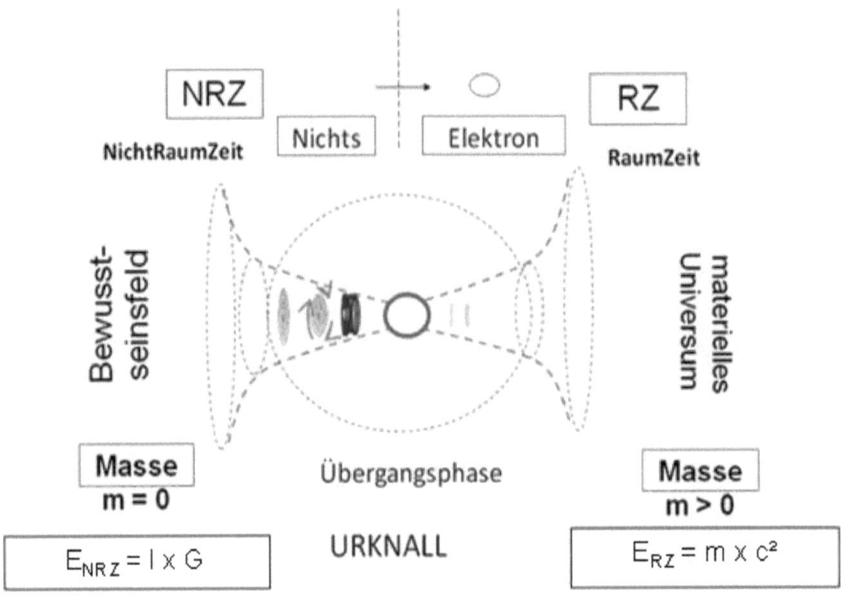

**Die Betrachtung der Zusammenhänge der Energien
am Beispiel des Urknalls nach dem Menioprinzip**

In der NRZ beginnt, links im Bild im Bewusstseinsmuster, der Prozess der Manifestation. Die zur Intelligenz gehörenden Informationen, Informationen z. B. für die sich bildenden Elektronen, beginnen mit dem Impuls (Information – das Wort „… werde ein Elektron" oder die „Intelligenz Elektron") im Bewusstseinsmuster und leiten den Prozess der Energiebildung (I x G) ein. Diese aktivierte, materielle Energie des Universums, eine universelle Energie der Raumzeit E_{RZ}, wird durch das g-Gravitationsfeld so eingeschnürt, dass nur noch diese Energie im Feld des Magnetismus' eingeschlossen wirkt.

Das ist aber dann die von Einstein beschriebene Energie in Feldern. Somit wird in der Übergangsphase die nächste Stufe der Manifestation, die zur Bildung der Elektronen führt, eingeleitet. Ein Feld der Elektrizität, der

Elektronen entsteht, was die weitere Phase der Entwicklung des Atoms einleitet. Womit die Manifestation des Atoms abgeschlossen wäre.

Diese sehr vereinfachte schematische Betrachtung lässt erkennen, dass sich links im Bild keine Masse befindet, also die Masse ≤ 0 ist. Wir befinden uns in unserer Betrachtung in der NRZ: Im Bereich des nicht Sichtbaren, der Intelligenz und des Bewusstseins und vor allem im Bereich der Informationen und der sich zusammenschnürenden Informationsmuster, der dem Prozess, entsprechend des Bewusstseins zugeordneten Informationen. Gemäß der Definition der mit Intelligenz aktivierten, latent vorhandenen Energie, die wir Geist nennen, also „E_G", der NRZ zugeordneten Energie „E_{NRZ}", kommt die Beziehung „$E_{NRZ} = |\,I \times G\,|$" zur Anwendung.

Die latent labile Energie, die wir auch als Geist (E_G) bezeichnet haben, wird mit Intelligenz aktiviert, sie wird zu einer stabilen Energie, einer Energie der NRZ (E_{NRZ}),

$$\mathbf{E_{NRZ} = I \times G.}$$

> **E_{NRZ} – Dr. Bayers Formel –**
> **bringt die fundamentale Energie unseres Seins zum Ausdruck**
> **– die Energie, die in der RZ (E_{RZ}) umgewandelt wird.**

Nach der Übergangsphase, rechts im Bild, stellt sich dann nach Einstein die jetzt materiell offenbarte Energie „$E_{mat} = m \times c^2$" ein. Dann ist die materielle Energie (E_{mat}) gleich der Energie der Raumzeit (E_{RZ}).

$$\mathbf{E_{mat} = E_{RZ} = m \times c^2.}$$

> **E_{RZ} – Einsteins Formel – bringt die Energieumwandlung in**
> **der RZ zum Ausdruck.**

Die Energie der RZ (E_{RZ}) ist eine Teilenergie der Energie der NRZ (E_{NRZ}) und damit auch eine Teilenergie des Geistes „E_G". „E_{RZ}" ist eine manifestierte oder offenbarte, also materielle Energie oder eben die Energie der RZ: „E_{RZ}".

> **Die Energie der RZ ist als Teilenergie integriert in der NRZ.**
> **Die Energie der NRZ ist die Voraussetzung der materiellen Energie der RZ, ohne die sich nichts manifestiert.**

Wenn „E_{RZ}" eine Teilenergie der „E_{NRZ}" ist, dann ist in der „E_{RZ}" ebenfalls anteilig „I x G", also Intelligenz, enthalten. Dann ist ein Teil von „I x G" der RZ in „$E_{RZ} = m \times c^2$" enthalten. Das ist 1 % materielle Energie, also

$$E_{RZ} = 0{,}01 \, (I \times G) \text{ oder } E_{RZ} = m \times c^2 \text{ oder}$$
$$m \times c^2 = 0{,}01 \, (I \times G).$$

Wenn „$E_{NRZ} = 0{,}99 \, (I \times G)$", in der NRZ ist und ein Teil sich manifestiert, dann ist die Summe der abgegebenen Energie, „E_{RZ}" plus des Restanteiles der Energie der NRZ, der Gesamtanteil der „E_{NRZ}".

$$E_{NRZ} + E_{RZ} = 0{,}99 \, (I \times G) + (m \times c^2)$$

Das ist aber nicht „E_G", da „E_G" der Energie Geist entspricht, die die latente, labile Energie darstellt, also auch die nichtaktivierte Energie.

$$E_{ges} = E_{RZ} + E_{NRZ} + E_{\text{nicht aktiviert}}$$
$$E_{ges} = 0{,}01 |I \times G| + 0{,}99 \, |(I \times G)| + E_{\text{nicht aktiviert}} = (m \times c^2) + 0{,}99 \, (I \times G) + E_{\text{nicht aktiviert}}$$
$$\text{Mit } E_{RZ} = m \times c^2 = 0{,}01 \, (I \times G) \text{ und } E_{NRZ} = 0{,}99 \, (I \times G) \text{ wird}$$
$$E_{ges} = (m \times c^2) + 0{,}99 \, (I \times G) + E_{\text{nicht aktiviert}} \text{ und mit } E_{\text{nicht aktiviert}} = E_{labil} = E_G$$

$$E_{ges} = (m \times c^2) + 0{,}99\,(I \times G) + E_G$$

> **Mit der Einbeziehung der Relativität "E = m x c²" und "E_{NRZ} = 0,99 (I x G)" der Nichtrelativität, erfolgt eine ganzheitliche Betrachtung aller Zusammenhänge des Makro- und Mikrokosmos.**

Mit „0,01 (I x G) = (m x c²)" wird die latente geistige Energie „E_G" mit der Einbeziehung der Relativität „E = m x c²" und „E_{NRZ} = 0,99 (I x G)" der Nichtrelativität zu einer ganzheitlichen Betrachtung aller Zusammenhänge des Makro- und Mikrokosmos.

Die Energiebetrachtung der NRZ ist eine Betrachtung der uns zur Verfügung stehenden Energie unter Einbeziehung der Informationen, der Intelligenz und des Bewusstseins sowie des Geistes als labile ständige Energie, die zu aktivieren ist durch die Intelligenz.

Die Energie der Nichtraumzeit NRZ ist eine Funktion des Geistes, der Informationen, der Intelligenz und des Bewusstseins, die zum Ausdruck gebracht wird in der Nichtrelativitätstheorie.

$$E_{NRZ} = f\,(G,\ \text{Info},\ \text{Int},\ \text{Bew})$$

Mit der Anwendung der Nichtrelativitätstheorie wird der ständige Mangel der ausschließlichen Betrachtung der Materie in der Relativitätstheorie beseitigt. Die unbedingte Einbeziehung des Geistes, der Informationen, der Intelligenz und des Bewusstseins ist erforderlich, um die Welt in ihrer Gesamtheit, in ihrer Wirklichkeit zu erkennen und bewusst zu gestalten.

Für die Betrachtung der Gesamtenergie (E_{ges}) ist die latente, aber labile Energie des Geistes mit einzubeziehen (E_G).

Somit gilt „$E_{ges} = E_{RZ} + E_{NRZ} + E_G$" und damit:

$$E_{ges} = (m \times c^2) + 0,99 \, (I \times G) + E_G$$

„E_G" ist immerwährende, nie endende Energie – ohne Anfang und ohne Ende. Damit ist die Gesamtenergie „E_{ges}", wie zu erwarten, auch nie endende Energie, immerwährend in der NRZ und damit auch in der RZ. Da die Energie der RZ als Bestandteil der NRZ, eine Teilenergie der NRZ ist, gilt auch für die Energie der RZ eine Energieumwandlung unbegrenzter Energie in Raum und Zeit. Das lässt sich sehr gut nach dem Menioprinzip durch Nutzung der höheren Intelligenz nachweisen. Hier wird deutlich, dass wir mit zunehmendem Bewusstsein Dinge in unserem Alltag anwenden können ohne hohe materielle Aufwendungen: Keine verschwenderische, die Umwelt schädigende Energie, kein Aufwand für die Herstellung von Nahrungsmitteln und deren Verarbeitung, kein Aufwand für Transport und die Energieumwandlung etc.

Es gelingt, die Intelligenz und das Bewusstsein in die Gesamtbetrachtung mit einzubeziehen, um damit das Gesamtsystem unseres Seins erklären zu können.

Durch die Integration der Relativitätstheorie in die Nichtrelativitätstheorie wird „$E = m \times c^2 = E_{RZ}$" ebenfalls eine Funktion des Geistes, des Bewusstseins und der Intelligenz, mit „$E_{ges} = (m \times c^2) + 0,99 \, (I \times G) + E_G$" und „$(m \times c^2) = E_{RZ}$".

$$E_{RZ} = f \, (G, \text{Info}, \text{Int}, \text{Bew})$$

Aus der Naturwissenschaft ist bekannt, dass das Atom etwa zu 99 % leer ist. Das heißt, dass es aus 1 % Materie besteht. Wenn wir die Leere, wie besprochen, als nicht sichtbare Energie „E_{Geist}" also „E_G" betrachten, so befinden sich 99 %, also „$E_{NRZ} = 0{,}99$ (I x G)", als nicht sichtbare Energie im Atom. Demzufolge ist davon auszugehen, da ja selbst die Materie eigentlich keine feste Materie, sondern selbst Energie, schwingende Energie ist, wie oben beschrieben, dass das Atom letztendlich aus der Summe der „E_{NRZ}" und „E_{RZ}" besteht – und natürlich aus der immerwährenden labilen Energie des Geistes und somit aus

$$E_{Atom} = 0{,}99 \ (I \ x \ G) + (m \ x \ c^2) + E_G.$$

„E_G" als labile immerwährende Energie, der Geist als Ursprung aller Energie ist in der Gleichung berücksichtigt und als unbegrenzte Größe zu betrachten.

Unbegrenzte Energie, die ständig zur Verfügung stehende Energie des Geistes, steht für die NRZ zur Verfügung und wird mit Intelligenz gepaart, die selbst unbegrenzt wird. Letztendlich steht damit auch für die „E_{RZ}", die offenbarte materielle Energie, unbegrenzte Energie zur Verfügung, über die wir mit entsprechender Intelligenz, also mit unbegrenzter Intelligenz durch höchstes Bewusstsein oder auch unbegrenztes Bewusstsein und damit verbundenen unbegrenzten Informationen, verfügen können.

Die Beziehung „$E_{RZ} = m \ x \ c^2$" ist eine Betrachtung der Energie nach Albert Einstein in Raum und Zeit – ein wesentlicher Bestandteil der „Speziellen und Allgemeinen Relativitätstheorie".

Die nichtmaterielle Betrachtung stellt mit „$E_{NRZ} = |I \ x \ G|$" die gesamte Energie des aktivierten Geistes dar und damit auch der NRZ, die durch die Intelligenz, hier die höchste Intelligenz der NRZ, die labile, latente Energie (Geist) aktiviert wird. Der Geist selbst ist eine unerschöpfliche Energie, das für uns Unfassbare, eine latent vorhandene Energie, die aber als „E_G" dargestellt, bereits in der NRZ aktivierte Energie „E_{NRZ}" beinhaltet, aber nicht der Geist selbst ist.

Vor dem Urknall gab es keinen Raum und keine Zeit, aber Energie, pure Energie, latent und labil, immerwährend, und es gab die Energie der NRZ (E_{NRZ}). Die vor dem Urknall vorhandene höchste Intelligenz hat die labile Energie, den Geist, aktiviert, das ist der Moment, in dem die pure Energie in der NRZ aktiv wird. Erst danach, mit der Manifestation, der Offenbarung des Geistes durch die Intelligenz, beginnt die Offenbarung der Energie in der Raumzeit „E_{RZ}". Die Entstehung der Raumzeit beginnt und damit die sogenannte Materie, widergespiegelt als das sogenannte Atom, der schwingenden Intelligenz-behafteten Energie, eingeschlossen im Magnetismus, der im Feld eingeschlossenen Energie, die selbstregulierend, also Intelligenz-behaftet wirkt: Eine Intelligenz, die formgestaltend den Informationen der höchsten Intelligenz folgend sich weiter entwickelt in dem sogenannten Evolutionsprozess des Atoms. Diese Intelligenz, die dem Atom aufgeprägt ist, entstammt einer höheren, einer höchsten Intelligenz, die letztendlich die Intelligenz-behaftete Materie zum Ziel hat – eine Bewusstseinsform, die auf der Erde gerade erst beginnt, sich in die Vollkommenheit zu entwickeln.

Solch eine höchste Intelligenz und höchste Energie (Geist) konnte sich der Mensch, vor allem der Mensch, der sich nur mit den ihm zur Verfügung gestellten fünf Sinnen beschäftigt und mit dem Sinnesbewusstsein alles betrachtet, nicht vorstellen. Er erkannte die wahre Welt nicht und nannte sie Gott, etwas nicht Vorstellbares, aus dem alles besteht, die den Urknall als eine Form der Entstehung des materiellen Universums nach der Beziehung „I x G" einleitete.

Der Geist „E_G" ist der labile, aber unbegrenzte Anteil der Energie in der Nichtraumzeit, der die offenbarte Energie der RZ nährt und somit die Summe der Energie aus „E_{NRZ}" und „E_{RZ}" bildet – plus der unbegrenzt vorhandenen, labilen, immerwährenden Energie des Geistes selbst. Raum und Zeit spielen hier keine Rolle, es gibt sie nicht. In diesem Falle krümmt sich der Raum nicht unter dem Einfluss der Zeit.

Es ist nicht möglich, die Relativität, wie sie Einstein in seinem Gedankenexperiment betrachtet hat, im Falle der NRZ anzuwenden. In der NRZ ist nichts mehr relativ in Bezug auf einen Raum und eine Zeit betrachtbar, es gibt keinen Raum und keine Zeit mehr, es ist nichts relativ zueinander. Es liegt nahe, hier von der Nichtrelativität zu sprechen. Die daraus gebildete Nichtrelativitätstheorie, deren Zusammenhänge im vorherigen Text dargestellt wurden, ermöglicht es, einen tiefen Einblick in den Bereich der Ursachen zu bekommen.

Aus der Betrachtung der Nichtrelativitätstheorie geht hervor, dass es eines bestimmten Impulses bedarf, um die alles durchdringende, latente und neutrale Energie (Geist) zu aktivieren, zu „bündeln“ und in die Form irgendeines beliebigen Objektes zu bringen. Diese Energie hat ihren Ursprung nicht in einem Einzelteilchen, da es keine solchen Einzelteilchen in der NRZ gibt, sondern nur in der puren Energie. Die Energie der NRZ kann durch unsere Gedanken, durch unsere Intelligenz zur Entfaltung gebracht werden, durch den mit Intelligenz aktivierten Geist: „$E_{NRZ} = |\ I \times G\ |$“. Gedanken in der RZ sind mit weniger Intelligenz, mit geringeren Informationen verbunden als Gedanken mit der Intelligenz unbegrenzter Informationen in der NRZ. Das ist letztendlich entscheidend für die sich offenbarende Materie.

Der Unterschied der Betrachtung RZ und NRZ gemäß der Nichtrelativitätstheorie macht deutlich, dass bei der Betrachtung der Energie, auf den Menschen bezogen, eine wesentlich unterschiedliche Aussage erfolgt. Der Mensch, besteht aus dem gesamt schwingenden, sich selbst regulierenden intelligenten Energiesystem, mit seinen insgesamt schwingenden Energiesystemen (Atome). Bei der Betrachtung in der NRZ, stellt das *„Ich bin“* die Aussage *„Ich bin die Energie“* dar, und in der RZ betrachtet, also auf den Raum bezogen (Körper), wird er erkennen, dass die Energie in ihm wirkt und hier begrenzt im Atom, in den Atomen, aus denen wir bestehen bzw. aus den Zellen, die unseren Körper ausmachen. In der RZ sehe ich den Körper als etwas Festes, als Materielles, ausgehend von der mechanistischen Betrachtung, wie bei der bereits betrachteten newtonschen Weltanschauung, ohne berücksichtigte Intelligenz.

In der NRZ ist alles pure Energie, kein Raum (kein Körper), nur pure Energie – und in der RZ ist es die offenbarte Energie, in Feldern eingeschlossen, als Materie sichtbar. Das ist aber dann nur unsere Vorstellung, die wir von uns haben – eben begrenzt. Die Wirklichkeit liegt im Bereich der Ursachen, der NRZ, dort wo alles pure Energie ist. Und hier wird die Bedeutung der Nichtrelativität deutlich. Ich habe mit meinen

Gedanken, mit meinem Bewusstsein und damit durch meine Intelligenz einen direkten Zugriff zur puren Energie, die ich formen kann. Wie Einstein schon sagte, „… dass sich die Welt radikal ändert, wenn er das Innere des Atoms erkennt." Mit der Betrachtung der Nichtrelativitätstheorie, gelingt es uns nicht nur, das Innere des Atoms zu erkennen, sondern darüber hinaus durch das Atom zu gehen und damit Zusammenhänge zu erkennen, die zur Entstehung des Atoms geführt haben, um das gesamt schwingende System des Mikro- und Makrokosmos zu erkennen – mit seiner alldurchdringenden Intelligenz.

Die Entfaltung der Materie nach dem Menioprinzip findet ständig in einem Überfluss an Energie statt – einer unbegrenzten Energie, die unsere ca. 10^{28} also ca. 80.000 Quadrillionen Atome in den Zellen mit einer Präzision nährt, und das für ca. 7 Milliarden Menschen. Das sind dann 7 Milliarden mal 80.000 Quadrillionen Atome und die Pflanzen- und Tierwelt und die Materie und deren Atome unseres Planeten und des gesamten Universums, wo wir nur ein kleiner Punkt sind, letztlich unendliche Atome. Diese werden ständig zur gleichen Zeit mit den erforderlichen Informationen präzise versorgt. Diese Präzision erfolgt nicht nur für unseren Körper, z. B. dergestalt, dass unsere Körpertemperatur ein Leben lang nahezu konstant gehalten wird, sondern auch für die Erde, die Sonne, das Sonnensystem, die Umkreisung der Planeten, der Tag- und Nachtrhythmus usw. im gesamten Mikro- und Makrokosmos – immer nach der gleichen Präzision. Das Unvorstellbare, das Unendliche, das nicht Fassbare, aber doch Vorhandene, in uns und um uns ständig mit höchster Intelligenz Wirkende ohne Unterlass – wir fangen gerade erst an, das Unendliche, das Unbegreifbare zu erahnen, um es dann langsam zu verstehen.

Die Nichtrelativitätstheorie (NRT) knüpft an die Allgemeine Relativitätstheorie (ART) an und stellt nicht nur eine Ergänzung, sondern eine wesentliche Erweiterung der materiellen Welt durch die Erkenntnisse der nicht sichtbaren Welt dar. Der bewusst weggelassene „Äther" ermöglichte den Schritt zur Darstellung der ART und der SRT (Speziellen Relativitätstheorie) und den wissenschaftlichen Fortschritt und die

Überführung in die Praxis und deren Anwendung – und die Wiedereinführung des Äthers in seiner früheren Überlieferung und Betrachtung führt dazu, die nicht stoffliche Form darstellen zu können. Die nichtstoffliche Form als Geist, als latente Energie eingeführt, ermöglicht, die Intelligenz, das Bewusstsein und seine Felder sowie die Informationen in den Informationsmustern in die Betrachtung des Universums und vor allem der Nichtraumzeit mit einzubeziehen.

Die Einführung der Nichtrelativitätstheorie ermöglicht durch die Einbeziehung der Relativitätstheorie einen revolutionären Einblick in unser Sein im gesamten Mikro- und Makrokosmos zu geben. Das ermöglicht ein progressives „Neues Denken" und eine unbegrenzte Gestaltung unseres Planeten und eine unbegrenzte hohe Lebensqualität aller Menschen auf der Erde

Die Intelligenz fehlte in der Allgemeinen Relativitätstheorie, und sie fehlte bei der Betrachtung einer Weltformel. Ohne Intelligenz, ohne Bewusstsein ist diese nicht zu realisieren. Diese Betrachtungen sind sogar grundsätzlich erforderlich. Die mögliche Zusammenfassung der ART/SRT und der Nichtrelativitätstheorie (NRT) öffnet den Weg für eine holistische Betrachtung. Die Nichtrelativitätstheorie (NRT) ist kein Widerspruch zur Allgemeinen Relativitätstheorie (ART). Sie ist eher eine Notwendigkeit. Die gemeinsame Betrachtung der Nichtrelativitätstheorie (NRT) und der Allgemeinen Relativitätstheorie (ART) und der Speziellen Relativitätstheorie (SRT), also „NRT + ART + SRT", führt zur Betrachtung der Gesamtenergie des Universums, der Energie, wo der nichtmaterielle und der materielle Anteil in die Gesamtenergiebetrachtung, des nichtsichtbaren und sichtbaren Teils der Materie, einfließen.

Die Darstellung des Urknalls mit Hilfe des Menioprinzips lässt erkennen, dass es möglich ist, Vorgänge der Materialisation, der materiellen Offenbarung auf diese Weise deutlich zu machen, vor allem des Werdegangs vom Nicht-Sichtbaren bis zum Sichtbaren selbst. Es wird sichtbar nach einer Sekunde, ist aber schon „länger vorbereitet" (betrachtet aus der RZ), in der NRZ. Das „länger vorbereitet" ist die gewohnte Betrachtung, nach der der Mensch sich ausrichtet aus der RZ. Das „länger vorbereitet" bedeutet in der NRZ die Betrachtung der Energie, die wirksam wird aufgrund einwirkender Intelligenz, hier die höchste Intelligenz, mit der Information der Gestaltung, der Umsetzung, der Manifestation des Universums, wo dann in der RZ der Zeitfaktor zum Tragen kommt. Es ist die Intelligenz, die hinter der Idee steht „werde ein Universum". Wobei in dieser für uns unvorstellbaren höchsten Intelligenz bereits alle Einzelheiten der geistigen Evolution (g-Evolution), der Idee der NRZ entsprechend, vom sich bildenden Atom als sich selbst regulierendes, intelligent schwingendes Energiesystem bis zur Gestaltung der Galaxien und der zur Intelligenz werdenden Materie, dem Menschen, enthalten sind. Dann können wir den Prozess der Materiewerdung in der RZ und den für uns länger anhaltenden Prozess beobachten, beginnend mit der Manifestation des Atoms nach dem Urknall, etwa 380.000 Jahre danach. Dann ist der Prozess der Manifestation aus der Betrachtung von heute momentan bis hier hin erfolgt, aber noch nicht abgeschlossen – in diesem Falle eine recht lange Phase bei der Betrachtung aus der Sicht der RZ, der Relativität. Nach dem Energie-Zeit-Gesetz im Übergang von der NRZ zur RZ bedeutet hohe Energie der NRZ weniger Zeit in der RZ und umgekehrt.

Dementsprechend gibt es auch eine Entwicklung, eine Vorbereitung der Manifestation in der NRZ. Zwar gibt es hier keine Zeitachse, aber materiell betrachtet ist die Phase der Entstehung in der RZ in einer bildlichen Vorstellung in der NRZ virtuell dargestellt.

Bei der Betrachtung des Menioeffektes am Beispiel des Urknalls, ist aus der Sicht der Betrachtung der RZ eine lange Zeit erforderlich gewesen, um die Energieumsetzung wirken zu lassen. Die Vorbereitung in der NRZ, die wir virtuell betrachten, bedarf einer extrem hohen Energie und damit verbundenen hohen Intelligenz. Die höchste Gedankenkraft, die enorme Kreativität, ein evolutionäres Universum entstehen zu lassen, ist unvorstellbar. Und es erfolgt weiter, ständig ununterbrochen, der Prozess der Offenbarung. Also sind nach wie vor, mit dem Beginn des Universums und sozusagen zum „Erhalt" des Universums, diese Intelligenz und die latente Energie erforderlich. Der Prozess „I x G" findet ständig statt. Hört die Intelligenz auf, endet das Universum. Das ist erkennbar aus dem

Menioeffekt. Aus diesem Grunde ist es unabdingbar, dass eine hohe, die höchste Intelligenz, hinter allem steht. Das „Nichts" ist gekennzeichnet durch diese Intelligenz, das höchste Bewusstsein überhaupt. Das sind dann auch die hohen Intelligenz- und Bewusstseinsmuster, die uns am Leben erhalten. Die Manifestation findet ständig statt, aus der NRZ wirkend, auf die Offenbarung der RZ – gerade jetzt, unaufhörlich wirkende Intelligenz. Wir selbst sind der Beweis dafür.

Wir gehen davon aus, dass dieses Menioprinzip für alle Manifestationen Anwendung finden kann, weil jeder Prozess in der RZ auf der Basis der Entstehung der Atome erfolgt. Daraus leiten wir das Menioprinzip ab und verwenden dieses Prinzip für weitere Betrachtungen.

7.5. Die verallgemeinerte Betrachtung der Nichtrelativitätstheorie

(dargestellt am Beispiel des Menioprinzips)

Der Weg durch das Atom, aus der NRZ (nicht stofflich, geistig) über die Intelligenz (Gedankenenergie) in der NRZ wirkend (als Impuls), in die RZ gehend – der Bildung des Atoms und der Weg der Dematerialisation – der Auflösung des Atoms, zurück in die NRZ

Das hier dargestellte Menioprinzip kann als grundsätzliches Prinzip der Materialisation und der Dematerialisation angesehen werden. Es ist der Weg durch das Atom – der Weg zum höchsten Bewusstsein und der Weg aus der NRZ, den Informationsmustern zur Entstehung des Atoms, der Materie. Das Menioprinzip hat Gültigkeit für beide Richtungen.

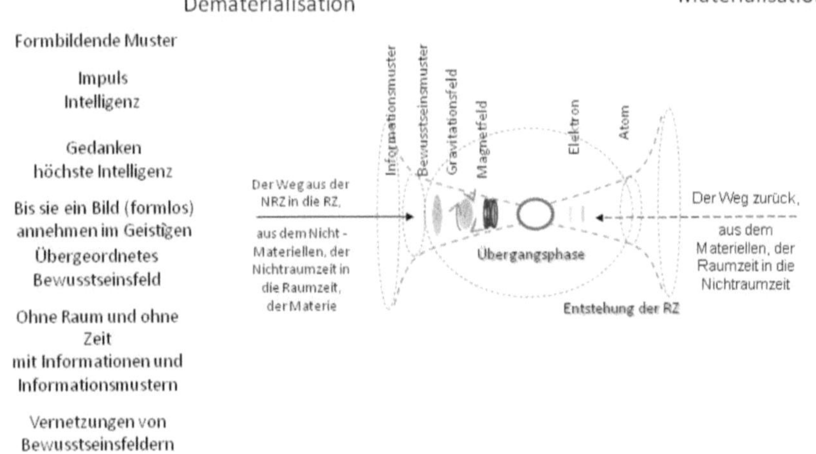

Die im Menioprinzip dargestellte Übergangsphase bezieht das gesamte Atom ein. Jede Manifestation beginnt mit der Idee und durchläuft alle Stufen bis zur Manifestation, der Entstehung des Atoms, der Materie. Die Übergangsphase ist abhängig von der Größe der Idee bzw. der Gedankenkraft, eine Frage der Energie.

Für jedes Atom, für das gesamte Universum und für jede Art der Entstehung der Materie, also auch unseres Körpers, unserer Organe, der Planeten oder eines einfachen Gegenstandes unseres Alltages und vor allem auch für Lebensprozesse in unserem Alltag oder zur Bewusstseinserhöhung, der Heilung usw. ist das Menioprinzip anwendbar. Es wird die Raumzeit in Verbindung mit der Betrachtung aus der Nichtraumzeit durchlaufen. Das Atom kann dem Prinzip folgend in beiden Richtungen durchschritten werden.

Diese Betrachtung ist von großer Bedeutung für den Mikro- und Makrokosmos.

Unter der Betrachtung der Nichtrelativitätstheorie gilt für das Atom:

$$E_{Atom} = 0{,}99 \, (I \times G) + (m \times c^2) + E_{labil}$$

Diese Leere ist pure Energie mit dem Anteil der Intelligenz und der latenten labilen Energie „G". Das bedeutet, dass ohne weitere Einwirkung der Intelligenz nur die Materie „mc²" wirkt. Eine Energieerhöhung des Atoms erfolgt nur mit der Erhöhung der Intelligenz, vor allem durch die Erhöhung der Intelligenz des Menschen. Der Evolutionsprozess zeigt uns, dass das gottgewollt ist. Wird „m = 0", löst sich das Atom als schwingendes Energiesystem auf. Keine Energie geht verloren, alles geht zurück in den Ursprung „E = I x G" der Energie „G = Geist".

7.5.1. Die Materie wird ständig genährt

Materie wird ständig genährt von der latent vorhandenen Energie. Mit Intelligenz behaftete Materie kann durch Intelligenz erhöht werden, wie z. B. eine Zelle, also der lebende Organismus.

Zunächst erscheint es unverständlich, dass das gleiche Prinzip, das Menioprinzip, für beide Richtungen gleichermaßen angewendet werden kann und auch für den Mikro- und Makrokosmos.

Verallgemeinert betrachtet vollzieht sich jede offenbarte Form nach dem gleichen Prinzip, nach dem Menioprinzip. Mit der Betrachtung der sich herausbildenden Form beginnt immer der Prozess in der NRZ. Eine bereits bestehende Form wird nach dem Menioprinzip ständig genährt. Hier ist es der Prozess des Führungsfeldes, nach dem der Vorgang der Offenbarung des Atoms immer wieder in der gleichen Formbildung abläuft: Immer wieder in der NRZ mit der gleichen Intelligenz aktivierter Geist, der die Form erhält, nach dem Prinzip sich selbst regulierender Energiesysteme, von der Intelligenz, den entsprechenden Informationsmustern formend. Die in Feldern eingeschlossene Energie des Atoms beinhaltet die der Energie anhaftende Intelligenz (E = I x G), die das sich selbst regulierende Energiesystem formt — immer wieder nach dem gleichen Muster, einem in der inneren Raumzeit des Elektrons wirkenden gespeicherten Muster mit der zugeordneten Intelligenz. Das gilt für alle Prozesse.

Wenn eine Kerze geformt wird, so werden im Bewusstseinsmuster des Menschen die Ideen entstehen, vielleicht auch Bilder der fertigen Form einer einfachen geraden Kerze: Wie sie in die Form gebracht wird, welches Material in welcher Zusammensetzung etc.

Wenn dieses Bild, diese Information der Kerze ins Bewustseinsmuster gestellt wird, wird sich das Informationsmuster entsprechend der Informationen (Gedanken) „ein- bzw. aufprägen". Dieses wird dann im g-Gravitationsfeld gefestigt (beisammengehalten), und im Magnetismus wird die Energie festgehalten.

Darstellung der Materialisation

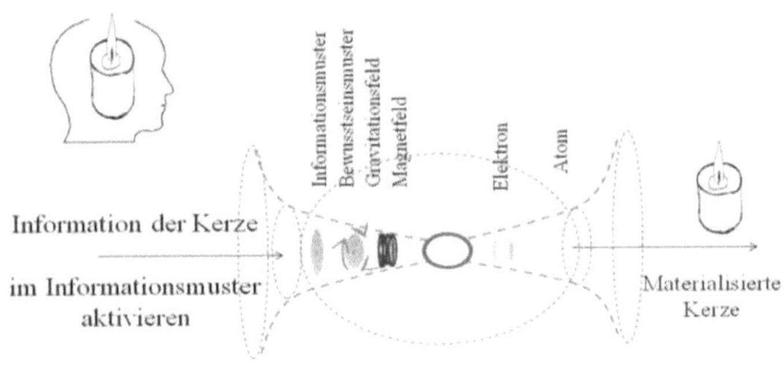

Die Materialisation beginnt mit den Gedanken, die gemäß unseres
Bewusstseins entstehen und in den Informationsmustern
aktiviert werden durch unsere Intelligenz.

Die Bildung der Elektronen im elektrischen Feld bringt letztendlich alles in die Form, so wie es durch die Gedanken im Informationsmuster durch die Intelligenz aufgezeigt wurde. Alle Atome und Moleküle erhalten schließlich die vorgesehene Form. Die so offenbarte Kerze, auch eine maschinell hergestellte Kerze, ändert ohne äußere Einwirkung die Form nicht.

Klingt ziemlich einfach – ist es auch, denn danach laufen alle unsere Entwicklungen, oft Schritt für Schritt ab, ob in der Fertigung oder bei der Hobbygestaltung zu Hause.

Das würde bedeuten, dass, wenn wir diese Gesetzmäßigkeiten beherrschen und richtig anwenden können, wir unsere Materie beeinflussen können durch unsere Intelligenz. Das gelingt durch das hohe Wissen, hohes Bewusstsein und bei richtiger Anwendung im praktischen Fall. Der Verweis auf Menio zeigt, dass das möglich ist.

Dann stellt sich ja auch die Frage, ob wir unendliche Energie in der NRZ zur Verfügung haben und diese umsetzen können für die RZ? Auch das ist richtig. Es steht uns die unbegrenzte Energie des Geistes zur Verfügung.

Jetzt gilt es nur den richtigen Weg zu finden, damit wir alles formen können.

In der NRZ ist das alles komplexer. Was den Unterschied macht, ist die höchste Intelligenz der NRZ. Aber auch hier gelten die Gesetze. Die Idee der höchsten Intelligenz, ein Universum zu formen, übersteigt alle menschlichen Vorstellungen. Die vorher beschriebene Gestaltung des Universums durchläuft alle Bereiche des Menioprinzips. Durch das Atom gehend aus der Materie aus betrachtet, also aus dem Kosmos heraus, stellen wir fest, dass es im ersten Schritt, bei der Entstehung des Elektrons, ein elektrisches Feld gibt. Das ist der erste Bereich im Universum, den wir betrachten, den Bereich der Elektrizität. Alles, was im Universum gerade entsteht und schon existent ist, wird während der Manifestation zunächst vom Bereich der Elektrizität genährt. Es ist der oft auch beschriebene astrale Bereich, dessen umgangssprachlicher Bereich oft nicht verstanden wird, aber den Bereich der Elektrizitäten charakterisiert. Hier entsteht die Polarität, die wir im Universum überall antreffen und der überall, wo Materie existiert oder entsteht, benötigt wird. Nach dem Bild „Menioprinzip" befinden wir uns noch in der RZ. Wir erkennen die Entstehung der Planeten, die Entstehung der Schwarzen Löcher, der Galaxien oder auch das Erlöschen von Planeten in der Welt der Elektrizität, der Elektronen, als Vorstufe der Materie, des Atoms und der Moleküle, der materiellen Struktur. Wir nehmen mit unseren fünf Sinnen die Polarität noch wahr. Gehen wir weiter zurück, stellen wir Dunkelheit fest. Den Magnetismus, der hier ein anderer ist als der elektrische, nehmen wir nicht mehr wahr. Hier ist von der NRZ in der RZ noch nichts zu sehen, eher zu spüren, dass da etwas entsteht, aber auch das sind nur die Auswirkungen des Magnetismus'. Denn hier fängt verstärkt die Kommunikation zur Vorbereitung sich ordnender Atome an, der Materie, der Galaxien etc., gemäß den Anweisungen der höchsten Intelligenz. Das ist dann auch der Bereich sich selbst organisierender Felder, gemäß den „Anweisungen" des Bewusstseinsmusters und des Magnetismus', der die materielle Welt vorbereitet: Eingefangene, eingeschlossene Energie, die beginnt, sich nach den Anweisungen des Informationsmusters zu formen, hervorgehend aus dem Bereich der Gravitation, die den Magnetismus und damit die Energie der Form anschiebt, gemäß den Ideen, der Intelligenz und des Bewusstseins. Der Übergang von der Bewusstseinsebene, die nur mit höherem Bewusstsein wahrnehmbar ist, beginnt hier bereits die Kommunikation im sich bildenden selbstregulierenden Raum, gemäß den Anweisungen der höchsten Intelligenz, die Basis ist für die Evolution des Universums.

Das Durchschreiten des Atoms, das immer auf der Basis des höchsten Bewusstseins erfolgt, gilt in beiden Richtungen. Wenn die Materie erschaffen wurde, so ist sie im „Bilde" (Informationen) auf der Seite der NRZ immer vorhanden. Informationen, Gedanken gehen im Universum nicht verloren. Das führt dann auch dazu, dass ich sämtliches Wissen über das Universum aus der NRZ erfahren kann, aber dafür ist es erforderlich, durch das Atom gehen zu können, bis zur höchsten Bewusstseinsebene, bis zur höchsten Intelligenz. Das ist dann auch das, was Goethe damit meint, wenn er sagte, es schreibt in mir, oder wenn wir davon sprechen, in die Stille zu gehen, uns nicht mehr mit den fünf Sinnen beschäftigend, um Höheres zu erfahren. Das ist auch der Punkt, auf den uns Jesus hinwies, als er sagte: „… folget mir nach, ich gehe zum Vater". Und er meinte, dass er in das Höchste gehe, zur höchsten Intelligenz.

7.5.2. Das Führungsfeld bleibt immer bestehen

Der Weg aus der Materie durch das Atom zurück zum Ausgangspunkt, also der höchsten Intelligenz, zeigt, dass das Führungsfeld der Materie in der NRZ bestehen bleibt, auch wenn die Materie erlöscht, verbrennt oder anders vernichtet wird oder verloren geht. Sie kann zu jeder Zeit, nach dem gleichen Bilde, wieder geformt werden.

Das gilt auch für unsere Gedanken, die sich formten. Alle Gedanken, auch alle schlechten Gedanken bzw. Flüche und schlechten Taten können ebenfalls aus der RZ verschwinden, bleiben aber in der NRZ erhalten und können dann gemäß unseres Bewusstseins aus der NRZ sich formen und in der RZ wirksam werden.

> Durch ein „Neues Denken"
> kann in der RZ eine Wandlung erfolgen.

Den Magnetismus, dessen Auswirkungen der Energien, spüren wir z. B. in unseren Gefühlen, in den Emotionen, die auf wirkende Energien zurückzuführen, aber nicht mit den fünf Sinnen wahrnehmbar sind. Hier bedarf es einer anderen Art der Wahrnehmung, die wir in den meisten Fällen erst lernen oder wieder lernen müssen. Wir halten uns dann in der kausalen Welt auf.

Der Magnetismus steht zwischen dem vom Bewusstseinsmuster angeschobenen Gravitationsfeld und dem elektrischen Feld, dem Bereich der Quanten und damit auch entstehender Elektronen. Der Magnetismus ist in diesem Falle kein Elektromagnetismus. Er ist eher den Energien zugeordnet zwischen dem Bewusstseinsmuster und der damit in Verbindung stehenden Intelligenz, als ein Pol gesehen und dem elektrischen Feld, also der Elektrizität, der Polarität, als dem gegenüberliegenden Pol zugeordnet, also einer eher der Materie zugewandten Seite der vorhandenen

Unwissenheit gegenüber dem höheren Wissen, der höheren Intelligenz. Wenn man beide, also die höhere Intelligenz und die eher in der Polarität vorhandene Unwissenheit als Pole einander gegenüberstellt, gewissermaßen die hohe Energie der niederen Energie, so bildet sich zwischen beiden Polen ein Magnetismus aus – ein Magnetismus von Energien, wobei die höchste Intelligenz aus der NRZ kommt und daher als geistig zu betrachten ist, eher ein geistiger Magnetismus. Zwischen beiden Polen besteht eine Anziehung, mehr zum Wissen oder mehr zur Unwissenheit. Es ist eine Frage des Bewusstseins, die letztendlich zu einem Pol führt und somit das Bewusstseinsmuster und damit das Gravitationsfeld wesentlich bestimmt, wesentlich beeinflusst und somit eine Auswirkung im Magnetismus hat. Dort befindet sich auch der formbildende Magnetismus.

Dieser Magnetismus hat einen großen Einfluss auf die Gestaltung der Materie, auf den Evolutionsprozess der Erde, auf den Evolutionsprozess des Universums. Und hier erkennen wir den Zusammenhang mit unserer Verantwortung für unseren Planeten und für die Welt.

Oft ist es unsere sogenannte grobstoffliche Welt, sind es unsere Umfelder, unsere Gewohnheiten, die Ausrichtung auf die materiellen Dinge unseres Lebens, die die übersinnliche Wahrnehmung, besser die höhere Wahrnehmung verhindern. Diese ist in den meisten Fällen verkümmert, nicht zuletzt durch die immer mehr materiell ausgerichtete Gefühlswelt unserer Gedanken. Naturvölker beherrschen meist die höhere Wahrnehmung. Es ist notwendig, wenn wir die NRZ verstehen wollen, sich der höheren Wahrnehmung zuzuwenden, sie zu beachten, sie zu lernen und uns ihr bewusst zu werden. Diese Wahrnehmung wird aus der NRZ angeregt. Dem Menioeffekt entsprechend, bedarf es einer Zuwendung in der NRZ, sonst können wir die Manifestation nicht beherrschen lernen. Denn nur, wenn wir in der Lage sind, die Informationsmuster zu erkennen und sie in Form bringen, können wir auch die Manifestation des Atoms beherrschen. Es sind in erster Linie unserem Bewusstsein entspringende Gedanken – hohes Bewusstsein, hohe Gedanken, hohes Bewusstseinsmuster. Das Bewusstseinsmuster, das das Gravitationsfeld anschiebt und es mehr oder weniger durchlässig macht, hat einen wesentlichen Einfluss auf die Art der

Manifestation und seiner Auswirkung. Das zeigt der Menioeffekt sehr deutlich.

Wenn wir aus der äußeren RZ kommend zur inneren RZ gelangen, betreten wir die Welt der Quanten und dringen in das Atom ein. Die äußere RZ, ohne die innere RZ zu kennen, ist nur eine Täuschung infolge unserer fünf Sinne. Wir nehmen nur die äußere RZ wahr, ohne uns der inneren RZ bewusst zu werden. So ist es nicht möglich, die wirklichen realen Zusammenhänge zu erkennen. Das ist damit gemeint, wenn wir sagen, dass wir nicht rational denken sollen – so wie die Naturwissenschaften, die sich nur nach dem Äußeren, also der Materie ausrichten. Und immer von einer Beobachtung, einer Messung der Materie ausgehen – bis zu einem Zeitpunkt, wo neue Beobachtungen aufgrund weiterentwickelter Erkenntnisse möglich sind. Ein langsamer Werdungsprozess. Wenn alle Wissenschaften die Nichtrelativitätstheorie einbeziehen, werden sie das Grundsätzliche erkennen und den Fortschritt mit einem höheren Bewusstsein und damit einen wirksamen und schnelleren Evolutionsprozess erzielen. Das betrifft alle Situationen unseres Alltags. So können beispielsweise Krankheiten vermieden werden, da sie gar nicht erst zur Auswirkung kommen können. Das trifft für alle Bereiche unseres Lebens zu.

7.5.3. Die innere Raumzeit (RZ)

Erst wenn es gelingt, tiefer in die Strukturen der RZ vorzudringen, haben wir die Chance, tiefer in die Zusammenhänge des Seins, eigentlich des Daseins „Einblick" zu nehmen. Wir beginnen, außerhalb der oder über die fünf Sinne hinaus, unsere RZ wahr zu nehmen. Erst die tiefere Betrachtung der RZ offenbart uns ihr Geheimnis. Es ist der erste Schritt, über die Täuschung der Materie, aufgrund der Wahrnehmung über die fünf Sinne, hinauszuschauen. Die innere RZ offenbart uns u. a. aufgrund der Pulsationsrate des Elektrons, bereits einen Einblick in das „Innere" des Atoms – so wie nach Charons Erkenntnissen das Elektron einen

Informationsspeicher, ein inneres Gedächtnis beinhaltet. Aber wir befinden uns immer noch in der RZ, der inneren.

Die innere Raumzeit (RZ)

Das Elektron als Informationsspeicher –
ein inneres Gedächtnis mit dem Übergang zu Informationen
der NRZ.

Nach Charon (Jean Émile Charon war ein französischer Physiker und Philosoph) wird die innere Raumzeit eines Elektrons und die äußere Raumzeit (Atom), so interpretiert, dass es zwischen beiden einen Berührungsbereich gibt, wo für eine gewisse Zeit ein Übergang von der inneren RZ zur äußeren RZ erfolgt. Hier sind es vor allem „Erinnerungsmuster", die gemäß der Pulsationsrate im Elektron gespeichert sind. Die innere RZ „grenzt" dann an die NRZ an.

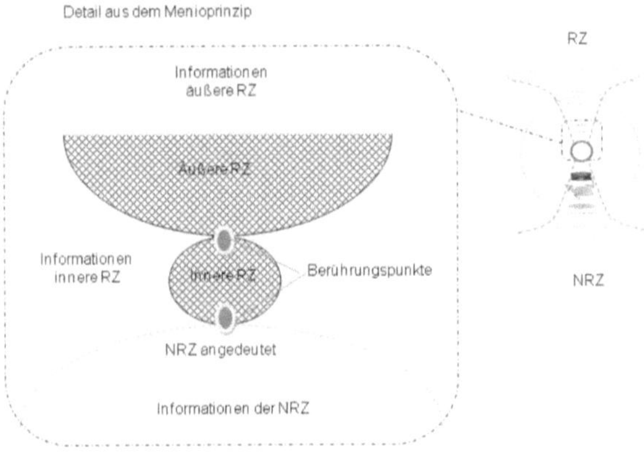

Der Übergang von der RZ in die NRZ und umgekehrt
findet ständig statt, in jedem Moment.

Es erfolgt also in dieser Phase der Übergang aus der RZ in die NRZ. Der Übergang ist gekennzeichnet durch den wirkenden Magnetismus, den g-Magnetismus aus der NRZ, der dann selbst keine räumliche und zeitliche Struktur mehr besitzt, nicht messbar, aber seine Auswirkung wahrnehmbar und wirksam werdend, wie hier am Beispiel im Bild des Überganges von der NRZ in die RZ, also die innere RZ, dargestellt.

Interessant ist hier die Bedeutung der Quanten – Quanten, die ständig aus dem Nichts entstehen, der NRZ, und uns ununterbrochen mit Energie aus der NRZ versorgen, damit die RZ, das Atom, existieren kann: Letztendlich eine Energieversorgung für unsere Existenz, die wir ständig leben. Das ist „yogasolanwissenschaftlich" exakt und bedarf keines weiteren Beweises, da wir mit unserem Sein, Dasein, Beweis sind. Einen größeren Beweis gibt es nicht. Wir existieren in dieser Energie.

Wenn die Energie, aus der NRZ kommend, größer ist als die Energie der inneren RZ, dann wird immer die sich einstellende Gesamtenergie höher sein, als die Energie auf dem niederen Level. Das ist bekannt aus dem 2. Hauptsatz der Thermodynamik. Das ist eher materiell, also auf die RZ bezogen betrachtet.

7.6. Anwendung der Nichtrelativitätstheorie – NRZ-RZ-Betrachtung

Wir haben aber die Möglichkeit, eine noch tiefere Betrachtung durchzuführen, um noch höhere Erkenntnisse zu bekommen, wenn wir die NRZ-Betrachtung durchführen. Die Energiebetrachtung erfolgt über den Energieverlauf an den Berührungspunkten, den Energieschnittstellen zwischen der NRZ zur inneren RZ und der äußeren RZ.

Nun ist das eine sehr vereinfachte Darstellung, die für diesen Zweck so gewollt und nützlich ist. Die innere RZ ist geprägt von Quanten, die, wie bekannt, aus dem „Nichts" entstehen. Die erforderliche Energie kommt aus dem Nichts, aus der NRZ des mit Intelligenz aktivierten Geistes. Die

Darstellung der Energie zeigt die Beziehung Intelligenz mal Geist (E = I x G). Je höher die Durchdringung der Energie durch das Menioprinzip ist, desto höher ist der Anteil für die Energieaufnahme der Elektronen.

Der Anteil der Intelligenz und damit verbundener Informationen an der durchdringenden Intelligenz-behafteten Energie ist wesentlich für die äußere RZ, also die Offenbarung des Atoms als Energie schwingendes System und aller damit in Verbindung stehender, sich entwickelnder Materie.

> „Die Allmacht ist die vernetzte Intelligenz im sich gemäß
> der Anweisung der höchsten Intelligenz
> selbst organisierenden System und dessen Kreativität,
> die sich in allem widerspiegelt.“

Für ein hochorganisiertes Lebewesen wie den Menschen ist der Energieverlauf mit der integrierten Intelligenz und dort angesiedelten Informationen von großer Bedeutung. Leicht erklärbar, wenn die Energie der NRZ (E_{NRZ}) größer ist als die Energie der inneren RZ, also „$E_{NRZ} > E_{iRZ}$“. Dann sind mehr Informationen übertragbar. Es kann die vorgesehene Funktion, z. B. einer Zelle, eher gewährleistet werden als im umgekehrten Falle, wenn nicht genügend Energie (Information) aus der NRZ zur inneren RZ gelangt. In diesem Falle ist die Gewährleistung der Funktion, z. B. eines Organes, nicht mehr gegeben, da der Energieverlauf von der inneren RZ zur äußeren RZ ebenfalls nicht mehr zu 100 % gewährleistet ist und dadurch die erforderlichen Informationen nicht mehr zu 100 % zur Verfügung stehen.

Somit ist für den Fall, dass die Energie der NRZ größer ist als die Energie der inneren Raumzeit, ($E_{NRZ} > E_{iRZ}$), ein optimaler Zustand (Harmonie) gegeben, z. B. für die Zellen und einen gesunden Organismus. Im Falle einer nicht genügend wirkenden Energie der NRZ, also wenigen Informationen und geringer Intelligenz und einer höheren Energie der inneren RZ, die unseren aufgeprägten Mustern entspricht ($E_{NRZ} < E_{iRZ}$), ist eher Disharmonie, ein nicht optimaler Zustand gegeben, z. B. für die Zellen und den Organismus mit den Folgen der Krankheit. Das hat dann Gültigkeit für alle Offenbarungen der Materie, also allgemein auch für unsere Leben, für die Umwelt, für die Lebensgestaltung ebenso für Schulen und Unternehmen, aber auch für die Finanz- und Volkswirtschaft sowie für die Existenz unserer Erde und das friedliche Miteinander auf der Erde ohne Kriege und Gewalt jeder Art. Die Manifestation ist also im Wesentlichen von den nach dem Menioprinzip in der NRZ stattfindenden Energieverläufen abhängig. Das gilt für alle Lebensabläufe oder Vorgänge der Natur, für Geschäfte etc.

Das bedeutet aber, dass alle in der NRZ ablaufenden Vorgänge den entscheidenden Einfluss auf alle Vorgänge in der RZ haben. Welch eine Macht dahinter steht, vermag man erst jetzt zu erkennen. Welche große Chance, welche Macht wir haben, alle Dinge der RZ beeinflussen zu können. Wir sind dann, wenn uns das vollständig gelingt, das Ebenbild Gottes, da wir alle Macht, alle Informationen aus der NRZ bekommen.

Der Mensch wendet sich aber in seiner Unwissenheit eher ab von dieser Macht, dieser hohen Energie. Jetzt ist auch erkennbar, dass von der Allmacht die Rede ist – aller Macht des gesamten Kosmos, eher der NRZ, die wir haben, wenn wir uns mit ihr in Verbindung setzen, in der NRZ, mit unserem erhöhtem Bewusstsein und den davon hergeleiteten Gedanken – so einfach. Wir sind „Alle Macht", die Allmacht, gemeinsam mit allen Energien, unendlichen Energien im Universum, im Sichtbaren und nicht Sichtbaren.

Wenn der Mensch sich abwendet von dieser Macht, dieser überall existierenden Macht, aller Macht oder Allmacht, der Intelligenz, dann ist die Unwissenheit ein sich Abwenden von der höchsten Energie, der höchsten Intelligenz oder auch von Gott – und das ist ein sich Abwenden von Gott, vielleicht ist damit z. T. die Gottesverachtung und Gotteslästerung erklärt. Und noch eine Erkenntnis: Wissen ist Macht, die höchste Intelligenz, die höchsten Gedanken und damit die Basis für die höchste Energie, eben auch in der Manifestation nach dem Menioprinzip.

Was uns fehlt, ist das Wissen, den Weg durch das Atom hindurchzugehen, also das Wissen um das Eindringen in die wahren Zusammenhänge unseres Daseins. Das ist der Weg zum Bewusstsein: Eine Wahrnehmung der höheren Art. Das gelingt nur mit der Betrachtung der Nichtrelativitätstheorie, der integrierten Nichtraumzeit – eine Betrachtung unter Einbeziehung höherer Intelligenz und des entsprechenden Bewusstseins der höheren Intelligenz in der NRZ.

Das Bewusstsein, also die höhere Wahrnehmung, besser die höhere Erkenntnis, auch ein höheres Wissen, kann nur erfolgen durch das Eindringen oder besser gesagt das Durchdringen der letzten grobstofflichen Erscheinung, der inneren RZ zur NRZ, dem Bereich, in dem sich die höchste Intelligenz verbirgt. Diese finden wir in der höchsten Energie, gemäß unserer nun schon bekannten Beziehung der Energie, die gleich der Intelligenz x Geist entspricht, in der NRZ. D. h., wir müssen den Bereich der Polarität verlassen, also den Bereich der Elektrizitäten, der uns immer wieder irreführenden fünf Elektrizitäten, der fünf Sinne, die über die Sinnesorgane des Hörens, des Sehens, des Tastens, Fühlens und Schmeckens uns nur die äußere RZ wahrnehmen lassen. Wenn uns das gelingt, dann sind wir im Bereich des vorher beschriebenen Magnetismus', eigentlich des geistigen, des intelligenten Magnetismus', der uns einen Einblick gewährt in das Innere des Atoms in der Form, dass wir in der Sphäre der Energiewahrnehmung, der im Feld des Magnetismus' „eingefangenen Energie", die Intelligenz „spüren". Das ist dann schon eine höhere Wahrnehmung, besser eine höhere Erkenntnis auf der Basis der höheren Intelligenz der NRZ. Dort gibt es die Beeinflussung der fünf Elektrizitäten, also der fünf Sinne nicht mehr, wenn wir uns nur noch auf die höchste Intelligenz ausrichten. Recht einfach, da wir ja ohne große Anstrengung, hier sei der Hinweis „in die Stille gehen" gestattet, die fünf Elektrizitäten ausschalten und uns der Intelligenz, die sich in uns befindet, widmen.

Damit ist bei Weitem nicht das „Bauchgefühl" gemeint, welches sich nur auf die durch die fünf Sinne entwickelten Erfahrungen bezieht, die ja „nur" den fünf Sinnen zugeordnet sind, also den Elektrizitäten und damit wieder der Vorstellung der äußeren RZ. Damit ist uns nicht gedient, wir brauchen noch eine weitere Annäherung an die in uns, in der NRZ sich befindende Intelligenz. Diese Annäherung vollzieht sich im Bereich der g-Gravitation, der durchaus etwas zu tun hat mit der sich offenbarenden Intelligenz in Abhängigkeit zu unseren Gedanken. Wenn wir uns zu sehr mit unseren Gedanken in der RZ aufhalten, so wird das sich öffnende Bewusstsein eingegrenzt und kann den Bereich des g-Magnetismus' nicht vollkommen durchdringen. Das g-Gravitationsfeld ist eng mit unseren Gedankeninhalten verbunden – ein Prozess, der sich, wie wir später betrachten werden, durch das gesamte Universum zieht. Halten wir unsere Gedanken fern von der Beeinflussung der Sinne in der RZ, der Materie, so können wir in das Bewusstseinsmuster ohne Schwierigkeiten eindringen und damit in einer weiteren höheren Wahrnehmung uns der höchsten Intelligenz nähern und uns einem Verständnis der Welt aus der NRZ immer mehr nähern. Das Dasein wird zum Bewusstsein, zum höheren Bewusstsein, wo das Sinnesbewusstsein nicht mehr wirken kann. Ein bewusst ausgerichteter Verstand vermag es dann auch, sich vorwiegend in der NRZ aufzuhalten – aus dem hohen, vollen Bewusstsein heraus, in höchster Erkenntnis und daraus abgeleiteter Handlung, die verführenden, täuschenden Gedanken und Vorstellung unserer Welt der RZ zu überwinden und nicht wirken zu lassen. Im Zustand der höchsten Intelligenz der NRZ gelingt es, ohne Täuschung die Wahrheit richtig zu erkennen und zu leben und damit alle seine Wünsche zu erfüllen, vom Sein in das Dasein zum Bewusstsein und damit zum Glücklich-Sein.

Das Atom der RZ wurde über die innere RZ, dem Menioeffekt folgend, durchschritten und offenbart sich in der NRZ zum Glück.

Gelangt man in diesen Bereich, kann man, nur im höchsten Bewusstsein handelnd, den richtigen, seinen Weg zum Höchsten gehen, um dann selbst zur höchsten Energie, der höchsten Intelligenz zu werden.

Und hier treffen wir auf Jesus, seine Worte im vollen Umfang verstehend: „... Ich gehe zum Vater"[9] und uns liebevoll auffordernd:

---

[9] Johannes 16,28

„Folget mir nach …"[10]. Eine Hochachtung vor diesem Mann und all denen, die diesen Weg der Erkenntnis gingen und gehen werden.

In Erkenntnis der Betrachtung unserer Welt stellt sich die Frage, ob es überhaupt eine Trennung der materiellen und geistigen Welt gibt. Offensichtlich nicht. Alles was sichtbar, sinnlich wahrnehmbar, existiert, wird vom Gleichen genährt, ständig. Die Wissenschaft könnte es gar nicht untersuchen, wenn es nicht da wäre. Mit der Untersuchung der „Materie" erkennt sie selbst an, dass es da „Etwas" (Materie) gibt, das entstanden ist. Wir haben soeben den Weg des Menioprinzips verfolgt und festgestellt, dass der Ausgangspunkt der Gedanke ist, immer. Der Gedanke liegt in der Verbindung zur geistigen Welt, durch das Atom gehend. Also ist alles geistig, auch die Materie. Es gibt in diesem Sinne ursprünglich gar keine Materie. Der Mensch hat sie sich selbst in seinen Gedanken geschaffen, aus einer Täuschung heraus, weil er es nicht wahrnehmen kann, was wirklich dahinter steht, was wirklich existiert und was die Ursache ist. Es ist richtig, von der Ursache auszugehen – der Ursache, die die sogenannte Materie formte und die keine Materie ist, da es sie nicht gibt: Es ist der eingefrorene Geist, d. h. niedrig schwingende, verlangsamte Energie. Nur haben wir uns an den Begriff gewöhnt, und er wird überall angewendet. Also gehen wir einen Weg, schaffen einen Übergang und betrachten alles aus der Sicht der NRZ und setzen es in das sogenannte Materielle um – letztendlich in eine ganzheitliche Betrachtung, die uns wieder den wahren Zusammenhang zeigt und über die Erkenntnis der Ursache auf den richtigen Weg bringt. Der Wissende braucht diesen Weg nicht mehr zu gehen, wenn er sich gleich der Ursache, der NRZ zuwendet. Bis dahin soll aber der Weg der Betrachtung der NRZ/RZ, also der Ursache und der Wirkung, uns helfen, aus der Täuschung der nur (materiellen) RZ-Betrachtung zur Erkenntnis der wahren Zusammenhänge zu gelangen und damit – was das Ziel ist – den richtigen Weg, meinen Weg zu gehen, den Weg über das Dasein zum Bewusstsein und damit zum „Glücklich-Sein".

---

[10] Matthäus 4,19

7.7. NRZ-RZ-Betrachtung – Gesundheit

Die Betrachtung der RZ ist immer eine begrenzte Betrachtung. Sie ist immer an einen Raum gebunden, immer begrenzt von mehreren Seiten, dreidimensional. Mit der Betrachtung der Zeit begrenzt sich der Mensch in einer weiteren Dimension. Diese Betrachtung der vier Dimensionen hängt zusammen mit den in der Evolution entwickelten fünf Sinnen. Alles, was wir gelernt haben, ist darauf ausgerichtet.

Das ist es, was vorher gesagt wurde, nur unseren Vorstellungen entsprechend, und diese rühren aus der Betrachtung der fünf Sinne, also in der äußeren RZ. Einstein hat eine große Vorahnung gehabt mit seiner Betrachtung des inneren Verstehens des Atoms. Das tun wir gerade, jetzt in diesem Augenblick, mit der inneren RZ – nur wir gehen jetzt einen Schritt weiter, wir gehen nach Yukteswar durch das Atom, und das ist der nächste, vielleicht der größte Schritt, der uns bevorsteht und den wir jetzt gehen, nachdem wir gemäß dem Menioprinzip gewissermaßen den Weg aufgezeigt bekommen haben. Wir sind wissend geworden, nicht mehr unwissend, wir gehen durch das Atom hindurch und erfahren die gesamten Zusammenhänge, die Wahrheit, woraus sich die richtigen Schlussfolgerungen aus der NRZ ergeben. Wir betrachten die NRZ – kein Raum und keine Zeit. In diesem Falle löst sich alle Begrenzung auf. Keine Dimensionen mehr. Die richtigen Schlussfolgerungen für das Verhalten in der RZ. In Zukunft können wir, uns in der NRZ aufhaltend, immer mit der richtigen Ausrichtung das Richtige tun. Krankheit, Angst und Sorgen gibt es dann nicht mehr.

Hier setzt die NRZ-Betrachtung an, im Informationsmuster. Wenn wir in die NRZ gehen, durch das Atom hindurch, gelangen wir über den g-Magnetismus und die g-Gravitation in das Bewusstseins- und Intelligenzmuster. Kein Raum und keine Zeit – nur noch pure Energie, noch Intelligenz-behaftet in Verbindung mit den Informationen ohne Raum und Zeit. Die Begrenzung der RZ hindert uns daran, die ursprünglichen, reinsten Informationen aufnehmen zu können.

Wir müssen uns freimachen von der Begrenzung der RZ, um die Informationen der NRZ zu erhalten und sie zu nutzen. Das macht uns frei. Sofort werden die Gedanken frei. Informationen sind in der NRZ im Überfluss vorhanden. Es verbietet sich sogar, hier von Unendlichkeit zu sprechen. Das ist ein RZ-Begriff, der irreführend ist, da es in der NRZ keine Begrenzung gibt und somit auch keine Unendlichkeit. In der NRZ gibt es nur pure Energie. Pure Energie, die in der RZ betrachtet überall wäre. Da es in der NRZ nur pure Energie gibt, ist das in der gewohnten Betrachtung in der RZ nicht so ohne weiteres vorstellbar.

Wir tasten uns an eine vollkommen neue Betrachtung unseres Seins heran. Kein neues Denken in der NRZ – sondern eher ein Aufhalten in der NRZ. Die NRZ-Betrachtung liegt nach dem Menioprinzip auf der linken Seite.

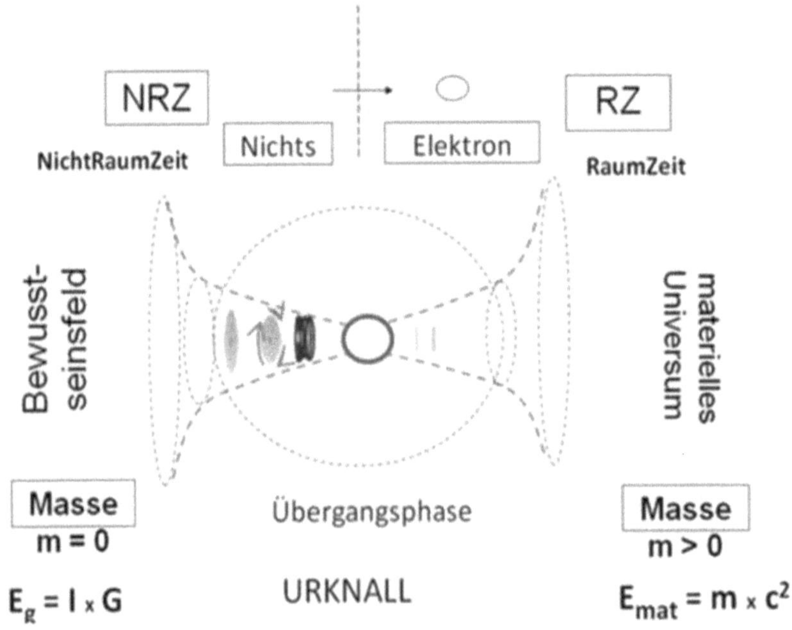

Das entspricht genau der Betrachtung der Entstehung des Universums, der Elektronen, der Atome und aller Manifestationen. Aus der RZ betrachtet ist das aus dem „Nichts" entstanden – alles Leben und alle Materie, die ständig genährt wird. Das ist kein Glaube, kein Mysterium, wo man vom noch Verborgenen spricht. Es ist pures Wissen, von dem wir uns abwenden, vor dem wir die „Augen" verschließen. Aber das ist der Punkt. Die Wirklichkeit kann man mit den fünf Sinnen nicht sehen, erkennen oder wahrnehmen. Dafür bedarf es höherer „Sinne". Diese liegen außerhalb der RZ.

Alles, was entstanden ist und was entsteht, genügt den Gesetzen der NRZ. Mit Einsteins Worten: „Wenn der Mensch das Innere des Atoms erkennt, wird sich die Welt radikal ändern." Das ist der Moment, von dem wir noch weit entfernt sind, obwohl uns die Quantenphysik diesem ein Stück näher gebracht hat. Wir müssen, um mit Yukteswar zu sprechen, „… durch das Atom gehen, um die wahren Zusammenhänge zu erkennen". Das gelingt durch die Betrachtung der NRZ. Es führt aus der Begrenzung zum Wissen, zum Glück.

Nach der Darstellung des Menioprinzips ist es erforderlich, die höchsten Informationen der NRZ zur Gestaltung unseres Lebens in Wohlstand für jedermann und zur Gestaltung der Natur zu erlangen. Die pure Energie der NRZ, den Überfluss nutzend durch eine hohe Intelligenz, angereichert mit den höchsten Informationen der NRZ zur Manifestation in der RZ, sind der Garant für den Erfolg im Überfluss.

Nach dem Menioprinzip ist der Prozess der Manifestation erkennbar, der mit der Polarisation der Elektrizität im Elektron bzw. der Polarisation des Atoms beginnt. Das heißt in diesem Falle: das aus den Atomen und Molekülen beispielsweise bestehende Gewebe – den Bereich der Quanten – betreffend, innerhalb der Übergangsphase (Entstehungsfeld) der sich bildenden inneren RZ. Die sich bildenden Elektronen und deren Erinnerungspotenzial innerhalb der Pulsationsrate formen das Atom und das Gewebe. Das Erinnerungspotenzial ist in den sich manifestierenden Schwingungen, der Verbindung der inneren RZ mit der äußeren RZ, also einem Schwingungsfenster, ein sich in der RZ öffnendes Zeitfenster, wo die bereits sich bildenden Informationsmuster im Atom manifestiert werden.

Das ist der Zeitpunkt der Manifestation, wo „Mitgebrachtes" (Erinnerungspotenzial) wirksam wird – auf der Basis der vom Bewusstsein abhängigen Energieübergänge durch das Gravitationsfeld zum Magnetfeld und der in der Energie „noch" enthaltenen Intelligenz. Gemäß der Beziehung „$E = I \times G$" dringt mit geringer werdender Energie auch weniger Intelligenz aus der NRZ in die innere RZ, ($E_{NRZ} < E_{iRZ}$) – Intelligenz bzw. Informationen, die dann dem Atom und später dann der Zelle für ihr ursprünglich vorgesehenes Wachstum fehlen: Leicht erkennbar aus der Gegenüberstellung der Intelligenz der NRZ (I_{NRZ}) und der Intelligenz der inneren RZ (I_{iRZ}).

$$I_{NRZ} > I_{iRZ} = \text{Gesundheit}$$
$$I_{NRZ} < I_{iRZ} = \text{Krankheit}$$
$$I_{NRZ} \sim I_{iRZ} = \text{labiler Zustand}$$

Wenn wir uns vorstellen, dass die Intelligenz der inneren RZ in den Elektronen unseren Mustern entspricht, lassen sich hier einige Zusammenhänge beispielsweise unserer Gesundheit oder Krankheit erklären, was wir später tun werden. Zusätzlich wirkt zur gleichen Zeit das Erinnerungspotenzial den „mitgebrachten" Informationen entgegen. Damit werden die Informationen und die in diesem Zusammenhang stehende Energie in ihrer erforderlichen Reinheit beeinflusst.

Das Erinnerungspotenzial geht sozusagen mit den beinhalteten Informationen in Resonanz, mit den Informationen des Bewusstseins. Sie beeinflussen sich gegenseitig. Je nachdem wie hoch das Bewusstsein ist, wird sich das auf die Manifestation auswirken. Hieraus sind Gesetzmäßigkeiten erkennbar, die später herangezogen werden.

Betrachten wir z. B. eine anscheinend nicht mehr heilbare Krankheit, ein Karzinom im fortgeschrittenen Zustand. Nach den neuesten wissenschaftlichen Erkenntnissen ist eine Chemotherapie bzw. eine Bestrahlung zu empfehlen, bei der von vornherein die Chancen auf Erfolg 50 % zu 50 %

sind, in der RZ betrachtet (materiell gesehen), Leben oder Tod bedeuten. Aus der Betrachtung der RZ ist das immerhin ein Fortschritt der Wissenschaft, wenigstens etwas tun zu können, gegenüber früheren Jahren. Aber wo liegen die Ursachen? In diesem Falle wird nur die Auswirkung betrachtet und behandelt, wie wir es gelernt haben: uns nur mit der Manifestation zu beschäftigen.

Im Falle des Karzinoms fehlen Informationen bei der Manifestation des Gewebes, also bei der den Geist aktivierenden Informationen bzw. der ihr zugeordneten Intelligenz. Es sind die Gedanken, die mit den Informationen in Verbindung stehen und das Informationsmuster in die Form bringen – in eine Form sich immer mehr zusammenziehender, gleicher oder sich ähnelnder Informationen. Reine Gedanken formen ein reines Informationsmuster: die reinen Informationen, die z. B. die Zelle benötigt. Wird das Informationsmuster gestört, werden Disharmonien, Fehlinformationen von der NRZ durch das Menioprinzip bis hin zur inneren und äußeren RZ geleitet, eine mögliche Voraussetzung einer Störung des Gewebewachstums, z. B. eines Karzinoms.

Es ist aber erkennbar, dass viele Störfaktoren beim Durchlaufen des Menioprinzips auftreten können, die an anderer Stelle im Rahmen der Yogasolanwissenschaft und ihrer Forschung analysiert werden – ein sehr breites Bearbeitungsfeld.

Wesentliche Erkenntnisse aus dieser Betrachtung sind sich einstellende disharmonische Informationen, die die ursprünglichen, für die Manifestation erforderlichen „reinen" Informationen negativ beeinflussen. Störende, dem Vorgang schadende Informationen sind Fehlinformationen, disharmonische Informationen, sind wie die Informationsmuster, aber die Information negativ beeinflussende Störfelder, die die reinste Information nicht zur Wirkung kommen lassen.

Jede Krankheit ist auf den Vorgang fehlender Informationen zurückzuführen. Störende, dem Vorgang schadende Informationen sind Fehlinformationen, die den „natürlichen" Prozess der Zellteilung nicht gewährleisten. Aus diesem Grunde kann jede Krankheit durch die Organisation des ungestörten gesunden Informationsflusses wieder beseitigt werden.

7.8.   NRZ-RZ-Betrachtung – der Einfluss der Gedanken

Ausgangspunkt waren die Gedanken – Gedanken, die sich zu Worten formen und die Basis der Manifestation werden, aus der NRZ, dem Geistigen kommend – wie es geschrieben steht: „Am Anfang war das Wort" – man muss es nur richtig erkennen, mit dem richtigen Bewusstsein, welches unsere Gedanken wiederum ausrichtet und worauf die Informationen sich einstellen. Ein geistiges Zusammenspiel, ein Zusammenspiel mit der NRZ. Bewusstsein heißt Wahrnehmen, höheres Bewusstsein heißt höhere Wahrnehmung. Höhere Wahrnehmung heißt: alle Zusammenhänge zu erkennen, heißt aber auch: höhere Intelligenz und damit höhere Energie und damit Gesundheit. Aus dem Gesagten ist ableitbar, dass eine Krankheit, ein Karzinom, besiegt werden kann – geistig eben, auf die Ursache der NRZ bezogen. Worte allein heilen nicht, sondern das, was die Worte hat entstehen lassen – die Intelligenz in der NRZ.

Es hat sich im Evolutionsprozess der Gedanken eine Gedankenausrichtung auf die bestehende, aus der Unwissenheit entstandenen oder – besser gesagt – einer aus der Unwissenheit definierten Materie entwickelt, weil man sich nichts anderes vorstellen konnte. Jetzt wissen wir aber, dass das ein Denken ist, welches nur über die fünf Sinne der manifestierten NRZ abgeleitet wird, und dass es darüber hinaus, über die fünf Sinne, also über die vom Menschen festgelegte Materie hinaus, ein Denken gibt: Ein höheres Denken. Der Evolutionsprozess geht weiter: Ein auf die Ursache ausgerichtetes Denken, ein Denken in der NRZ, die die RZ mit einfließen lässt – aber nicht nur allein. Im Gegenteil, es setzt ein ganzheitliches Denken ein, ein zusätzliches Denken, ein höheres Denken, das alles einbezieht, vor allem die Ursache. Die Ursache, aus der man erkennt, wie die Manifestation vor sich geht – man kann sie korrigieren, eigentlich richtigstellen. Im Prinzip muss man das alte, bisherige Denken korrigieren und es einfach ersetzen durch das „höhere", das Denken in der Ursache und nicht in der Auswirkung. Dann braucht man es auch nicht mehr korrigieren, denn es ist dann alles im Einklang, die sogenannte Manifestation in der RZ über die innere und äußere, der Übergangsphase zum Atom und der NRZ.

In der weiteren Betrachtung wird also unser altes Denkmuster immer mehr verdrängt durch ein höheres Denkmuster. Wir werden immer die Ursache bei allen Betrachtungen mit einbeziehen. Das heißt, wir werden das sogenannte alte Denkmuster des „materiellen" Denkens, des rationalen Denkens in der RZ beenden und nur noch das Denken in der NRZ vollziehen, um daraus durch vollkommen neue, höhere Informationen Erkenntnisse und ganzheitliches Wissen, ein neues Denkmuster zu entwickeln und anzuwenden. Wir werden uns der Einfälle der Informationen bewusst, wir erkennen, dass sich in der NRZ die virtuelle Öffnung in das gesamte Universum ausweitet, und das lässt erkennen, dass alle Informationen des Universums in der NRZ zur Verfügung stehen. Welch ein Potenzial an Informationen – unbegrenzt, wie die NRZ selbst: „Unbegrenztes Wissen", „Unbegrenzte Intelligenz" aus der NRZ, die nur darauf wartet, dass wir sie „anzapfen" – das ist ein unermesslicher Reichtum! Und wenn man den Weg des Menioprinzips weiter verfolgt, so ist ohne Mühe zu erkennen, dass der Menioeffekt, jetzt die auf der unteren Seite dargestellte Manifestation durch das Atom gehend, durch die innere und äußere RZ gehend, gemäß der Intelligenz der NRZ in der RZ manifestiert wird, so wie unser Bewusstsein es bestimmt. Ich bestimme, was wird. Im höchsten Bewusstsein bin ich eins mit der höchsten Intelligenz der NRZ. Jesus sagt dazu, „Ich bin eins mit dem Vater" – eins mit der höchsten Energie, mit der höchsten in der Energie steckenden Intelligenz. Aber auch er, wie alle uns bekannten Propheten, musste den Weg der Erkenntnis gehen, ihn sich erarbeiten. Wie Buddhas Weg, der uns bekannt ist, der das sichere Haus seines Vaters, den Reichtum des Königs verlassen hat und seinen Weg über viele Entbehrungen gegangen ist – eine Askese, die wir nicht auf uns nehmen müssen, denn er ist den Weg für uns schon gegangen und hat erkannt, dass man den Bogen nicht überspannen sollte, in keine Richtung, sondern in der „Mitte" bleiben sollte. Wir können einen weiteren Weg gehen, aufbauend auf dem Weg z. B. von Buddha, aber auch dem Weg von anderen Propheten, wie auch Jesus einen Weg gegangen ist, den wir nicht noch einmal gehen müssen, einen Weg auch für alle Prozesse des Alltags, für die Partnerschaft, für Geschäfte, für die Weiterentwicklung.

Es ist wie mit dem Karzinom: In einem Umfeld niedriger Energie können, ähnlich wie an einem Baum Pilze wachsen, die nicht zum Baum gehören, auch an unserem Körper „Pilze", Auswüchse, Deformationen, Geschwüre etc. entstehen. Höhere geistige Energie, höheres Bewusstsein, höhere Intelligenz, eigentlich die Intelligenz Gottes als die höchste Energie, vermeiden solche Auswüchse. Es kann sich an eine hohe Energie keine niedrigere Energie anlagern, und Auswüchse, Disharmonien und Geschwüre sind einfach von niedriger Energie. Wir lassen sie durch unsere Gedanken zu. Hohe Gedanken, hohe Energie geben ihnen keine Chance. In diesem Falle weicht die niedrigere Energie der höheren, immer. Es muss nur jeder Gedanke, der nicht den Informationen der NRZ entspricht, von uns gewiesen werden.

Auch der Gedankenaustausch mit anderen Menschen erfolgt im Wechselspiel der RZ mit der NRZ. Die eigentliche Kommunikation findet in der NRZ statt – ein Informationsaustausch in der NRZ. Die Information löst entsprechend dem Bewusstsein (Resonanzgesetz) einen Gedanken aus, den die Offenbarung gemäß dem Menioprinzip folgen lässt.

Es wird das, was du denkst.

Die eigentliche Kommunikation findet in der NRZ statt.

Die Ursache liegt immer in der NRZ, nicht in der RZ. Das Manifestierte, die Materie, ist schon geformt. Das neu zu Formende liegt nach dem Menioprinzip im Informationsmuster, und das liegt in der NRZ, wo uns alle Informationen und damit sämtliches Wissen zur Verfügung steht. Jeder uns ablenkende Gedanke hindert uns, das höchste Wissen zu erlangen. Zu dieser Ursache müssen wir zurückkehren, dann sind wir, wie aufgezeigt, gesund. Wir sind sozusagen rein, enthalten keine disharmonischen Informationen, alles befindet sich in Harmonie, es gibt keine Störfelder. „Rein sein" heißt auch „heil sein". Wir sind heil in unserem Körper, aber auch in unseren „Umfeldern".

7.9. NRZ-RZ-Betrachtung – der Einfluss von Energien

Eine Betrachtung der Umfelder, also Felder, die um uns sind, schließt die Energie mit ein. Wir betrachten jetzt nicht nur den Körper und insbesondere die Energie in unserem Körper, der ja jeden Moment manifestiert wird, sondern auch die Energien um den Körper. Jeder Körper befindet sich in einem Feld von Energien, die wir hier sinngemäß als Energieumfelder (EUF) betrachten wollen. Nach dem Menioprinzip werden damit auch unsere EUF ständig manifestiert.

Der Menioeffekt ist jetzt eher anwendbar für ein gesamtes zu gestaltendes Feld von Energien. Gemäß des Inputs (Informationen) in der NRZ wirkt in der NRZ eine Vernetzung von mehreren Ereignissen (Ereignisfelder). Diese vernetzten Informationen werden zu einem Informationsfeld, zu mehreren Gruppeninformationen, als neuer Input für die Informationsmuster, sich vereinend als Informationsgruppenfeld. Diese entspringen wieder unseren Gedanken gemäß unserem Bewusstsein und in der Verknüpfung anderer Informationsmuster, einem anderen Bewusstsein entsprechend. Die sich verbindenden Bewusstseinsmuster sind vernetzte Bewusstseinsmuster. Diese Vernetzung entsteht gemäß den sich annähernden Gedanken im Informationsmuster und bildet eine vernetzte Intelligenz in der NRZ.

Die Manifestation der Energieumfelder (EUF) führt über das verbindende und sich festigende Gravitationsfeld zur „eingeschlossenen" Energie und der damit verbundenen Intelligenz im Magnetismus. EUF sind daher noch der NRZ zuzuordnen, gemäß dem Menioprinzip. EUF nehmen Einfluss auf die Manifestation, da sich – sich den EUF anpassend – der Werdungsprozess der Elektrizität anschließt und die Formgestaltung der Atome beginnt.

Es sind Prozesse unseres Lebens, unseres Seins, die sich unter dem gesamten verursachenden System abspielen. Es ist ein komplexer Prozess von ineinander greifenden Systemen, die als Gesamtsystem in der Verursachung gesehen werden müssen. So ist die komplexe Körperbildung ein solches aus dem geistigen Evolutionsprozess sich entwickelndes intelligentes Gesamtsystem. Die materielle Evolutionstheorie nach Darwin beinhaltet nur einen kleinen Einblick in die RZ aus der Beobachtung der RZ, dem Wissensstand der damaligen Zeit des 19. Jahrhunderts entsprechend – nur materielle Beobachtung, ohne sich der Ursache bewusst zu sein oder sie ansatzweise mit einzubeziehen.

Die Betrachtung der EUF hat eine wesentliche Bedeutung. Sie ist innerhalb der Yogasolanwissenschaft der Energieumfeldmethode zugeordnet und wird dort ausführlich behandelt. Interessant sind die Betrachtung der EUF und die unumgängliche Einbeziehung, da all unsere Lebensprozesse diesen Gesetzmäßigkeiten folgen. EUF sind überall in der NRZ als wirkende Ursache der RZ, der inneren und der äußeren. EUF beeinflussen alle Prozesse, die bewusste Materie sowie auch die Pflanzen und die Welt der leblosen Materie. EUF wirken im Universum in allen Prozessen der Manifestation, des Erlöschens von Planeten, in Schwarzen Löchern etc. wie auch auf der Erde, bei Katastrophen, Kriegen, Wirtschaftskrisen etc. Wir reden von Prozessen, die in der NRZ entstehen und dort verursacht werden, und die Manifestationen der vielfältigsten Art nach dem Menioprinzip erfolgen in jedem einzelnen Fall. Nur ist das Menioprinzip sehr komplex zu betrachten. Wie schon erwähnt, sind es

Informationsgruppenfelder, die wirken – in ihrem Evolutionsprozess sich selbst regulierende komplexe intelligente vernetzte Systeme in der NRZ.

Mit den Informationen beginnt die Manifestation

Der Mensch ist ein solches System. Das ist zum Beispiel erkennbar bei der Betrachtung der DNA: Ein Riesenmolekül mit einem System von Atomstrukturen und den darin enthaltenen Informationen, die miteinander kommunizieren. Diese organisieren unseren Körperaufbau und dessen komplexes vernetztes intelligentes System ein Leben lang – immer einer höheren Ordnung folgend: Wenn wir hier das Menioprinzip betrachten, erkennen wir ein System, welches in den Informationsgruppenfeldern beginnt und einem Riesennetzwerk folgt, das in der höchsten Hierarchie in der NRZ angesiedelt ist, und dann erkennen wir in der NRZ einen Vorgang, den der Mensch in seinem Bewusstsein der RZ in keiner Weise erfassen kann. Jeder Eingriff, der auf die RZ aufgebaut ist, ist ein Eingriff in ein hochintelligentes System – ein Eingriff in die Schöpfung. Es ist, wenn der Eingriff nur auf die RZ bezogen ist, eine Verletzung der Schöpfung und eine Missachtung der Schöpfung.

Jetzt ist der Augenblick, wo darauf hinzuweisen ist, dass der Mensch, wenn er sich der höchsten Intelligenz zuwendet, auch die richtige Lösung, das höchste Wissen erhält, wie man den „Eingriff" erfolgreich ausführen kann. Das ist das „in die Stille Gehen und Hinhören", was wir aus der NRZ erfahren. Ohne diese Zuwendung zu einer höchsten Intelligenz wäre Goethes riesenhafte Werk nicht entstanden, Beethovens Neunte nicht, und Archimedes hätte den Auftrieb auch nicht entdeckt, genauso wäre Indien nicht befreit worden, und der Frieden in Deutschland hätte nicht stattgefunden.

Es besteht eine Harmonie in der Ganzheitlichkeit der NRZ des Universums, nach dem Menioprinzip sich selbst umsetzend. Da es in der NRZ keine Zeit und keinen Raum gibt, sind die Gesetze der NRZ genauestens zu beachten und zu verfolgen, in einer Einheit mit uns. Nur in dieser Einheit liegen das Gelingen und die Energie zum Gelingen für alles

153

in der Manifestation in der RZ, in der Beziehung des Einzelnen zum Ganzen und umgekehrt.

Das gilt eben auch für den Alltag und für die Geschäfte des Alltages. Es kann gemäß dem Menioprinzip sich in der Manifestation der RZ nur das manifestieren, was in der NRZ in den Informationsmustern entsteht. Es können sich keine Auswüchse in der RZ entfalten, wenn in der NRZ alle Harmonie gegeben ist:

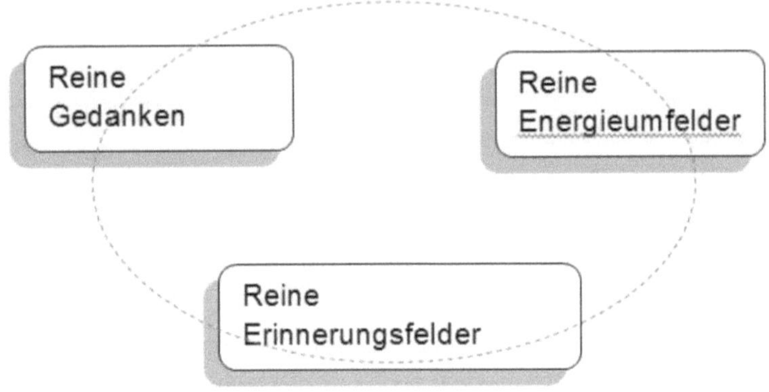

Sind niedrige Energien vorhanden, so können sich Auswüchse jeder Art manifestieren. An eine hohe Energie kann sich keine niedrigere Energie anlagern – keine Auswüchse, keine Disharmonien, keine Geschwüre, keine Misserfolge.

Nur unsere Gedanken sind es, die das Menioprinzip und damit die Manifestation bestimmen. Hohe Gedanken, hohe Energie führen immer zum Erfolg, zu neuen Ideen, zu hohen EUF, die die alten negativen Gedankenmuster aufheben und Niedrigem keine Chance geben. Die niedrige Energie weicht vor der höheren. Jeder Gedanke, der nicht den hohen Informationen der NRZ, den hohen EUF entspricht, wird abgewiesen.

Wenn ein niedriger Gedanke sich einmischt, entstehen wieder alte Muster. Sich ständig im Höchsten aufzuhalten, führt immer wieder zu höchsten Gedanken und somit zur höchsten Manifestation. Das gilt es im Alltag und in jeder Situation anzuwenden.

Im Hinduismus gelten nach der *Bhagavad Gita* die kosmischen Gesetze. Diese besagen, dass Sattwa (die höchste Intelligenz) mit Raja (der Tat) Tamas (die Materie und damit die anhaftenden niedrigen Energien, vor allem aber auch die Trägheit, niedrige Eigenschaften etc.) überwindet. Wenn man das Niedere überwindet, lebt man nur noch im Sattwa (der hohen Energie) und im Raja (der Handlung mit hoher Energie), bis man nur noch selbst sich in der höchsten Energie, der höchsten Intelligenz, befindet. Dann sind alle Krankheiten und alles Negative, Niedrige beseitigt. Kosmische Gesetze wirken in uns und um uns. Es ist das Gleiche wie die Manifestation nach dem Menioprinzip. Der Makro- und der Mikrokosmos sind eins – sie bilden eine Einheit. Wer das Innere des Atoms durchschreitet, wird die Welt neu erkennen. Und wer es versteht, durch das Atom zu gehen, wird die Welt kreieren im Sinne des Höchsten.

7.10. Die höchste Intelligenz in der Materie

Im Evolutionsprozess des Universums spielt der Mensch in seiner sich immer weiter entwickelnden Intelligenz eine außerordentliche Rolle – eigentlich die alles überragende Rolle. Diese Erkenntnis ergibt sich relativ schnell, wenn man den Evolutionsprozess aus der NRZ betrachtet. Die Absicht, die dahinter steht, ist die, eine bewusste Materie zu schaffen, und hier ist es richtig, an das Bibelzitat „… und Gott schuf den Menschen ihm zum Bilde" zu erinnern (vgl. 1 Moses 1,27). Eine höchste Intelligenz ist zu schaffen, die der des Schöpfers entspricht.

Die Evolution begann weit vor dem Urknall.

Die Idee, eine Form zu schaffen, so wie wir sie als höchste Intelligenz sind, bedarf gewissermaßen einer außerordentlich „guten Vorbereitung". Verfolgen wir den Evolutionsverlauf zurück (bis zum Urknall), so können wir – in erster Linie aus der Betrachtung der NRZ, einer über die fünf Sinne hinausgehenden Wahrnehmung – erkennen, dass die Idee, höchste Energie und damit höchste Intelligenz in einer feinen, weit verzweigten, fast unendlich minimierten Struktur „unterzubringen", außerordentlich genial kreativ ist.

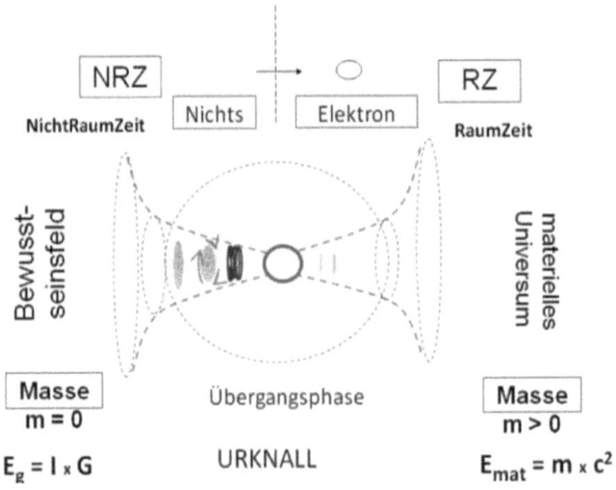

> ## Die Evolution des Urknalls begann weit vor dem Urknall – in der NRZ.

Diese feine, also minimierte Verteilung der höchsten Energie in eine Form zu bringen, in der sie mit ihrer integrierten Intelligenz so wirken kann, dass sie vollständig untergebracht werden kann – so wie von Einstein erkannt, in Feldern eingeschlossen (manifestiert), sich nicht verteilend und trotzdem wirken könnend, so wie sie benötigt wird, eben in der bewusst gewordenen, intelligenten „Materie", dem Menschen – das findet statt in jeder Manifestation im vom Menschen fälschlicherweise sogenannten Atom, was als Bezeichnung ja nicht zutreffend ist, da es ja „teilbar" – mehr noch, selbst ein energetisch schwingendes, sich selbst regulierendes, intelligentes

Energiesystem ist. Die begriffliche Festlegung des festen, begrenzten Atoms erfolgte durch den Menschen auf der Basis diskursiven Denkens, die sich durch Jahrtausende schleppt und zur Unwissenheit, ja zu einer fatal falschen Vorstellung unseres Seins geführt hat – einer Begrenzung, die auf der Basis der materiellen Betrachtung mit den fünf Sinnen entstanden ist.

Richtiger wird dann die Feststellung Anfang des 20. Jahrhunderts, dass das Atom doch teilbar ist, und dass es noch kleinere Systeme innerhalb des Atoms gibt. Mit der Entwicklung der Quantenphysik öffnete sich der Weg auch im Bewusstsein des Menschen, obwohl er bis heute noch den Begriff des Teilchens, wie den „Irrtum des Atoms" (die ebenso irreführende Begrifflichkeit des Atoms) weiter benutzt.

Die Quantenbetrachtung, die uns in die „innere RZ" des Atoms führt, gewährt einen Einblick in die infinitesimale Verteilung der Energie und natürlich der Intelligenz. Die Welt neu erkennend und die Schlussfolgerungen daraus ziehend, gehen wir nicht nur in das Atom hinein, sondern durch das Atom hindurch, um der Kreativität der Intelligenz zu folgen. Das Konstrukt der Energieverteilung in einer stofflichen Manifestation – nämlich, den Übergang der Intelligenz aus der NRZ in die bewusst werdende Materie zu schaffen – ist eine Grundidee der Schöpfung. Vorausgehend sind aber die kreativen Vorgänge von der Idee, den Gedanken in die Form zu bringen: Das sich formende Informationsmuster, das Bewusstseinsmuster und vor allem das sich verdichtende Bewusstseinsmuster, durch das Gravitationsfeld führend zum Feld des Magnetismus' der NRZ. In der sich daran anschließenden Quantenverteilung wird das sogenannte Atom wirksam und die Materie gestaltet, mit der innewohnenden Intelligenz, wie im Menioprinzip bereits dargestellt.

Das Informationsmuster ist die Voraussetzung, um die Gedanken in die Form bringen zu können – ein Netzwerk höchster Intelligenz als Input. Das ist die Idee, die vor dem Anfang des sogenannten Urknalls stand. So beginnt die Evolution schon weit vor dem Urknall mit der Idee der Gestaltung bewusster Materie. Jeder einzelne Schritt, jeder Vorgang der Evolution in der NRZ, hat sich nach dem Menioprinzip entwickelt. Die Evolution des Universums besteht in der Evolution des Atoms, ganz besonders des Inneren des Atoms. Und wenn man sich das Menioprinzip anschaut, ist die Evolution des Atoms ein Vorgang ständiger kreativer Gestaltung der Intelligenz. In der Vernetzung der Informationswelt entwickelt sich diese Intelligenz immer weiter mit zunehmenden Informationen eines Prozesses, eines Evolutionsprozesses vom Niederen zum Höheren. Die Auswirkungen (Offenbarungen) in der RZ erkannte Darwin richtig, nur beginnt der Evolutionsprozess formgestaltend bereits in der NRZ, entsprechend der Informationen, als „geistiger Evolutionsprozess". Das ist das, was Darwin in der begrenzten Zeit, der RZ, nicht gesehen hat.

Mit der Entstehung der ersten Elektronen nach dem Urknall bildeten sich in der inneren RZ bereits die ersten Erinnerungsmuster, die der Entwicklung weiterer Elektronen dienten und schließlich viel später der Bildung der Atome. Somit entstehen im Atom ständig sich weiter entwickelnde Muster, weitere höhere Informationen und somit die sich selbst regulierende Intelligenz des Universums, bis hin zur ersten Gestaltung eines lebenden Organismus.

Da es in der NRZ keine Zeit gibt, spielt Zeit beim Evolutionsprozess keine Rolle. Nur in der RZ sehen wir die Zeit und messen sie.

So kann man sich den Menschen im Menioprinzip betrachten und feststellen, dass der Evolutionsprozess der Atome noch längst nicht abgeschlossen ist. Aber wie schon Einstein sagte, ändert sich die Welt radikal, wenn wir das Innere des Atoms erkennen. Wir sind gerade dabei. Aber einen Schritt weiter gehend, stellen wir fest, dass das Hindurchgehen durch das Atom gerade erst, vielleicht in diesem Augenblick, beginnt. Wir wissen jetzt, dass eine vernetzte Intelligenz in uns wirkt – gemäß dem Menioprinzip sich immer weiter entwickelnd: eine Entwicklung, die nie aufhört in der NRZ, die unbegrenzt ist.

Gehen wir durch das Atom, spüren wir die Intelligenz der NRZ im Bereich des Magnetismus' durch unsere Emotionen, die uns die Evolution des Universums offenbart. Wir spielen in unserem Evolutionsprozess die Hauptrolle: zu immer höher Intelligenz aufsteigend, um später vielleicht selbst einmal Universen zu schaffen – Platz ist genug vorhanden in der NRZ, wo es keinen Raum gibt.

Aus diesen Erkenntnissen heraus ist ableitbar, dass uns alle Intelligenz zur Verfügung steht, wenn wir uns, natürlich in der NRZ, dieser zuwenden. Mit der Intelligenz, die uns zur Verfügung steht, steht uns immer wieder, nach der Beziehung Intelligenz x Geist, auch genügend Energie zur Verfügung – im Überfluss, wenn wir uns das Ausmaß des manifestierten Geistes, der sichtbaren Materie im Universum, vor Augen führen, was ja nicht einmal 0,1 % der gesamten Energie ausmacht. Welch ein Reichtum und welch eine „Un-Intelligenz" (Dummheit), das nicht zu nutzen!

Der Menioeffekt wirkt überall in der Manifestation der universellen Energie. Das Menioprinzip wirkt somit auch in uns, im Menschen. Wir stellen unseren Körper hinein in das Menioprinzip und beobachten dieses Wirkprinzip.

Der Mensch existiert durch die ihm ständig zugeführte Energie, mit der aktivierenden Intelligenz und den in ihr befindlichen Informationen. Je mehr der Mensch sich dieser aktivierenden Intelligenz bewusst wird, desto intensiver ist die Energieversorgung mit den lebensnotwendigen Informationen für das Innere des Atoms, die innere RZ, zur Aufrechterhaltung der Funktionen der Zellen. Interessant ist die Betrachtung des Energieverlaufes im menschlichen Körper. Die Versorgung aus der NRZ findet ständig statt, wie eben beschrieben, in uns. Das bewirkt aber auch den oben beschriebenen Vorgang des Energie-überganges aus der NRZ in die innere RZ, aus den Quanten in die äußere RZ des Atoms, die Materie, unsere Zellen, Gewebe und Organe, des Energieübergangs in unseren gesamten Körper. Damit sind wir bereits bei der Betrachtung der Auswirkung der aus der NRZ kommenden Energie: Der menschliche Körper wirkt dann selbst als eine Energie – eine Gesamtenergie, deren Auswirkung sein Energieumfeld ist.

8.   Energiebetrachtung des menschlichen Körpers

Betrachtet man die Energie des menschlichen Körpers aus der Sicht des Menioprinzips, so kann man erkennen, dass die zugeführte Energie für unseren Körper im Wesentlichen aus der NRZ kommt, gemäß dem Menioprinzip in die innere RZ übertragen wird und sich in der äußeren RZ manifestiert, zuzüglich der Aufnahme der Nahrung, die nach dem Menioprinzip ebenfalls aus der NRZ kommt, was auch für jede andere Energiezufuhr gilt. Die Ursache der Manifestation liegt immer in der NRZ.

Parallel dazu auch die abgeführte Energie des menschlichen Körpers zu betrachten, lohnt sich. Der Gesamtenergieverbrauch des Körpers ist abhängig vom Kalorienverbrauch im Zusammenhang mit allen Tätigkeiten, den körperlichen und geistigen, der Abgabe der Energie an die umgebende RZ, zum größten Teil als Wärmeübergang und als Wärmestrahlung vorwiegend über die Haut an die Umgebung, an die RZ etc. Bei diesen Prozessen handelt es sich um ein Verbrennen der Energie durch den Sauerstoff und eine Abstrahlung der Energie an den Raum, wobei Energie nicht verloren geht. Nach dem Menioprinzip ist das auch ein reversibler Prozess, beginnend in der äußeren RZ, übergehend in die innere RZ und den weiteren Verlauf des geistigen Magnetismus', des Gravitationsfeldes über das Bewusstseinsmuster in die NRZ, sodass also eine Energieabgabe stattfindet, ein Energieübergang aus der RZ in die NRZ: Ein Prozess, wie wir ihn bei Menio erlebt haben und der daraus erklärbar ist, wie auch im Hinblick auf das Phänomen des Schwarzen Lochs, welches die Materie und selbst das Licht verschwinden lässt, wobei man annimmt, dass die Gravitation so stark ist, dass selbst das Licht verschwindet und so die Dunkelheit erklärbar ist. In unserem Falle ist es mehr als eine Annahme, denn wir haben es selbst erleben dürfen – der Menioprozess findet in beide Richtungen statt. Die Schwarzen Löcher selbst werden zu Quasaren, die hohe Energien wieder frei werden lassen, die aus dem Nichts, der NRZ innerhalb des Schwarzen Loches kommen. Wie man weiß, entstehen daraus Materie und Planeten. Das ist wiederum eine Erkenntnis, die auch auf unseren Körper, auch in der Energiebilanz, anwendbar ist – im

Makrokosmos wie auch im Mikrokosmos. Es gelten die gleichen Gesetze, in diesem Falle auch bei der Anwendung des Menioprinzips. Alles kommt aus der NRZ, und alles geht in die NRZ.

Was nicht vernichtet werden kann, ist die Energie selbst, in der NRZ als unendliche Energie des Geistes, und das gilt auch in der RZ nach der Beziehung „I x G": Energie, wir erinnern uns, ist Intelligenz x Geist. Es ändert sich in der RZ die Form der Energie, aber die Energie selbst bleibt in der Summe die gleiche – und die darin enthaltene Intelligenz selbstverständlich auch. Nichts geht verloren im Kosmos, also auch keine Informationen, auch nicht jene aus dem Menioprinzip mit der Energie hindurchgehenden Intelligenz. Also wird im Quasar die Information (Erinnerung bei der Stoffwerdung des Elektrons) „mitgenommen" und in der Manifestation des Atoms aufrechterhalten. Das führt dann auch zu einer Evolution des Atoms und der Vernetzung im Verbund der Atome, Moleküle und Formen, die sich bilden, gemäß einer sich weiterentwickelten Materie in der Evolution des Universums.

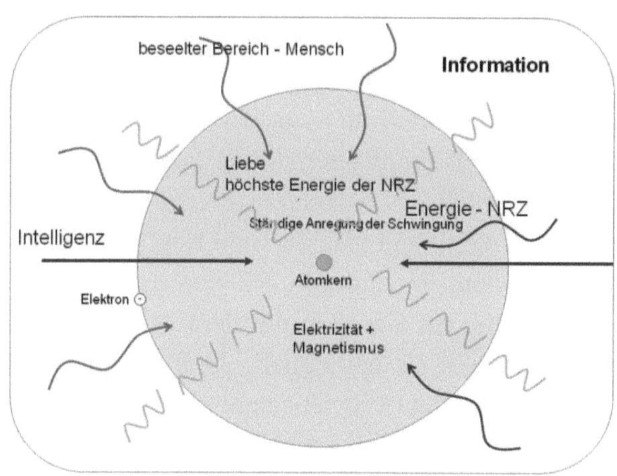

Unter Beachtung der Gesetze der NRZ sind im Atom die Einflüsse der Informationen, der Intelligenz und damit der Energie gemäß E = I x G und damit auch des Bewusstseins dargestellt.

Es entstehen in der intelligenten Vernetzung sich immer neu bildende Formen bis hin zur Bewusstsein-behafteten Materie.

Das gilt natürlich auch für die Evolution auf der Erde und auch für den Menschen. Auch hier gibt es einen Prozess der Umkehr des Menioprinzips. Betrachten wir nochmals die Energiebilanz des menschlichen Körpers. Die abgestrahlte Energie des Menschen kann teilweise wahrgenommen werden über die fünf Sinne, z. B. wenn man sich berührt oder in unmittelbarem Kontakt zum menschlichen Körper steht. Man kann die Körpertemperatur messen und die Körperwärme feststellen. Man spürt Wärme, grobstofflich, in der RZ, mit den fünf Sinnen.

Die Gesamtenergieabgabe des menschlichen Körpers erfolgt aber auch über die NRZ. Der Körper gibt sozusagen materiell und geistig Energie ab. Wenn man Menschen begegnet, hat man oft ein angenehmes Gefühl oder auch umgekehrt. Das Gefühl liegt im emotionalen Bereich, im Bereich einer Wahrnehmung außerhalb der fünf Sinne, einer außersinnlichen Wahrnehmung. Die Ursache liegt in der NRZ. Die Auswirkung zeigt sich im Magnetismus innerhalb des Menioprinzips, noch vor dem Energieübergang aus der NRZ in die RZ. Der Mensch gibt durch seine in der Energie der NRZ enthaltenen Informationen über sein EUF an andere EUF Informationen aus der NRZ ab – an die NRZ – ein Informationsaustausch in der NRZ. Der Empfänger dieser Informationen verarbeitet diese Informationen als Input des Menioprinzipes, die den Weg über das Bewusstseinsmuster des Gravitationsfeldes und des Magnetismus' gehen und weiter durch das Atom zur äußeren RZ und somit letztendlich zur Manifestation in der Zelle, im Gewebe und dem gesamten Körper. Hier manifestiert sich die Energie als emotionales Gefühl – aus dem Magnetismus entstehend im Kausalfeld (Magnetismus) des Menschen.

Da die Energie der NRZ unbegrenzt ist, kann der Mensch als intelligentes Wesen, wenn er sich dieser Energie bewusst wird, über das Informationsmuster durch hoch ausgerichtete Gedanken höchster Intelligenz, der Beziehung Intelligenz x Geist folgend, selbst (der jeweiligen Intelligenz oder dem jeweiligen Bewusstsein entsprechend) höchste Energie werden und sein. Es handelt sich dabei um Energie, die aus der

NRZ kommend in die RZ übertragen wird. Das ist dann wieder mit dem Schwarzen Loch vergleichbar, obwohl wir uns, aus der RZ betrachtet, natürlich in einem feinen Energiebereich nicht zerstörender Energie befinden, da ja sonst alles sofort verbrennen würde. Es ist eine außerordentlich hohe, aber feinste Energie in der NRZ, die wir höchstens in der Auswirkung wahrnehmen können, wenn wir sensibel genug sind und über ein dieser Energie, dieser Intelligenz entsprechendes Bewusstsein verfügen. Aber diese Energie bewirkt eine so hohe Schwingungsrate, dass sie übergeht in reine (göttliche, reinste) Energie, den Geist, die latente Energie aktivierend mit höchster Intelligenz, sodass die Schwingung der RZ, auch der inneren RZ, nach dem Menioprinzip in pure Energie übergeht, nicht mehr sichtbar, aber hoch wirkend.

Unter Verweis auf die Energiebilanz des Körpers gilt demzufolge eine Beziehung zum Bewusstsein des Menschen: Hohes Bewusstsein = hohe Energie, und umgekehrt: niedriges Bewusstsein = niedrige Energie. Energie wird hier definiert als eine Funktion des Bewusstseins und damit der Intelligenz und des Wissens.

Hohes Bewusstsein = hohe Energie

Niedriges Bewusstsein = niedrige Energie

Alle Materie wird aus der NRZ gemäß dem Menioprinzip genährt – und zwar aus einer latenten Energie, die man mit den fünf Sinnen nicht wahrnehmen kann, nicht spüren kann, weil latent wirkend. Die Gesamtenergie ist die latent wirkende, labile, unbegrenzte Energie des Geistes (G) – eine nicht offenbarte Energie, der NRZ zugeordnet. Die mit Intelligenz aktivierte Energie ist Energie der NRZ, die sich offenbart nach dem Menioprinzip in der RZ, also materiell der RZ zugeordnet ist. Der mit höchster Intelligenz aktivierte Geist entspricht der unbegrenzten Energie des unsichtbaren und sichtbaren Universums (E_{NRZ}) und der Energie der RZ (E_{mat}), einer unendlichen Energie mit einem unendlichen Ausmaß und einer unbegrenzten Intelligenz, die hier als höchste Intelligenz dargestellt ist.

Die Beziehung „I x G" behält ihre Gültigkeit. Höchste unbegrenzte Intelligenz (I) aktiviert die unbegrenzte Energie (G) zur Energie der NRZ und dann zur Energie der Raumzeit, woraus sich der Raum und die Zeit eines Universums mit unvorstellbaren Ausmaßen und unvorstellbarer Energie und mit einer unvorstellbaren Intelligenz bildeten, einer höchsten Intelligenz, die dahinter steht.

„I x G" ist immer latent wirkende Energie, deren Stabilität von der Intelligenz abhängig ist. Schwankende Intelligenz macht die Energie instabil. Die Energie „G" ist latent wirkend, sie steht uns und allem ununterbrochen zur Verfügung in der NRZ. Der Übergang der Energie in die RZ geschieht durch die Manifestation nach dem Menioprinzip. Die höchste Intelligenz stabilisiert das Universum und alle mit der höchsten Intelligenz aktivierten Erscheinungsformen. Wird diese Intelligenz abgeschwächt, wird auch die Gesamtenergie abgeschwächt, und die offenbarte Energie der RZ, also der Materie, wird in der Erscheinungsform reduziert. In der Natur gibt es viele Beispiele der reduzierten Erscheinungsform.

$$E_{mat} = E_{RZ} = 0{,}01 \ (I \ x \ G)$$

Aus dem bisher Gesagten ist erkennbar, dass der Mensch seine Gesamtenergie beeinflussen kann. Mit zunehmendem Bewusstsein erhöht sich die Energie des Menschen. Nur der Mensch, weil intelligent begabt, kann diesem Prinzip folgen. Mit dem Evolutionsprozess des Atoms entwickelt sich der Mensch in seinem Evolutionsprozess, im Evolutionsprozess des Universums.

Die Unendlichkeit des Universums besteht aus unbegrenzter Energie und damit aus unbegrenzter Intelligenz. Wird dem Menschen das bewusst, lernt er mit dieser Energie umzugehen, immer bewusster. Je höher das Wissen des Menschen sich entwickelt, desto höher entwickelt sich das Bewusstsein. Aber mit dieser Entwicklung der Intelligenz erreichen den Menschen immer höhere Informationen, die immer höhere Gedanken nach sich ziehen. Das führt dazu, dass seine Intelligenz zunimmt und damit seine

Energie. Es ist also möglich, dass der Mensch selbst zu immer höherer Energie werden kann, wenn er sich bemüht, wenn er sich erhöht, in seinem Bewusstsein, in seinen Gedanken – so weit, dass er selbst zu der höchsten Intelligenz, sprich höchsten Energie wird.

Wenn sich die Gedanken des Menschen zu dieser Intelligenz erhöhen, befindet sich der Mensch in einem höheren Informationsmuster. Das Bewusstseinsmuster erhöht sich, und demnach öffnet sich das g-Gravitationsfeld immer mehr, so weit, dass es die höchsten Informationen in immer größer werdendem Umfang durchlässt. Somit wird die im Magnetfeld eingesperrte Energie größer, das Magnetfeld geringer. Das hat eine Auswirkung auf die Polarität, die sich verringert und nicht mehr vollkommen oder gar nicht mehr erfolgen kann. Die innere RZ und damit die äußere RZ lösen sich auf. Es wirkt nur noch die NRZ. Es gibt dann keinen Raum und keine Zeit für diesen sich in der Intelligenz erhöhenden Menschen im höchsten Bewusstseinszustand. Aus der RZ betrachtet existiert nur noch das Nichts, was aus der Betrachtung des Menioprinzips nachvollziehbar ist.

Der Mensch, der ständig von der Energie gespeist wird, erhält unaufhörlich nach dem Menioprinzip sich manifestierende Energie in der inneren RZ, die in jedem einzelnen Atom vorliegt, in Trilliarden Atomen, in Billionen von Zellen sich manifestierend. Man muss sich vorstellen, dass jedes Atom, jede Zelle aus der NRZ genährt wird, auch von „Außen", von den EUF, in denen wir uns befinden, in denen wir leben, aber auch im „Innersten", den inneren EUF und im Innersten des Atoms, den energieschwingenden mit Intelligenz behafteten Systemen.

Die Energie tritt, für den Wissenden spürbar, in unseren Körper ein, gelangt in erster Linie in unser Gehirn und Rückenmark. Das Gehirn und das Rückenmark sind von einer besonderen Substanz, die gegenüber allen anderen Geweben des Körpers mit geringerem elektrischem Widerstand versehen ist, wodurch eine schnellere Energiezufuhr bzw. Informations-übertragung erfolgen kann. Die über das Rückenmark geführte Energie und die Informationen, einschließlich aller elektrischen Signale, versorgen und steuern den Organismus des Menschen. Das ist auch der Moment, in dem traditionell durch aus dem fernen Osten stammendes Wissen auf besondere Energiepunkte und Nadis, auch Energiebahnen, großes Augenmerk gelegt wird. Für die westliche Welt ist das oft nicht nachvollziehbar, aber immer mehr anerkennende Verfahren zeigen hier anwendendes Verständnis. Begriffe wie die Akupunktur, meist auf das Chi oder Prana aufbauend, tauchen dort auf – Begriffe, die den Energiefluss im Körper beschreiben. Auch hier gilt, dass das nicht vorhanden sein kann, was man nicht messen kann – einen Prozess, der in der NRZ stattfindet. Intelligenz und deren Informationen werden in diesem Energiefluss nach dem Menioprinzip aus der NRZ in die innere und äußere RZ übertragen, hin zu den Zellen und Geweben des Gehirns und des Rückenmarks.

Der soeben beschriebene Energiefluss, aus der NRZ betrachtet, bedeutet, dass nach dem Menioprinzip die in der Energie enthaltene Intelligenz und die enthaltenen Informationen die innere RZ aller Atome des Gehirns und des Rückenmarks durchdringen. Gemäß diesen Informationen (Intelligenz) aus der inneren RZ wird die äußere RZ das Atom und erweitert die Anordnung der Atome und Moleküle zum Aufbau aller zugeordneten Zellen.

Was sich hier vollzieht, ist ein geistiger Prozess bis hin zur Schwelle der inneren RZ. Bis dahin ist noch nichts Stoffliches „berührt" worden. Wenn man diesen Prozess verfolgt, wird eindeutig, dass alles bis dorthin von unserem Bewusstsein und schließlich von unserem Denken abhängig ist und die Manifestation davon bestimmt wird. Das Denken ist somit schon ein eher materieller Prozess in der RZ, der sich in unserem Gehirn auf der Ebene der materiell zu betrachtenden Gehirnstruktur abspielt. Gemäß der Ausrichtung unseres Bewusstseins erfolgt dann auch die Manifestation, auch die Auswirkung auf das Regelsystem unseres Körpers – des optimalen gesunden Körpers oder jenes der Disharmonie, also eines Körpers, bei dem der sogenannten Krankheit zugeordnete Auswirkungen spürbar werden. Das ist ebenso auf unsere Lebenssituationen übertragbar. Es gelten dafür die gleichen Grundsätze.

Welche Macht wir haben!

8.1. Gedanken beeinflussen unser Sein

Die Gedankenausrichtung ist eine Frage der Intelligenz, die sich auswirkt auf die Gesundheit und den Alltag. Welche Möglichkeiten haben wir, dort anzusetzen?

Gesundheit ist eine Frage des Wissens, aber auch – was unbedingt zu erwähnen ist – eine Frage des Willens. Das ist ein Vorteil, aber auch ein Nachteil.

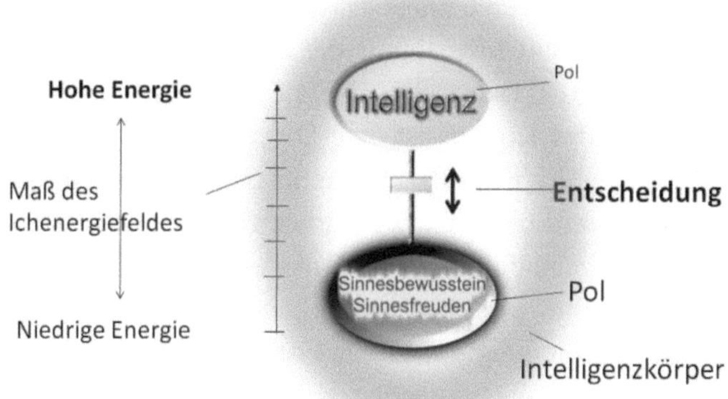

Das Hebelgesetz drückt aus, dass ich mich je nach meinen Gedanken, meinem Bewusstsein entsprechend, nach den Sinnen oder nach der höheren Intelligenz (höheres Bewusstsein) ausrichte. Es zeigt, dass ich es in der Hand habe, welches Leben ich führe.

Wenn ich die Gesetze kenne – wir sprechen jetzt von Gesetzen der NRZ –, dann habe ich die Möglichkeit, alles selbst zu bestimmen, zu regeln nach meinem Willen. Ich muss nur den „Hebel", entsprechend dem Hebelgesetz der NRZ, wie wir es nennen, den Hebel der Ausrichtung der Intelligenz durch unser Bewusstsein in die richtige Richtung stellen, hin zur höchsten Energie (NRZ), zur höchsten Intelligenz – das ist ein Vorteil. Nachteilig ist, wenn ich mich wieder oder immer noch zum Materiellen, zu niedriger(er) Energie (RZ) und der damit verbundenen Intelligenz hin ausrichte, mit den Gedanken auf die fünf Sinne, wodurch wieder ein Rückfall erfolgt, der eine Erkrankung nach sich zieht. Aus der RZ betrachtet, ist es nur eine physiologische Frage, nur eine Frage des Gewebes, welches die Verbindung zur Versorgung aufrechterhält – oder der Betrachtung von Verletzungen, die die Verbindung unterbrochen haben. Das Gewebe wird betrachtet, untersucht, im Labor, mit höchster Labortechnik und mit Hilfe von hoch entwickelten technischen Geräten, die hinein schauen in das Gewebe. Damit ist aber nicht zu erkennen, was in der NRZ dahinter steckt. Solche Geräte gibt es nicht. Bei der Betrachtung der RZ kann nicht erkannt werden, was die Ursache ist, was sich dahinter (davor) versteckt – versteckt aber nur für den, der nicht in die NRZ hinein schauen kann.

Wenn die Gesundheit eine Frage des Bewusstseins ist, dann ist sie eine Frage der Intelligenz und folgt damit der Beziehung „I x G". Wird die Intelligenz (I) begrenzt, wird die Energie für den Körper begrenzt. Mangelnde Energie des Körpers ist eine Disharmonie, ein Energieentzug, eine Unterversorgung des Körpers, die wir als „Kranksein" empfinden. Das Kranksein ist somit auf Energiemangel zurück zu führen, der ein Mangel an Intelligenz bedeutet gemäß „E = I x G", also einer höheren Intelligenz der NRZ, die nicht zu finden ist im angelernten Wissen, sondern mit dem Bewusstsein in Verbindung zu sehen ist. Mangelnde oder fehlende Informationen sind die Folge von fehlendem Bewusstsein und dem damit in Verbindung stehenden Verhalten und dessen Auswirkungen. Dem Menioprinzip entsprechend erfolgt die Manifestation der Atome – also der Gewebe, nicht der höheren Ordnung – wie aus der höchsten Intelligenz der NRZ, dem Evolutionsprozess, vorgesehen – nicht göttlich.

8.2. Gedanken – Auswirkung auf die Lebenssituation

Erfolg in allen Lebenslagen ist ebenfalls eine Frage des Bewusstseins, eine Frage der Gedankenausrichtung, eine Frage der Intelligenz (Intelligenz der NRZ).

Auch hier haben wir alle Möglichkeiten. Der Erfolg ist ebenfalls eine Frage des Wissens, des höchsten Wissens, dem Wissen der NRZ entsprechend. Erfolg ist aber auch eine Frage des Willens. Die Anwendung der Gesetze der NRZ hat hier genauso ihre Gültigkeit. Wir haben die Möglichkeit, unseren Erfolg, unsere Lebensumstände selbst zu bestimmen, nach unserem Willen, nach der eigenen Intelligenz, dem Hebelgesetz entsprechend, wie bei der Anwendung der Gesundheit. Ich muss nur den „Hebel" mit meinen höheren Gedanken, entsprechend meinem Bewusstsein, ausrichten, in die richtige Richtung stellen, hin zur höchsten Energie (NRZ), zur höchsten Intelligenz – das ist ein Vorteil. Nachteilig ist, wenn ich mich wieder oder immer noch zum Materiellen, zu niedriger(er) Energie (RZ) und der damit verbundenen Intelligenz ausrichte. Mit der Ausrichtung der Gedanken auf das Sinnesbewusstsein, die fünf Sinne, wird das geschehen, was ich aus dem Sinnesbewusstsein denke – Niederes.

Aus der RZ betrachtet, ist es wiederum nur eine physiologische Frage, nur eine Frage der Energien und der Manifestation, des Gewebes oder der manifestierten Lebensumstände in den sich offenbarenden Energieumfeldern. Bei der Betrachtung zum Beispiel von nicht oder wenig gut funktionierenden Abläufen im Alltag oder im Leben ist der Informationsfluss aus der NRZ, die intelligente Verbindung, nicht voll funktionsfähig. Der Lebensprozess, der nur aus dem Sinnesbewusstsein betrachtet wird, kann nicht vollständig erfasst werden. Es kann nicht die Ursache von dem erkannt werden, was die Lebenssituation verursacht hat. Was bei der Betrachtung aus dem Sinnesbewusstsein (RZ) nicht erfolgen kann: die Ursache, die sich dahinter (davor) versteckt – versteckt aber nur für den, der nicht in die NRZ hinein schauen kann.

Wenn der Erfolg eine Frage des Bewusstseins ist, dann ist er eine Frage der Intelligenz der NRZ und folgt damit der Beziehung „I x G". Wird die Intelligenz (I) begrenzt, wird die Energie für den Erfolg, die erfolgreiche Lebenssituation, begrenzt. Mangelnde Energie ist eine Disharmonie, ein Energieentzug, eine Unterversorgung des Lebensprozesses, die wir als Verlust, als Versagen etc. empfinden. Das Versagen, der Misserfolg ist somit auf einen Energiemangel zurück zu führen, der einen Mangel an Intelligenz bedeutet und somit mangelnde oder fehlende Informationen nach sich zieht. Dem Menioprinzip entsprechend erfolgt die

Manifestation der Atome – also der Energieumfelder der RZ – nicht in der höheren Ordnung, wie aus der höchsten Intelligenz der NRZ, dem Evolutionsprozess, vorgesehen – nicht göttlich.

Das heißt aber im Umkehrprozess der mangelnden Energie, nach „I x G" der mangelnden Intelligenz folgend, eine Einwirkung verringernder Informationen auf Grund von minderen Gedanken oder minderen einwirkenden Energieumfeldern. Energie vermindernde Felder entstehen durch vermindernde Gedanken gemäß dem Resonanzgesetz in der NRZ. Verminderte Gedanken gehen in Resonanz mit diesen Energieumfeldern, die dann in der Energiebilanz in uns wirken.

Nach dem Menioprinzip befindet sich in der NRZ, die nicht aktivierte, latente, labile Energie (Geist) mit nicht geordneten Informationen, welche bei der Aktivierung durch die Intelligenz ausgerichtet werden auf die der Intelligenz zugeordneten Richtung. Das ist der Beginn der Ausrichtung der sich später bildenden Form. Dem Menioprinzip folgend wird sich über die Bewusstseinsebene der g-Gravitation und des g-Magnetismus' vor allem die Elektrizität, die beginnende Polarität mit den positiven und negativen Polen, bilden.

Es beginnt die Materiewerdung zunächst in der Welt der sich bildenden verminderten Energie – dort, wo die RZ entsteht. Energie in Raum und Zeit beginnt sich zu offenbaren. Wir können die Energie beobachten, „sehen" in der Ausdehnung in der Zeit des Raumes und in der Intensität im Raum. Schwingungen manifestieren sich zunächst in den kleinsten Teilchen sichtbar, der Welt der Quanten. Hier entsteht die Polarität, es bilden sich die Pole mit Plus und Minus, die wir dann wieder finden in den Elektronen, den elektrischen Schwingungen. Daher ist es richtiger, wenn wir von Schwingungen sprechen und nicht von Teilchen. „Teilchen" ist nur ein von Menschen festgelegter Zustand, der aus weit vergangener Sicht definiert und so übernommen wurde. Deshalb ist die Aussage richtig, dass es immer vom Bewusstsein des Beobachters abhängt, ob er von einer Welle oder von Informationen spricht.

Die Offenbarung des Geistes, die Manifestation der Materie, ist eingeleitet gemäß den Informationen der NRZ.

Betrachten wir die Manifestation der Gedanken nach dem Menioprinzip, so kommen wir am Bewusstsein und an unserem Gehirn nicht vorbei. Im Bild unten ist dargestellt, dass sich die Informationen aus der NRZ nach dem Durchlaufen aller „Ebenen" des Menioprinzips als Gedanken in der RZ manifestieren.

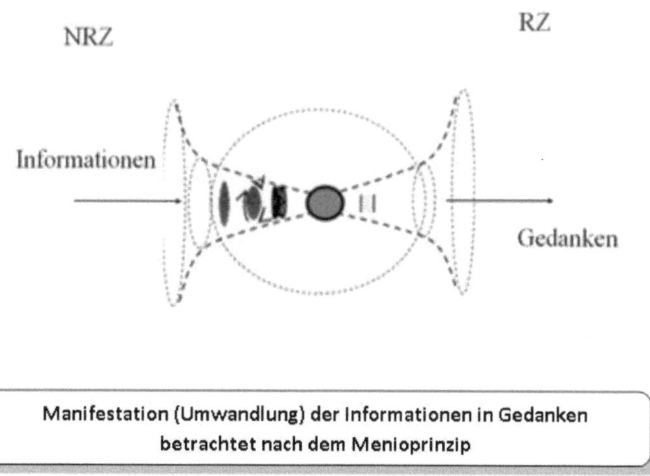

Manifestation (Umwandlung) der Informationen in Gedanken
betrachtet nach dem Menioprinzip

Es erfolgt eine Manifestation (Umwandlung) der Informationen in Gedanken innerhalb des Menioprinzips. Diese Umwandlung ist eine Energieumwandlung. Die Informationen sind in der Nichtraumzeit noch nicht aktiviert, sie sind dem Geist, der latenten, aber noch labilen Energie (Geist) zuzuordnen. Sie sind selbst noch labil, aber überall vorhanden – alle Informationen. In der RZ betrachtet würden wir sagen, alle Informationen der Vergangenheit und der Zukunft, die es je gab und geben wird. In jeder manifestierten Materie der RZ sind diese Informationen enthalten – im Universum, in jedem Planeten, in den Galaxien, in jeder Lebensform und in jeder vom Menschen erschaffenen Konstruktion auf der Erde und natürlich in jedem Atom. Für uns ist es immer noch unvorstellbar, dass der Mensch auf dieser Basis entstand, sich gemäß der g-Evolution entwickelt hat – ein Wunderwerk der Schöpfung, die über das Prinzip nach Menio erklärbar und zu verstehen ist. Der Mensch selbst vollbringt Wunder auf der materiellen Ebene in der RZ. Wenn der Mensch sein Bewusstsein erhöht und die NRZ versteht, werden seine Wunder, die er vollbringt, größer, höher, „göttlicher – Ihm zum Bilde". Das ist dann in der RZ umgesetzt unendlich – unendliche Informationen, die wir nutzen können. Wunder werden wahr und sind in den ständig ablaufenden NRZ-RZ-Prozessen Wirklichkeit.

Zunächst entwickelte sich in der RZ das Gehirn als funktionierende Einheit. Die wesentliche Aufgabe des Gehirns besteht im g-Evolutionsprozess zunächst darin, die koordinierende Aufgabe zur Aufrechterhaltung des Körpers zu übernehmen. Das ist zu erkennen an der Evolution der Einzeller und späteren Mehrzeller, an deren Koordination des Körpers mit der koordinierten Nahrungsaufnahme und damit zunehmenden Funktionen des sich entwickelnden Körpers. Die höhere Entwicklungsphase des Tieres zeigt eine ausgeprägte Entwicklung des Gehirns. Es verfügt über die fünf Sinne und über ein sich bereits entwickelndes Bewusstsein, welches nur auf die Sinne ausgerichtet ist. In dieser Phase spricht man von einem Sinnesbewusstsein. Das Gehirn ist dementsprechend entwickelt, das Neuronennetzwerk so gestaltet, dass z. B. im limbischen System Erinnerungen gespeichert werden können, womit Bewegungsabläufe, aber auch Emotionen von früheren Erfahrungen des Evolutionsprozesses „aufgezeichnet" sind. Es sind Muster, die sich gebildet haben und der Speicherung der inneren RZ in den Elektronen entsprechen. Erst in der höheren Entwicklung der Lebewesen, als sich im Menschen die Intelligenz offenbarte, begann die Entwicklung des „Bewusstwerdens". Dem Menschen wird seine Umwelt bewusst. Er erkennt die Zusammenhänge des Seins und fängt an, sich der Situation bewusst zu werden, dass eine höhere Intelligenz ihn und das gesamte Universum, die Universen formt. Und hier beginnt der Prozess des Erkennens der ständig wirkenden Intelligenz, die alles formt in der Manifestation, der Offenbarung des Geistes, durch die Einwirkung der Intelligenz. Damit entwickelte sich das Gehirn des Menschen. Die Neurobiologie bestätigt das, dass Neuronen wachsen und sich verändern – entsprechend unserem Denken. Besser ist hier zu formulieren, dass Denken sich ändert mit der Bewusstwerdung des Menschen. Während wir beim Tier von einem auf die Sinne ausgerichteten

Bewusstsein, dem Sinnesbewusstsein sprechen, beginnen wir jetzt bei dem sich weiter entwickelnden Menschen vom über dem Sinnesbewusstsein stehenden höheren Bewusstsein zu sprechen. Die Betrachtung des Menioprinzips zeigt den Verlauf der Manifestation aus der NRZ zur RZ, also den Verlauf der Offenbarung des Geistes in der RZ, der Manifestation des Geistes. Zunächst sind es die Informationen, die wir betrachten (NRZ). Diese Informationen werden „zusammengefasst", zusammengeschnürt wie zu einem Informationsmuster, rotierend, immer fester oder konkreter werdend. Das ist das in Form bringende Muster, das sich bildet. Auch hier könnte man sagen „Ihm zum Bilde", wenn wir darin Gott sehen, die höchste Intelligenz, die dieses „Bild" schafft, wonach sich die Informationen „zusammentun". Das ist der Impuls, der durch die Intelligenz den Geist aktiviert. Der Samen, der Ausgangspunkt, sind die vorhandenen, noch ungeordneten Informationen, die mit der Intelligenz den Geist aktivieren.

> Welche Informationen mit welcher Intelligenz aktiviert werden, hängt zusammen mit unseren Gedanken.

Der Ausdruck „Gedanke" ist sowohl umgangssprachlich als auch wissenschaftssprachlich mehrdeutig. Es ist aus der Sicht der Wissenschaft schwierig, Gedanken zu definieren. Der Gedanke ist nicht sichtbar, er ist immateriell. Ich spreche hier von der Naturwissenschaft, die sich nur auf die RZ bezieht. Nach der Yogasolanwissenschaft, so wie wir sie nennen, einer Wissenschaft nach den Erkenntnissen der Nichtrelativität, also der Nichtrelativitätstheorie, wo wir den Geist und die Intelligenz mit einbeziehen, einer Betrachtung in der NRZ, ist der Gedanke „erkennbar" (nicht mit den Augen und auch keinem Messgerät) nur mit höherem Bewusstsein.

Woher kommt ein Gedanke? Eigentlich aus dem „Nichts". Er ist plötzlich da. Hier sei wieder an Goethe erinnert mit seiner Äußerung: „Es schreibt in mir." Goethe hat nicht mehr denken müssen. Es fiel ihm ein. Verallgemeinert geht es uns ebenso, sehr oft am Tag – oder in einer Minute oder ständig? Es ist ein Einfall, der uns inspiriert, wobei „Inspiration" nach dem lateinischen *inspiratio* verstanden wird: „Beseelung", Einhauchen von *spiritus, „Leben, Seele, Geist"*. Allgemeinsprachlich ist das eine Eingebung, etwa ein (unerwarteter) Einfall oder ein Ausgangspunkt der meist künstlichen Kreativität. Begriffsgeschichtlich liegt die Vorstellung zugrunde, dass einerseits Werke von Künstlern, andererseits religiöse Überlieferungen Eingebungen des Göttlichen seien – eine Vorstellung, die sich sowohl in vorderorientalischen Religionen als auch bei vorsokratischen Philosophen findet und dann eine breite Wirkungsgeschichte entfaltet.

8.3.   Das Bewusstsein – die Betrachtung in einer neuen Dimension

Wenn wir der Einfachheit halber den Einfall betrachten, so stammt die Information, die in uns einwirkt, nach Menio aus der NRZ. Entsprechend unserem Bewusstsein können wir diesen Einfall „verarbeiten". Der Mensch bekommt nur den seinem Bewusstsein zugeordneten Einfall. Aus diesem Grund bewegen wir Menschen uns mit unserem Denken immer unterschiedlich, entsprechend unserem Bewusstsein.

„Bewusstsein", aus dem Lateinischen übersetzt, wird als „Mitwissen" oder auch als *Mitwahrnehmung, Mitempfindung* beschrieben, und damit ist im weitesten Sinne die erlebbare Existenz mentaler Zustände und Prozesse gemeint. Eine allgemein gültige Definition des Begriffes ist aufgrund seines unterschiedlichen Gebrauchs mit verschiedenen Bedeutungen schwer möglich. Die wissenschaftliche Forschung beschäftigt sich vor allem mit den definierten Bewusstseinszuständen.

Der Begriff „Bewusstsein" hat im Sprachgebrauch eine sehr vielfältige Bedeutung, die sich teilweise mit den Bedeutungen von Geist und Seele überschneidet. Der Begriff des Bewusstseins wird oft eingegrenzt, wobei häufig unterschiedliche Weltanschauungen eine Rolle spielen. Eine allgemeine Definition des Begriffes ist derzeit nicht bekannt. Wenn der Begriff des Bewusstseins eingegrenzt wird, so ist das eine Betrachtung in der RZ. RZ ist immer eine Begrenzung in Raum und Zeit. Betrachten wir das Bewusstsein in der Nichtraumzeit, fällt jede Begrenzung weg, und wir erkennen eine große Bedeutung des Bewusstseins. Eindeutig. Eine Betrachtung, die sich nur auf die höchste Energie und auf die höchste Intelligenz bezieht, die Betrachtung unbegrenzter Informationen in der NRZ. Das Bewusstsein bekommt einen anderen „Charakter" – unbegrenzt, es ist immateriell. Wir können es nicht der RZ zuordnen und demzufolge auch nicht in unserem Gehirn. Es ist auch nicht außerhalb unseres Kopfes – es ist in der NRZ, und die NRZ ist pure Energie. Aus der RZ betrachtet ist sie in uns und um uns. Das Bewusstsein, die darin enthaltene Intelligenz der NRZ, berührt Jeden und Jedes. Nur gilt auch in der NRZ, oder hier ganz besonders, das Resonanzgesetz. Ich kann nur mit dem in Resonanz gehen, was ich selber bin – dessen ich mir bewusst bin. Dann kann ich auf dem entsprechenden Energielevel mir bewusst werden, was für eine Intelligenz dahinter steckt.

Der Philosoph Thomas Metzinger sagte einmal: „Das Problem des Bewusstseins bildet heute – vielleicht zusammen mit der Frage nach der Entstehung unseres Universums – die äußerste Grenze des menschlichen Strebens nach Erkenntnis." Die Erkenntnis entsprechend der Nicht-relativitätstheorie führt uns zur Erkenntnis der Entstehung des Universums und somit auch zur Erkenntnis des Bewusstseins.

Ich gehe mit einer Information entsprechend meinem Bewusstsein und der zugeordneten Intelligenz in Resonanz – in Verbindung. Das ist der Einfall, den wir bekommen, also wie bei Goethe, wenn es in ihm schreibt, so formuliert sich etwas in uns. Der Information entsprechend entwickelt sich erst dann das Denken und somit ein Gedanke. Der Gedanke manifestiert sich in der RZ, in unserem Gehirn, besser in den Neuronen – in der RZ betrachtet. In der NRZ-Betrachtung befinden wir uns aber wieder in den Atomen der Neuronen. Besser noch, wir gehen durch diese Atome und finden uns nach Menio wieder in der NRZ und ihren Informationen. Diese

Überlegung gelingt nur, wenn man sich der NRZ bewusst ist und somit mit der höchsten Intelligenz in Resonanz geht, mit ihr kommuniziert, sich dessen bewusst ist. Das Bewusstsein ist in diesem Moment, wenn man diese Zusammenhänge verstanden hat, wieder weiter erhöht.

Aber auch hier beachten wir das Menioprinzip. Die Materiewerdung erfolgt über das Bewusstsein, aber auch über den g-Magnetismus hin zur Elektrizität, der Bildung der Elektronen. Auf diesem Weg sind vor allem im Bereich des g-Magnetismus' niedrige Energien (hier auch ursächliche niedere Gedanken etc.) wirksam, wie auch die wirkende innere RZ in den Elektronen, mit allen Erinnerungen, allen uns anhaftenden Mustern, die das Bewusstsein beeinflussen und damit auch die zu empfangenden Informationen. Die innere RZ bewirkt letztendlich die Manifestation der Atome und damit die gesamte Gestaltung der materiellen Welt. Letztendlich kommt hier das Hebelgesetz zum Ausdruck, die Ausrichtung des Menschen auf das Sinnesbewusstsein der materiellen Welt der fünf Sinne oder auf das höhere Bewusstsein des Wissens unseres Seins. Das ist entscheidend für die Manifestation aller Dinge.

Wenn ich nur Gedanken der Sorge und der Angst habe, werden nur diese Informationen wirksam, manifestiert. Mit höheren Gedanken des Verständnisses, wie sich alles formt (Menioprinzip), bin ich mir der Ursache und der Wirkung bewusst. Wenn ich mich in diesem Sinne verhalte und mein Bewusstsein dementsprechend ausrichte, dass mir alle Informationen zur Verfügung stehen, dann halte ich mich mit meinen Gedanken dort auf, dann bekomme ich auch die mit meinem Denken in Resonanz gehenden Informationen – was ich mir wünsche, was ich benötige, ohne Sorgen und Ängste. Mein Denken wird sich dementsprechend ausrichten. Die Manifestation erfolgt dann so, wie ich gedacht habe – Erfolg, Gesundheit, Glück etc. Nur ist das eine große Aufgabe, verbunden mit viel Arbeit und Disziplin. Man kann sich nicht nur etwas wünschen, man muss auch sehr viel dafür tun.

Das Gehirn mit seinen Arealen, mit dem limbischen System und den Elektronen hat die alten Muster gespeichert. Durch neues Denken (Informationen) müssen die alten Muster, die Gewohnheiten, die

Gedanken, die sich manifestiert haben, beseitigt werden. Sie sind die Ursachen für die Manifestation – sind die Ursachen der Erkrankungen und des Misserfolges. Wenn das alles überwunden ist, beginnt das neue Leben, mit Freude, Glück, Erfolg und Gesundheit und mit der Chance eines verlängerten Lebens.

8.4. Manifestation (Umwandlung) der Informationen in Gedanken

Im Bild ist dargestellt, wie sich aus der NRZ die immateriellen Informationen durch das Bewusstsein über das Gehirn zu Gedanken manifestieren.

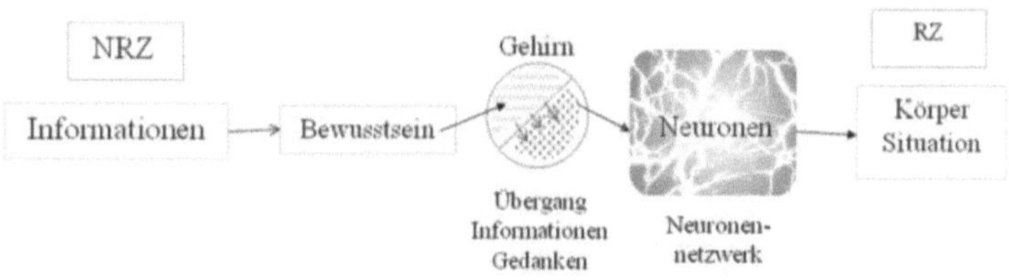

Der Weg der Informationen aus der Nichtraumzeit in die Raumzeit.
Im Gehirn erfolgt die Manifestation der Informationen gemäß dem Bewusstsein zu den Gedanken in den Neuronen bis zur Manifestation im Körper und in jeder Situation.

Zunächst sind es Einfälle (Informationen), die sich dann materialisieren zu einem Gedanken, durch die Zuordnung der Neuronen und Neuronennetzwerke. Hier passiert es auch, das „in Resonanz Treten" mit schon vorhandenen Erinnerungen (limbisches System, innere RZ der Elektronen etc.). Dieser Vergleich/Abgleich führt dann zur Gedankenstruktur in den Neuronennetzwerken, und es erfolgt die Umsetzung (Übersetzung) zu dem, was man schreibt, spricht etc. Das Neuronennetzwerk setzt materiell um, was sich formt in den Elektronen und Atomen in den Arealen des Gehirns. Der Körper und die Lebenssituation formen sich entsprechend den Anweisungen des Gehirns oder besser gesagt, der durch mein Bewusstsein und die dazu gehörende Intelligenz angeregten Informationen aus der NRZ.

Das ist ganz einfach erklärbar – zum Beispiel durch Sorgen oder Leid, mit denen wir uns beschäftigen. Das ist ein „in Resonanz Gehen" mit den Informationen. Durch die Gedanken, dem Bewusstsein entsprechend, gehen die Informationen in der NRZ in Resonanz, verbunden mit der zugeordneten Intelligenz. Die Manifestation, auch im Gehirn, erfolgt dann nach der Beziehung „Energie = I x G".

Mit den Sorgen, Ängsten und allen adäquaten Gedanken verursachen wir das Gleiche. Daraus sind – aufgrund der reduzierten Energie, der mangelhaften Informationen (Intelligenz) – Unterversorgungen mit Energien abzuleiten, die in der RZ von uns als Krankheit oder Mangel an Erfolg oder entsprechend unzufrieden stellender Lebensumstände bezeichnet werden. Das sind alles Mangelerscheinungen in unserem Körper oder ganz allgemein in unserer Lebenssituation. Es sind die Alltagssorgen, die sich daraus bildenden Muster (innere Raumzeit), die uns krank machen, die uns in die unterschiedlichsten Lebenssituationen bringen. So sind es Schmerzen, Leid, Verlust, die die Veränderung im Gewebe anzeigen oder eben schwierige Lebenssituationen – letztendlich Verursachungen aus der NRZ. Selbst geringe Belastungen (Kopfschmerz, Magenschmerzen etc. oder auch Geldmangel, Verlust des Partners etc.) stehen damit in Verbindung. Es sind die aus den Gedanken entstehenden Energieumfelder – Gedanken, unserem Bewusstsein entsprechend, mit denen wir in der NRZ in Resonanz gehen. Dort beginnt der Prozess, durch den alles geformt wird in der RZ: Sichtbare und nicht sichtbare Energieumfelder, die auf uns wirken. Letztendlich wirken alle Verursachungen aus der NRZ – Seelen (Energien), verkörpert oder nicht verkörpert, mit denen wir in Resonanz stehen und denen wir uns zuwenden. Manch eine von den Menschen formulierte „Besetzung" ist damit erklärbar – im positiven und negativen Sinne. Selbst ein kleiner Schmerz oder Verlust – Energieverlust aufgrund verminderter Informationen (fehlender Intelligenz) ist damit erklärbar.

Es ist naheliegend, das Gesamtverhalten zu überdenken, zu beobachten und neu zu gestalten. Vor allem liegt die Ursache in der NRZ. Wir gehen – ausgelöst von unseren Gedanken in Verbindung mit unserem Bewusstsein – in Resonanz mit den Informationen (Informationsmustern), die dieser Intelligenz-behafteten Energie entsprechen. Daraus formt sich in der NRZ, den Informationen entsprechend, ein Bewusstseinsmuster, mit dem wir beginnen zu kommunizieren – eine in Form gebrachte Intelligenz gemäß unseren Gedanken. Diese Form entspricht der NRZ – nicht sichtbar. Man könnte sagen, wir haben uns ein Wesen erschaffen, und wir kommunizieren miteinander. Da alle Informationen in der NRZ gespeichert sind, ist das ganz leicht nachvollziehbar. Das „Wesen", das wir erschaffen haben, verschwindet sofort, wenn wir es nicht mehr nähren mit unseren Gedanken. So gesehen erschaffen wir unsere Gedankenwelt und kommunizieren ständig gemäß unseren Gedanken mit der NRZ. Wenn Jesus in die Wüste ging, hat er sich sein Wesen auch erschaffen – immer dann, wenn er mit dem Teufel sprach, mit den Dämonen, die er dann vertrieb – „Satan, weiche von mir". Jesus sprach aber auch mit Gott. Immer dann, wenn seine Gedanken sehr hoch waren und in Resonanz gingen mit den hohen Informationen in der NRZ. Das „Wesen" einer in Form gebrachten Intelligenz in der NRZ ist hier die höchste Intelligenz, Gott. Dort konnte er mit „dem Vater" sprechen, in Resonanz gehen mit den höchsten Informationen in der NRZ und konnte alles Wissen erfahren und zu den Unwissenden sprechen. Wir können Gleiches tun. Und wir tun es ständig, da wir immer in Resonanz gehen mit den Informationen in der NRZ. Wir bestimmen mit unserer Intelligenz, mit unserem Wissen, mit welchen Informationen wir in Resonanz gehen oder mit welcher „Wesenheit" wir uns treffen.

Dinge, an die wir gar nicht denken, beeinflussen unseren Energiehaushalt. Sind plötzlich auftretende Magenbeschwerden nicht ein Prozess in unserem Körper, der sich eben einfach mal so einstellt und wieder vergeht? Ein Partner, der gerade neben mir im Flugzeug sitzt, hat dieses Problem gerade. Er hatte gestern Fisch gegessen. Als Vegetarier kann ich das nicht mehr verstehen. Ich erklärte ihm, was passiert ist.

Wir waren in einem weit von Europa entfernten Land – in einer vollkommen anderen Kultur und vollkommen anderen Lebensbedingungen. Die Energieumfelder haben sich nach vielen Stunden Flug wesentlich geändert. Ein Temperaturunterschied von mehr als 35°C, von 15°C auf 40°C Tagestemperatur, eine andere Sprache, andere Kleidung, selbst die Luft – aufgeladener, trockener, ohne Regen – und der Zeitunterschied machen uns zu schaffen. Wir begegnen mehr Gelassenheit bei den Menschen, sodass wir Geduld üben müssen, was uns manchmal mehr Energie kostet, als uns recht ist. Und dann das ganz andere Essen, in klimatisierten Räumen mit Temperaturen und Luftgeschwindigkeiten, die uns plötzlich wieder in unser Ursprungsland zurück versetzen. Energieumfelder haben sich drastisch geändert. Und dann noch der Fisch, der verspeist werden möchte, und die Magenschmerzen nach einigen Stunden.

Wir hatten uns am Abend unterhalten, ob sich um uns Energien befinden, die uns beeinflussen, von denen wir nichts wissen und die wir nicht wahrnehmen oder erkennen können und die trotzdem auf uns wirken, uns beeinflussen – Informationen, mit denen wir in Resonanz gehen aufgrund unseres Verhaltens, denen unsere Gedanken voraus gehen. Und dann gehen wir in Resonanz mit den Informationen oder schaffen uns die „Wesenheiten", die dann in uns wirken.

Ein Erlebnis in Indien fällt mir ein, als wir mit einer Seminargruppe unterwegs waren. Eine Teilnehmerin hatte während einer Lesung in einer Palmblattbibliothek aus ihrem Leben Informationen über sich erhalten, die sie enttäuschten, auch über Personen, mit denen sie in Verbindung steht. Diese Informationen beschäftigten sie so sehr, dass sie immer mehr von Gedanken der Angst und von Sorgen geplagt wurde. Nachts gegen 0:30 Uhr klopfte es an unserer Hotelzimmertür. Es sei etwas Schreckliches geschehen, teilte mir ihr Mann mit. Ob ich nicht helfen könne, da im Bad sich eine Person aufhalte, die seine Frau belästige. Sofort haben wir uns zu ihr begeben. Eine vollkommen aufgelöste Frau, vor Angst zitternd, schluchzend und nach Hilfe rufend, mit sich ringend, fassungslos. Nichts war zu sehen, das auf eine Gestalt im Bad oder auf eine Person im Raum hinwies. Der etwas dunklere Duschbereich war von einer Glastür abgetrennt. Das Problem schien gelöst, kein Mensch war zu sehen. Aber die Energie war etwas eigenartig. Eine „dunkle Energie", könnte man sagen. Ich habe sie gespürt, nicht wahr genommen, sondern erkannt, nicht mit den Augen – eher in der NRZ: Niedrige Energie, geringere Energie als im Umfeld des Raumes. Da war etwas – etwas nicht Stoffliches, aber es war da. Ein Energieumfeld einer Seele. Eine Seele ohne Körper. Seele ist Energie, eine Teilenergie der Gesamtenergie „E_G", eine Teilenergie Gottes. Also folgt die Teilenergie Gottes auch der Beziehung „I x G". Die in der Intelligenz enthaltenen Informationen sind somit auch der Seele zuzuordnen. Die Seele selbst ist immer rein. Eine Seele wird nie krank. Aber die sie umgebenden Energieumfelder halten sie gefangen, hüllen sie ein oder überschatten sie so, dass sie sich wie in einer Gefangenschaft befindet, woraus sie sich erst befreien muss. Wenn ein Mensch stirbt, löst sich der Körper auf, die Atome werden nicht mehr genährt, aber die Energie „Seele" bleibt erhalten. Gemäß „I x G" bleiben auch die Intelligenz und die damit verbundenen Informationen erhalten. Diese Informationen können in der NRZ nach dem Resonanzgesetz mit den Informationen in Resonanz gehen, die ihnen gleich sind. Hieraus ist ableitbar, dass die Informationen aus der Lesung der obengenannten Dame kongruent sind – mit den in der Energie der Seele enthaltenen Informationen. Es ist ein sich Anziehen und ein gemeinsames Erleben von Informationen und mit „I x G" den zuzuordnenden Energien, die diese Erlebnisse wach werden lassen. Es ist wieder ein in Form Bringen der Informationen, die in Resonanz gehen, ein „Wesen", welches wir geschaffen haben in der NRZ, mit dem wir in „Verbindung" stehen. Wenn wir unsere Gedanken erhöhen, uns der höheren Intelligenz bewusst werden, löst sich diese Verbindung mit diesem „Wesen" der Informationswelt auf, und der Spuk ist vorbei.

Das ist dann auch gelungen. Nach Erhöhung der Gedanken, nach Erhöhung unseres Bewusstseins war der Einfluss der niedrigen Energie aufgehoben. Man kann dann sagen, dass das „Wesen" verschwunden war, eigentlich die in Resonanz gegangenen Informationen. Natürlich kann so ein „Wesen" mit einer Seele verbunden sein, die irgendwann mal eine Verbindung einging, verkörpert in der RZ, was ja kein Wunder ist, da der

Ursprung immer in der NRZ liegt und mit den Informationsmustern in Verbindung steht.

Und wie ist das mit dem Sehen? Ich kenne nur wenige Menschen, die diese Fähigkeit haben. Aber es gibt Menschen, die das können. Es ist recht einfach, dieses „Sehen". Unsere Augen empfangen Informationen, keine Bilder – diese entstehen erst im Gehirn, im Sehzentrum, im Neuronennetzwerk im hinteren Teil des Kopfes, wo sich das eigentliche Bild für unsere Wahrnehmung darstellt. Das ist also ein Prozess, bei dem Informationen auf das Neuronennetzwerk auftreffen. Genau das passiert, wenn ich in der Lage bin, mit der Energie „E = I x G" in Resonanz zu gehen, in der NRZ, und die dort in der Energie enthaltenen Informationen erkenne. Diese Informationen treffen dann, wenn ich mich darauf konzentriere, auf das Sehzentrum des Hinterkopfes, wo dann, wie vorher beschrieben, das Bild gemäß den Informationen entsteht. Das „Sehen" findet in der NRZ statt, auf der Ebene des Bewusstseins, das in Verbindung geht mit den in der Energie enthaltenen Informationen. So etwas kann man lernen, aus dem höheren Bewusstsein heraus entwickeln. Aber es geschieht auch „spontan". Es ist alles eine Frage wirkender Energien. Die Wahrnehmung, das „Sichtbarwerden" einer Seele in Form einer Hülle, Gestalt, Energiewolke etc., wie es unsere Dame erlebte mit der ihr erscheinenden Gestalt, erfolgt nach dem gleichen Prinzip. Ihre körpereigene Energie war durch die Ereignisse des Tages auf einem ziemlich niedrigen Level. Vor allem hat sie das durch ihre eigenen Gedanken der Sorgen und Ängste selbst verursacht. Da sich die Energien und die darin enthaltenen Informationen der Dame und der mit ihr verbundenen Seele jetzt immer mehr annähern konnten, in Resonanz gehen konnten, konnten sich in ihr, in ihrem Neuronennetzwerk des Sehzentrums, die Bilder der Gestalt formen, die sie „gesehen" hat. Das einzige Gegenmittel hierfür ist – sich nicht mit Sorgen, Ängsten (niedrigen Energien mit niedrigen Informationen) auseinander zu setzen, sondern nur mit Höherem, mit Freude, mit höheren Gedanken der Freude und damit mit höherer Energie. Das bedeutet höhere Energie, höhere Intelligenz mit zugeordneten höheren Informationen: Höchste Intelligenz wirken lassen. Dann wird garantiert diese Gestalt im

Bad nicht mehr erscheinen. Ich konnte ihr helfen. Und ich spürte ein leichtes Lächeln in ihrem Gesicht. Der „Spuk" war vorbei. Die Energie dieser suchenden Seele konnte sie nicht mehr berühren. Diese Seele ist noch da, diese Energie, diese Informationen. Sie ist aber nur wahrnehmbar, erkennbar, „sichtbar", wenn wir mit unseren Gedanken uns dieser Information zuwenden, in Resonanz gehen.

Wir erkennen daraus, dass immer Energien um uns sind. Das ist aus der NRZ zu betrachten: Pure Energie mit unterschiedlichem Energielevel. Es wirkt die Energie, mit der wir in Resonanz gehen. Es geschieht immer das, wonach wir uns mit unseren Gedanken ausrichten. Alles beginnt in der NRZ. Und Energien sind ständig in uns und um uns, in der NRZ und in der RZ. Somit ist die Frage beantwortet, ob ständig Energien vorhanden sind, die uns beeinflussen und die wir selbst bestimmen. So ist auch die Frage der Magenverstimmung zu beantworten.

Die uns umgebenden Energieumfelder nehmen wesentlich Einfluss auf unsere Energie. So ist auch die Nahrungsaufnahme in unsere Energieumfeldbetrachtung mit einzubeziehen. Der Fisch selbst hat ein niedriges Energieumfeld. Kommen da noch Krankheiten, also weitere Energieverluste, hinzu, so ist mit der vorherigen Betrachtung davon auszugehen, dass wiederum mit „$E_G = I \times G$" wieder niedrige Intelligenz und damit geringfügige Informationen zur Verfügung stehen, die in mein Energieumfeld eindringen. Damit dringen eben auch geringfügige Informationen in uns ein, und in der NRZ betrachtet gehen wir mit geringfügigen Informationen in Resonanz. In unserem Körper, den Atomen und Geweben, eben auch dem Magen, werden nicht mehr die Informationen zur Verfügung gestellt, die von der Natur vorgesehen sind. Es kann jetzt nach dem Menioprinzip nur Geringeres manifestiert werden. Der Magen wird ungenügend mit Energie versorgt – Energiemangel = Kranksein. Es ist wie mit der Dame und ihren Energieumfeldern, der an ihr haftenden Seele, der auch mit hoher Energie zu helfen ist (Vergeben), so auch bei dem Fisch, der ja auch eine Seele (Energie) ist, der zu helfen ist. Wieder durch Energieerhöhung, hohe Gedanken – sich richtig zu ernähren und ein Lebewesen nicht zu töten, auch nicht töten zu lassen. Dann helfen wir der

Seele, sich weiter zu entwickeln, und wir helfen unserer Seele, indem wir uns Höherem zuwenden. Der andere Weg ist der Schmerz, den der Partner gerade erleiden muss, um zu höherer Erkenntnis zu kommen. Er zieht gerade sehr in Erwägung, keinen Fisch mehr zu essen. Der Weg der Erkenntnis ist vielseitig. Aber wir sind uns einig, dass viele Kräfte wirken, auch wenn wir sie nicht sehen.

8.5. Das Bewusstsein beeinflusst die Energie unseres Körpers

8.5.1. Das Energieumfeld des Körpers

Mit dem Bewusstsein bestimmen wir die in uns wirkende Energie über die Intelligenz, über das Gehirn und das Rückenmark, wir bestimmen den Energiestrom zur Versorgung unserer Organe, unseres Körpers. Schauen wir von oben auf unseren Körper, so können wir uns die Auswirkung des Energiestroms als ein Energiefeld konzentrischer Kreise um den Körper vorstellen. Diese Energiefelder um den Körper bezeichnen wir als Energieumfelder – also ein Energieumfeld um den menschlichen Körper. Das sind dann infolge der Energie des Menschen konzentrische Kreise mit einer entsprechenden Ausdehnung um den Körper.

Das ist vergleichbar z. B. mit elektrischen Leitern, die von Strom, also von Energie durchflossen werden. Es bildet sich infolge durchfließender Energie ein in diesem Falle elektromagnetisches Feld um den Stromleiter. Jedes Atom, alle Materie, alle Lebewesen werden ständig durchströmt von der Energie der NRZ, deren Auswirkungen sich in der Größe der Felder, ihrem Radius, zeigen. Würde diese Energie plötzlich aufhören, würde alle Materie, jedes Atom, aufhören zu existieren. Reduziert sich die Energie, wird sich damit der Radius des umgebenden Feldes reduzieren. Die den menschlichen Körper durchströmende Energie, Energie der NRZ, ist bestimmend für die Stärke der Energieumfelder und den sich daraus ergebenden Radius des Energieumfeldes.

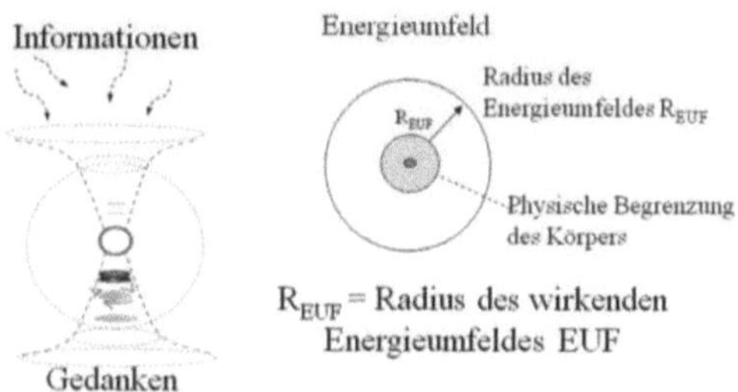

wirkendes Energieumfeld, mit dem Radius R_{EUF}, in Abhängigkeit von den Informationen der NRZ

Dem Bewusstsein entsprechend wird nach dem Menioprinzip Energie in unserem Körper manifestiert. Das beginnt, wie wir wissen, im Informationsmuster gemäß dem Bewusstsein anhaftende Gedanken. Gemäß der Nichtrelativitätstheorie, mit der Beziehung „E = I x G", erhöht sich die Intelligenz und damit die Energie und damit das Energieumfeld (EUF) mit höherem Bewusstsein.

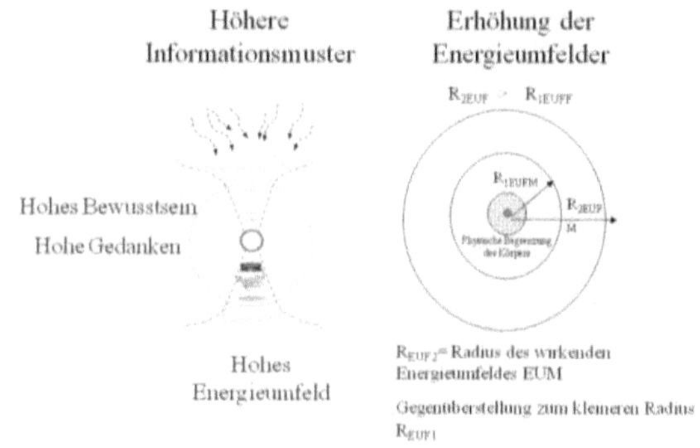

Durch hohes Bewusstsein und hohe Gedanken bilden sich höhere Informationsmuster. Die Energieumfelder erhöhen sich wodurch dem Menschen höhere Energie zur Verfügung steht. Gesundheit und Erfolg in allen Lebenslagen sind die Folge.

Bei der Bewusstseinserhöhung erfolgt eine weitaus höhere qualitative und quantitative Ansammlung von Informationen gegenüber einem geringeren Bewusstsein. Es erhöht sich das Input der Informationen (Gedankenerhöhung), der Energiefluss im Körper erhöht sich und damit die Energie des Körpers. In diesem Falle erhöht sich das Energieumfeld, der Radius "R_{EUM}" wird größer, und das EUF dehnt sich weiter aus.

Der Radius „R_{2EUF}" ist größer als der Radius „R_{1EUF}" aufgrund eines höheren Bewusstseins und der damit verbundenen Erhöhung der Intelligenz, die auf eine Zunahme höherer Informationen aus der NRZ zurück zu führen ist.

Folgendes Ereignis gibt uns weitere Erkenntnisse über die Ausbreitung von Energien in der NRZ. In Sri Lanka trafen wir auf einen „alten" Schweizer, einen rüstigen Siebziger, der uns oft davongelaufen ist. Max war ein außergewöhnlich interessanter Mensch mit außerordentlichen Fähigkeiten. Er hatte in seiner Jugend begonnen, mit Wünschelruten zu arbeiten, mit Erfolg. Er wollte mehr, war halt ehrgeizig, was ihm aber dann auch später Ruhm einbrachte. Mit 18 fing er an, sich selbst zu trainieren, ohne Wünschelrute. Er ließ im Haus Geldstücke verstecken, die er finden musste. Er fand sie alle, ohne technische Hilfsmittel. Seine feinen Sinne waren so ausgebildet, so trainiert, dass er immer Feineres wahrnehmen konnte. Zunächst noch mit den Händen arbeitend, die er als verkürzte Wünschelrute benutzte, schulte er seine Wahrnehmung derart, dass er alle Informationen aus der NRZ abrufen konnte. Seinen „Trick" belauschend, stellte ich fest, dass er Frequenzen abzählte. Ganz einfach, immer wenn er eine Frequenz getroffen hatte, ging er mit ihr in Resonanz. Die Bestätigung bekam er durch eine ihn durchströmende Energie, mit der er in Resonanz ging – durch eine „innere Stimme" sozusagen. Immer wieder bestätigte er uns die Richtigkeit seiner „Messungen", seiner Wahrnehmungen. Einmal sind wir mit dem PKW zu einem sogenannten „Kraftort" gefahren, den die Einheimischen so nannten, da dort immer wieder sogenannte Wunder geschahen, die keiner erklären konnte – Max stellte fest, nachdem wir ihn gefragt hatten, ob er auch spirituelle Energie finden könne, in welcher Richtung ein Kraftort sei und zeigte in die Richtung. Er nahm auch von dort (30 km Luftlinie, quer über den Dschungel – keine Sichtverbindung, über Berge und Täler hinweg) eine Frequenz wahr und sagte, dass dort eine besonders hohe Kraft sei, mit einer besonderen Frequenz. Wir saßen zu fünft im Auto. Auf dem Weg zum Kraftort, über Serpentinen, kurvenreiche Strecken, in einem klapprigen Auto und über viele, zu viele Schlaglöcher, manchmal auch etwas tiefere – allein das war schon eine Geisterfahrt: abgesehen davon, dass uns alle Knochen weh taten –, fing Max in einer starken Linkskurve plötzlich fürchterlich zu zittern an (auf Grund durchströmender Energie in seinem Körper, wie ich später feststellte). Ich saß neben ihm, als er mir auf die Schenkel schlug, sodass ich am liebsten ausgestiegen wäre. Und dann, nach einer weiteren Rechtskurve – nichts Besonderes war zu sehen –, kamen wir geradewegs auf einen sonderbaren Platz: einen Verbrennungsplatz für Verstorbene. Eine Verbrennung fand gerade nicht statt, sodass wir uns den Platz anschauen konnten – ein eigenartiges Gefühl für alle Beteiligten, hohe Feuchtigkeit, sehr heiß, schwül, etwas schaurig, aber anziehend, wir liefen vorbei an der heiligen Stätte der Verbrennung, einen leichten Anstieg einen Berg hochgehend, eher kletternd, aber noch sonderbarer war eine uns unbekannte Kraft, die uns immer mehr emotional begleitete. Wir blieben stehen, setzten uns, und Max nahm die Frequenzen auf und stellte eine hohe spirituelle Frequenz fest, wie er sie noch nie gemessen hatte – wir haben sie ebenfalls gespürt. Wir befanden uns auf einem Berg, der einen sehr hohen magnetischen Eisengehalt hatte, so stellte sich später heraus, der einen gewissen Magnetismus erzeugte, und wir erfuhren von Regierungsmitgliedern in einem späteren Gespräch, dass geplant war, dort einen Tempel zu errichten, die immer in der Nähe von Kraftorten erstellt werden, wie auch die meisten Feuerstätten. Die Einwohner haben dafür einen 6. Sinn, aber wir, die geschulten Europäer, nicht. Max hat diese Energie und die „Frequenz" über 30 km Luftlinie nach seiner Methode wahrgenommen. Die Frequenzen, die von Max aufgenommen wurden, sind Informationen aus der NRZ. Die Energie, eigentlich das Energieumfeld des Berges, wie ich sie direkt vor

Ort selbst auch gespürt habe, breitet sich konzentrisch aus – um den Berg herum. Nach einiger Übung und nach Schulung meines Bewusstseins konnte ich die feine Energie ebenfalls aus größerer Entfernung wahrnehmen. So ist das mit aller Materie: Alles hat ein Energieumfeld.

Max hatte diese Wahrnehmung trainiert. Er konnte feststellen, dass an dem Standort, an dem wir uns aufhielten, sich in ungefähr 40 m Tiefe Wasser befand von ca. 65° C – Informationen aus der NRZ, die in der Intelligenz der Energie enthalten sind. Informationen sind überall vorhanden, und jeder kann lernen, sie wahrzunehmen.

Max hatte internationalen Erfolg, er wurde bekannt und immer wieder geholt, wenn andere, normale Menschen nicht weiter wussten, und er konnte immer helfen, er hat in Afrika vom Helikopter aus Wasservorräte gefunden, wo später danach gebohrt wurde, 2000 m tief, und die Bevölkerung hatte wieder Wasser, wo es zwei Jahre nicht geregnet hatte – im Fernsehen wurde darüber berichtet. Die Aufzählungen könnten umfangreich fortgesetzt werden.

An unseren Aufenthaltsort zurückgekehrt, fragte ich Max, ob er auch die Energie des Menschen feststellen könne. Er bejahte das und hat es sofort getan. In einem großen Aufenthaltsraum mit ca. 15 m Länge hat er die Arme ausgebreitet und „gemessen“. Bei mir musste er bis zur Tür gehen, dann hatte meine „Wirkung“ nachgelassen. Bei meiner Frau musste er die Tür aufmachen und außerhalb, ein paar Meter hinter der Tür, innehalten. Eindeutig war das Energieumfeld meiner Frau größer – größer in der Ausdehnung: Mehr Energie im Körper, höheres Bewusstsein? Sie hat sich jahrzehntelang mit höherem Bewusstsein beschäftigt und damit ein höheres Informationsmuster erreicht. Nach der Gleichung „E = I x G“ verfügt sie über eine hohe Energie und damit über ein großes wirksames Energieumfeld und damit verbunden über höhere Informationen aus der NRZ. Wir haben viele solcher Untersuchungen durchgeführt. Kein Messgerät konnte uns helfen, aber Max, mit seiner Wahrnehmung. Wir waren dabei, als Minister sich einen Rat holten, um Rohstoffvorkommen in der Erde zu finden, die es natürlich gab, die aber schwer zugängig waren. Max konnte sie lokalisieren.

Max hat rückwirkend aus der Wahrnehmung z. B. schwächerer Energie von Menschen auch Rückschlüsse ziehen können auf geringe Energien von Organen, geringere Frequenzen, und konnte Krankheiten (Energieverluste) feststellen. Gewundert haben wir uns nicht, dass er dann auch Frequenzen in die Organe geben konnte und der Mensch Heilung erfuhr. Er hatte seine Energie, sein Wissen, auf andere übertragen. Max sprach oft davon, dass er nicht nur einen Engel zur Seite habe, sondern 3000.

Max ist ein sehr guter Freund geworden. Und aus den Erfahrungen mit ihm, ist einmal die höhere Wahrnehmung demonstriert worden und zum anderen die Auswirkung der Energie der Erde innen und außen, aber auch in uns und um uns. Wenn wir die Betrachtungen unserer Energieumfelder weiter verfolgen, können wir die Energie in uns erhöhen. Gemäß dem Menioprinzip können wir somit ein höheres Bewusstsein erlangen und mit höheren Gedanken arbeiten. Wir erhalten höhere Informationen und somit höhere Intelligenz, wodurch wir den Geist aktivieren und höhere Energie offenbaren können.

Nur die Betrachtung in der RZ, allein auf das Materielle bezogen, ist unvollständig, ja unzureichend, unwissend, und führt zu falschen Erkenntnissen und Aussagen und damit zu falschen Entscheidungen und Schlussfolgerungen, letztendlich auch zur Krankheit oder neu auftretender Krankheit mit der gleichen Ursache.

Wir wollen diesen Weg der materiell-geistigen Betrachtung, also der Betrachtung der RZ und der NRZ, vereinfacht weiter benutzen und alle Zusammenhänge vollständig, ganzheitlich betrachten bzw. erkennen. Symbolisch dafür ist das Menioprinzip. Mit der ständigen Erhöhung der Gedanken werden wir in ein immer größeres, umfangreicheres Informationsmuster vordringen. Das Universum ist im Ursprung reiner Geist, unendlich, wie das oder besser die Universen als sich offenbarender Teil der NRZ selbst. Es ist voll von Informationen in der Unendlichkeit. Die höchste Intelligenz der NRZ ist unbegrenzt und wartet darauf, den Geist zu aktivieren. Daher gehen auch Gedanken nie verloren im Universum, und sie sind alle in der Unendlichkeit erreichbar für uns.

Wenn wir uns nochmals auf die Energiebilanz beziehen, so sieht diese sehr günstig aus für uns. Uns steht in der Unendlichkeit unendliche Energie zur Verfügung.

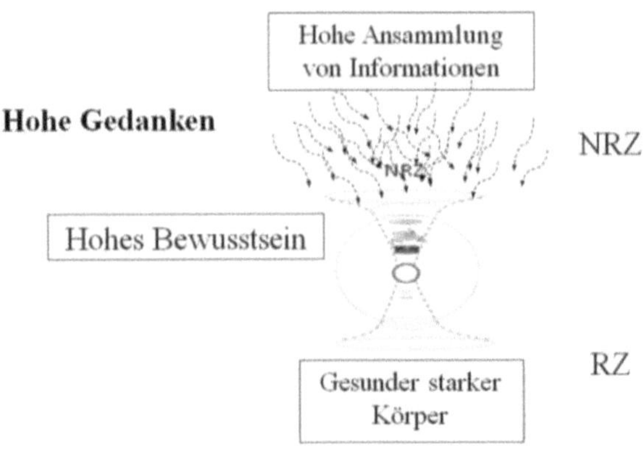

Der Energiezufuhr aus der NRZ sind keine Grenzen gesetzt, wenn wir sie nicht selbst begrenzen.

Wohlgemerkt, diese Gedankenentwicklung gelingt uns nur, wenn wir uns in der NRZ aufhalten. Haben Sie es gemerkt, wir waren mit unseren Gedanken gerade in der NRZ! Es ist eigentlich gar nicht so schwierig, wenn man weiß, dass man dort hin denken kann.

Also der Energiezufuhr aus der NRZ sind keine Grenzen gesetzt, wenn wir sie nicht selbst begrenzen. Und das ist der Punkt, wir begrenzen uns – wir sind nicht mehr in der NRZ, dort gibt es nämlich keine Grenzen, nur in der Raumzeit, wie der Name es schon sagt. Wir begrenzen uns nur aus Gewohnheit, denn dort im Raum und in der Zeit halten wir uns ja ständig auf. Wir haben keine Zeit, wir sind immer in Eile, wir haben nicht einmal Zeit für uns selbst – wir legen das fest in der RZ, weil wir uns dort ständig mit unseren Gedanken aufhalten. In der NRZ gibt es keine Zeit, und dort wird alles „geregelt", dort beginnt die Manifestation. Nun werden Sie sagen, ja – wir leben aber hier im Jetzt, also in der RZ. Machen wir nochmal einen Sprung, einen Sprung in die NRZ. Wenn wir in die NRZ gehen, können unsere Gedanken, da sie keinen Raum und keine Zeit benötigen, sich hervorragend dort aufhalten – und sie können reisen in der Unendlichkeit, und Zeit spielt keine Rolle. Wir tun das öfter, als wir denken. Denn wenn man nicht denkt, kann man außerhalb der fünf Sinne, außersinnlich sozusagen, die Dinge betrachten. Oft träumen wir, oft auch mit offenen Augen – und da passiert es, nicht wenn wir rational denken. Rationales Denken ist auf die Materie ausgerichtetes Denken, gelerntes materielles Wissen, das andere vor uns festgelegt haben, diskursives Wissen, bauend von einem Gedanken auf den anderen. Angelerntes Wissen ist materielles Wissen, sozusagen der RZ zugeordnet. Gehe ich aber mit meinen Gedanken, mit hohen Gedanken, in die NRZ, so halte ich mich dort auf und kann in Resonanz gehen mit den entsprechenden Informationen, woraus sich Lösungen ergeben für die RZ. Das kann man lernen und üben und üben, so wie es Max auch getan hat.

Training unserer Gehirnzellen ist nötig, damit sie Verbindung aufnehmen mit dem Wissen außerhalb des Gehirns – eben in der NRZ. Der Aufenthalt in der NRZ ist jederzeit möglich, zunächst in auf hohes Bewusstsein ausgerichteten Gedanken, das wäre ein großer Erfolg. Das Physische, das Materielle, folgt dann nach, nach weiteren Übungen und nochmaliger Übung und viel Fleiß, durch die Überwindung aller alten Muster in uns und um uns. Es ist ganz einfach. Materie folgt dem Geist (Menioprinzip). Es hängt nur von uns selbst ab. Und es kann auch schnell gehen, wenn ich mein Bewusstsein schnell erhöhe. Bei dieser Betrachtung gehen wir erst in die NRZ, dort wo die Ursache sich befindet – die Ursache für die Energiemanifestation in unserem Körper in der RZ, in der spürbaren Auswirkung. Die Manifestation beginnt aber in der NRZ, gemäß dem Menioprinzip, sie ist ein rein geistiger Prozess.

Höhere Gedanken sind die Folge höheren Bewusstseins sowie die Voraussetzung zum Erlangen dieses höheren Bewusstseins, sodass hier ein Wechselspiel stattfindet – ein „Aufschaukeln" –, wenn ich mich durch zunehmende Informationen, nicht rational denkend, sondern von innen heraus hörend, in der NRZ immer höherer Intelligenz zuwende.

Es beginnt ein Prozess, der nicht aufhört, sowie man auf die innere „Stimme" hört und immer neue Informationen bekommt, die nie aufhören, wenn man es nicht selbst unterbricht durch Ablenkungen und damit andere Gedanken – z. B. durch die Zuwendung der fünf Sinne, also des Materiellen, eigentlich einer niederen Energie und damit einer niederen Intelligenz. Letztendlich entsteht daraus ein niedrigeres Energieumfeld.

Wenn ich diesen Prozess beherrschen lerne, wird – in der NRZ beginnend, dem Menioeffekt entsprechend – in der RZ, also der Materie, die innere RZ so gestaltet, dass die Atome sehr reine Informationen erhalten. Das sind Informationen gemäß der Anordnung der höchsten Intelligenz im sich selbst organisierenden intelligenten Universum der NRZ. Das geschieht gemäß dem Evolutionsprozess im Universum vom Niederen zum Höheren. Infolge der Informationen manifestiert sich die aktivierte Energie zunächst in der inneren RZ um die äußere RZ der Atome, Gewebe, Zellen und Organe, also zur Formung unseres Körpers. Das bedeutet, dass der Körper in hoher Intelligenz mit den zugeordneten richtigen Informationen versorgt wird und keine Krankheit auftreten kann.

„Neues Denken"

Mit viel Übung und dem Weglassen niedriger Gedanken kann ich den Prozess so weit fortsetzen, dass es mir gelingt, immer höhere Energie zu erlangen. Das beginnt natürlich wieder in der NRZ. Der Prozess kann so weit fortgesetzt werden, dass ich mich mit meinen Gedanken immer in der NRZ aufhalte, eigentlich immer alles geistig betrachte. Das meinte auch Jesus, als er sagte: „Ich bin nicht von dieser Welt" (vgl. Joh. 8,23). Es ist bestimmt keine Gotteslästerung, denn er forderte uns auf: „Folget mir nach" (vgl. Mt. 4,19).

Interessant, dass wir uns plötzlich auf den Spuren von Jesus befinden, der zu Christus wurde und sich immer mehr in dieser hohen Energie aufhielt. Das ist auch der Moment, wo man sagen kann, was einer kann, kann jeder – und Jesus bestätigt das, indem er sagt: „Das, was ich getan habe, könnt ihr auch tun, und noch viel mehr" (vgl. Joh. 14,12). Wenn

Christus die höchste Energie ist, dann können wir alle zu Christus, zu einer hohen Energie, werden.

Manch einen wird das in Erstaunen versetzen. Das ist aber ein Grundprinzip, und wenn man so will, ist das das „Gottes-Prinzip", Gottes Wille, dass die Menschen – ihm zum Bilde, so wie der Sohn Gottes oder wie die Söhne und natürlich auch die Töchter Gottes – Kinder Gottes sind, Kinder der höchsten Energie und der höchsten Intelligenz im Universum, in der NRZ betrachtet.

Keine Bange, wir sind noch beim Thema. Übrigens, wenn Jesus vom Himmel sprach, dann sprach er immer vom Geistigen, er sprach – mit unseren Worten ausgedrückt – von der NRZ. Alle Propheten sind in ihrem Wesen gleich, nur stellen sie sich in anderen Situationen und anderen Traditionen dar. Nur als Beispiel ist Buddha, wie auch Jesus, einen Weg der Erkenntnis gegangen, der ihm alles abverlangte. Der Weg zum Wissen ist oft steinig, weil wir Altes (aus dem Geistigen – alte Muster) manifestiert haben in uns, unseren Körpern, Geweben, Organen etc., aber, und das ist wichtig in unseren Umfeldern, in denen wir uns aufhalten, wieder mit alten Mustern, aus denen wir uns herausziehen müssen. Das ist anstrengend, das ist Schwerstarbeit, das ist Neuausrichtung – Überwinden alter Strukturen in uns und um uns – und das hat Buddha getan – : Er hat vollkommen neue Gedanken entwickelt, neue Gedankenstrukturen aus der Erkenntnis heraus, aus dem neuen Wissen, eine Gedankenreformation eingeleitet – ein *„Neues Denken"*. Auch Allah hat das erkannt und sich diesen Erkenntnissen unterworfen und sie weiter gegeben. Auch Gandhi hat sich eine Gedankenstruktur, aus der NRZ kommend, aufgebaut und sie umgesetzt – mit einer außerordentlich hohen Leistung, die eine ganze Nation und die Welt bewegt hat.

Alle Propheten sind den Weg des Wissens in der Verbindung zur NRZ gegangen und haben sich, ihr Selbst, ihr eigenes „Ich" weiter entwickelt in ihrer g-Evolution zur höchsten Energie, zur höchsten Intelligenz, zu einer hohen Energie ihres eigenen Ichs, mit dem Ziel, der höchsten Energie immer näher zu kommen. Da fallen mir die Worte von Jesus ein: „Zurück zum Vater", zur höchsten Energie, zum Ebenbild Gottes, sich in der NRZ aufhaltend und die Ursache aller Dinge erkennend, wissend. „Zurück zum Vater" ist ein Zurückerinnern an die höchste Intelligenz, aus der alles entsteht.

8.5.2. Die Ichenergie des Menschen

Dem Online-Nachschlagewerk Wikipedia zufolge ist das „Ich" „die Bezeichnung für die eigene individuelle Identität einer menschlichen natürlichen Person". Es wird auch in diesem Zusammenhang auf das Selbst verwiesen. Das „Ich" erlebt der Mensch als das eigene Sein. Denkend, fühlend, handelnd und wahrnehmend betrachtet er sich dann auch als Urheber dieser Dinge.

Das „Ich" identifiziert sich in Raum und Zeit. Es begrenzt sich in der RZ. Diese Begrenzung führt zur egoistischen Betrachtung, bei der alles auf sich selbst bezogen wird. Bewusstwerdend erkennt der Mensch die wahren Zusammenhänge des Seins und erkennt jetzt mit seinem höheren Bewusstsein das gesamte Sein und löst sich von der Betrachtung, dass er nur teilnimmt an der Evolution aller Dinge. Er löst sich dann von der Betrachtung, dass er allein der Urheber aller Dinge ist und beginnt, die wirklichen Zusammenhänge und deren Ursachen in der NRZ zu erkennen.

Das „Ich" verliert dann seine Bedeutung der egoistischen Betrachtung, dass es der Urheber aller Dinge sei. Es beginnt der Weg vom Ich zum Wir. Die Intelligenzwerdung ist gleichzeitig eine Erhöhung der Teilenergie des Ichs. Das „Ich" fühlt sich als Mensch, als ein intelligentes Wesen, das seine separate individuelle Persönlichkeit aufzugeben beginnt und sich der höheren Intelligenz in der höheren Energie zuwendet, um „Eins" zu werden mit ihr. Das „Ich" wird sich der Gesamtheit der NRZ bewusst und gibt alle egoistischen Gedanken auf. Es löst sich von allem Äußeren, der Begrenzung der RZ. Es beginnt sich der Ursache, dem Wirklichen (NRZ), bewusst zu werden, es zu erkennen in seinen Gedanken, Worten und Handlungen. Jetzt beginnt die Persönlichkeit, das „Ich bin", zu leben, hergeleitet von „Ich bin Gott", beginnt eins zu werden in der NRZ mit allem, mit aller Energie und höchster Intelligenz.

Spricht man vom Selbst, so ist das zunächst ein uneinheitlich verwendeter Begriff mit psychologischen, soziologischen, philosophischen und theologischen Bedeutungsvarianten. Der Mensch erkennt sich als ein „eigenes" Wesen und beginnt, Zusammenhänge zu erkennen, die sich auf seine Umwelt beziehen, seine ihn umgebenden Felder, mit denen er kommuniziert, mit denen er sich identifiziert. Dabei sind die Felder im Zusammenhang zu sehen – mit den in Feldern eingeschlossenen Energien. Aus der Nichtrelativitätstheorie wissen wir, das nach der Beziehung „E = I x G" in der Energie immer die Intelligenz einbezogen ist. Das Ich steht immer in Verbindung mit diesen es umgebenden Energien und der darin integrierten Intelligenz. Somit ist das „Ich" selbst auch Energie und Intelligenz. Damit wird das Ich zu einer Teilenergie des Ganzen, also zu einer Teilenergie der NRZ und seiner Gesamtenergie und seiner darin enthaltenen Intelligenz, und damit auch zu einem Teil der höchsten Intelligenz, dem Menioprinzip entsprechend. Das Ich, die Intelligenz des Ichs, steht somit in ständiger Verbindung mit der Intelligenz der NRZ.

Das Selbst und die Seele

Das „Ich" ist das „Selbst", das sich erkennt. Alles in der NRZ und alles Offenbarte in der RZ ist mit Energie und Intelligenz behaftet – alles ist „Eins", alles ist pure Energie. Die Teilenergie des „Ich" kommt dann auch dem Begriff der Seele sehr nahe. Mit der Einbeziehung der höchsten Intelligenz und damit auch der universellen Energie und der Gesamtenergie „G" des Geistes haben wir auch die Beziehung zu der Gesamtenergie, die auch als Gott bezeichnet wird. Damit ist die Energie „Seele" als eine Teilenergie Gottes zu betrachten.

Charons Modellvorstellung bezeichnet die Seele als Essenzelektronen, die per Annahme auch nach dem körperlichen Tod zusammen bleiben, eher in der NRZ, der nicht materiellen Welt, im nicht körperlichen Sein, aber auch noch auf einer feinstofflichen Welt, hier der elektrischen Ebene, wo die Elektronen wirksam sind. Dort wirken in den Elektronen und deren Anordnung die Erinnerungsfelder der inneren RZ. Wir sprechen dann von einem Gedächtnis, wie in der inneren Raumzeit der Elektronen dargestellt, das alles Erlebte des Elektrons in Verbindung mit der hohen Pulsationsrate von 10^{28} in der Sekunde speichert.

Auf der Basis dieses „Gedächtnisses" kann immer wieder, aus der NRZ in die RZ übergehend und nach Menio aus diesen Informationen der inneren RZ, den Elektronen, die Manifestation eines neuen Körpers erfolgen – auf dieser Basis ist die Inkarnation einer Seele leicht erklärbar. Auf der Basis der Betrachtung von Charon erkennen wir in dieser Teilenergie auch eine Anordnung von Elektronen, die das „Ich", einen neuen Körper, schafft, mit der Energie und der Anordnung aller energieschwingenden Systeme (Atome) mit den ihr anhaftenden Elektronen als eine Elektronenkonfiguration, die wiederum der Seele zuzuordnen sind.

Die Beschreibung der Seele hat vielfältige Bedeutungen, je nach den unterschiedlichen mythischen, religiösen, philosophischen oder psychologischen Traditionen und Lehren, in denen sie vorkommt. Oft sind die Gesamtheit aller Gefühlsregungen und die geistigen Vorgänge beim Menschen gemeint. In der Religion und in philosophischen Konzepten spricht man auch von einem immateriellen Prinzip, das als Träger des Lebens eines Individuums und seiner durch die Zeit hindurch beständigen Identität aufgefasst wird. Damit ist auch die Annahme verbunden, die Seele sei hinsichtlich ihrer Existenz vom Körper und damit auch vom physischen Tod unabhängig und damit auch unsterblich. Der Tod wird dann als Vorgang der Trennung von der Energie „Seele" und der Energie „Körper" gedeutet, wobei die Seele, die Energie, ihre Identität erhält und niemals stirbt. Die Seele als Teilenergie Gottes wird immer bestehen bleiben sowie deren Energie und die darin enthaltene Intelligenz.

Diese Betrachtungen von Seele und Körper sind bei der Einbeziehung der Betrachtung der NRZ und der RZ leicht nachvollziehbar. Da letztendlich alles zurückzuführen ist auf die NRZ, vergeht auch die Energie „Seele" nicht. Als eine Teilenergie hat sie in der RZ eine eigene Identität, eben ein „Ich", das sich offenbart. Nach der Betrachtung des Menioprinzips

(s. a. doppelter Menioeffekt) offenbart sich diese Teilenergie durch eine immer wieder kehrende Geburt in einem neuen Körper. Es ist naheliegend, dass das Erinnerungsfeld der Elektronenkonfiguration immer wieder in der Manifestation – nach Menio – alter „Muster" wirksam wird. Durch die Einwirkungen umgebender Energien (Energieumfelder) und damit auch Teilenergien (Seelen), in Resonanz gehend, finden sich Seelen (Teilenergien Gottes) wieder. Sie gehen ihren gemeinsamen Weg in der wirkenden Intelligenz, ihren Evolutionsprozess fortsetzend zu einer immer höheren Intelligenz. Die Inkarnation ist ein im geistigen Evolutionsprozess der Teilenergie „Seele" zuzuordnender Prozess der ständigen Energieerhöhung. Jede Seele tritt als Teilenergie immer wieder in Resonanz mit den Seelen (Energien), mit denen sie in Verbindung stand in einer Inkarnation in der RZ. In der NRZ betrachtet, wo alles Energie ist, ist das relativ einfach, da jede Intelligenz-behaftete Energie in ihren ursprünglichen Informationen und der zugeordneten Intelligenz sich in ihrem Magnetismus bei der Formgestaltung nach Menio immer wieder anzieht und zusammentut. Die Inkarnation ist ein Prozess der Weiterentwicklung der Intelligenz in der Materie, im fleischlichen Körper, bis zur höher entwickelten Intelligenz mit höherem Bewusstsein – ein „Zurück" zum Vater, zur höchsten Intelligenz.

Die Ichenergie

Die Ichenergie

Die Seele – Teilenergie der höchsten Intelligenz

In einer körperverbundenen Elektronenkonfiguration

Das „Ich", welches beginnt, sein Selbst zu erkennen und sich der Seele bewusst wird, hat auf Grund der Betrachtung der Teilenergie eine ihr zuzuordnende Energie.

Die Ichenergie ist die bei der Inkarnation „mitgebrachte" Energie. Sie entspricht dem Bewusstsein des Selbst, jener Ichenergie, welche mit der Seele verbunden ist. Das ist die Energie, die bereits vor der Geburt, ja vor der Befruchtung, bei der Bindung zweier Seelen wirkt – eine Energie der in der NRZ anhaftenden Intelligenz und deren Informationen gemäß dem Menioprinzip. Der sich ständig weiter entwickelnde Mensch, sein Selbst und damit seine Seele kommen in Berührung mit den in seinen Umfeldern wirkenden Energien, bereits vor der Befruchtung und während der embryonalen Phase im Mutterleib, während der Geburt und während seines gesamten Lebens.

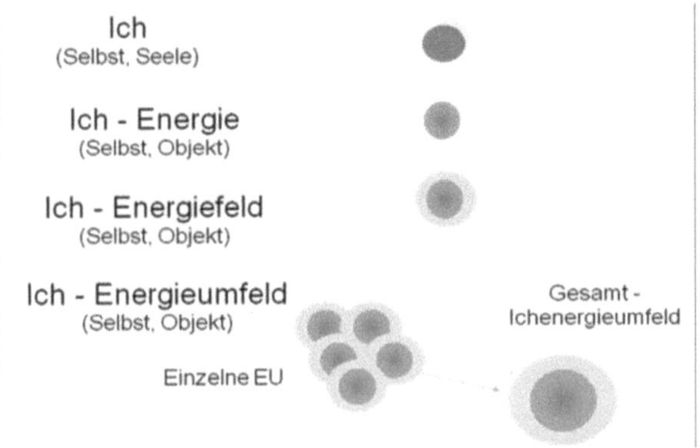

Die Teilenergie des „Ich", eine Energie des Selbst oder auch der Seele, hat in sich eine Energie, eine Teilenergie des Ganzen, die wir als die Energie des „Ich" betrachten und sie als die Ichenergie beschreiben. Die Ichenergie erzeugt ein für sie typisches konzentrisches Energiefeld, welches wir als Ichenergiefeld bezeichnen, das unter dem Einfluss anderer Ichenergieumfelder steht. Die Ichenergieumfelder, die ja selbst auch wieder Teilenergien sind und somit Seelen, kommunizieren mit ihrer Energie miteinander energetisch (wirkender Magnetismus der EUF) in der RZ und vorwiegend aber in der NRZ auf der Bewusstseinsebene, vor allem in den Intelligenzmustern, sodass sie sich gegenseitig beeinflussen. Daraus ergibt sich dann ein resultierendes Gesamtenergieumfeld des Menschen, welches sich im ständigen Wandel befindet und somit im g-Evolutionsprozess weiter nach vorn drängt.

Wenn wir jetzt weiter gehen in unseren Betrachtungen, unseren Gedanken, so erkennen wir, dass eine weitere Erhöhung unserer Gedanken, unseres Bewusstseins, immer eine Erhöhung unserer Energie, unserer Intelligenz, zur Folge hat – eine Ausdehnung unserer Energieumfelder.

Die Betrachtung der Ichenergie ist im Zusammenhang mit den uns begleitenden bzw. beeinflussenden EUF zu sehen. Wir unterliegen ständig auf uns wirkender EUF. Das ist die Natur selbst, vor allem hier auch die gestörte Natur, wie z. B. durch Elektrosmog, Umweltverschmutzungen, Wasserverunreinigungen, aber auch Essgewohnheiten, Stress usw.: Alles sich bildende EUF, oft durch den Menschen selbst verunreinigte, gestörte EUF. Die Reinheit der Natur selbst steht im Einklang mit unserem Inneren, wenn wir selbst auch im Einklang sind mit uns selbst und den Mitmenschen, denen wir begegnen. Genau das gilt es zu betrachten – inwieweit uns Energieumfelder schaden oder nützlich sind. Wenn wir das genauer betrachten, stehen diese Energien in den Energieumfeldern in engem Zusammenhang mit unserer zur Verfügung stehenden Energie, die im Wechselspiel steht mit unserer Energie unseres Körpers und hier vor allem mit unseren Organen, mit den Zellen, unserem Blut, dem Herzen, der DNA – unserem gesamten Körpersystem bis hin zu den letztendlich aus allem bestehenden schwingenden Energiesystemen, den Atomen. Durch das Atom durchgehend stehen unser Körpersystem, unsere Ichenergie mit dem gesamten Makro- und Mikrokosmos in ständigen Wechselbeziehungen in der NRZ und der RZ, nicht zuletzt auf der Basis der Nicht-relativitätstheorie, in Verbindung mit den Gesetzen der Relativitätstheorie sich ständig ergänzend.

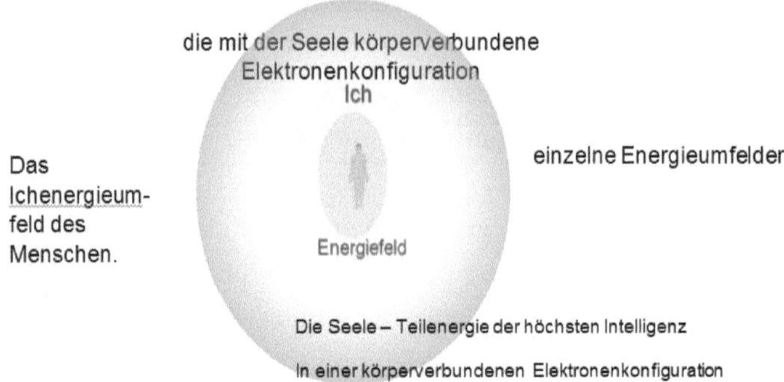

In der Übersicht der Energieumfelder ist der Unterschied dargestellt zwischen inneren und äußeren Energieumfeldern. Die inneren EUF beziehen sich auf die Energie z. B. der Organe, die natürlich ebenfalls eine Energie beinhalten, welche um sich ein Feld, wie eine Hülle, besitzt und somit ein Energieumfeld. Das gilt dann für alle innere EUF unseres Körpers. Wie schon beschrieben, stehen diese in enger Verbindung mit den schon genannten äußeren EUF.

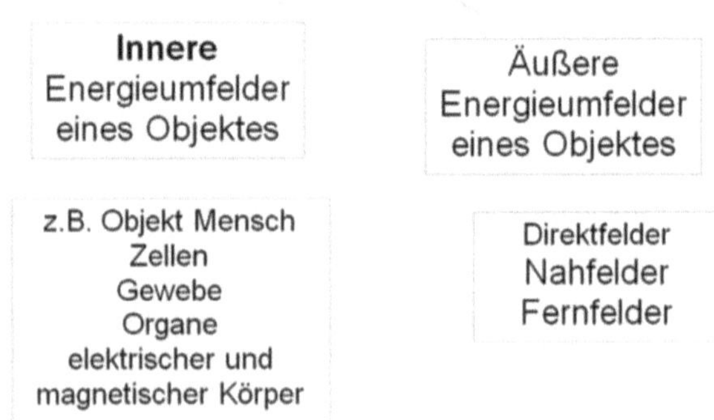

Die äußeren EUF werden aufgeteilt in Direktenergieumfelder, in Nahenergieumfelder und in Fernenergieumfelder. Diese Energieumfelder wirken ständig in uns und um uns.

Im Bild sind die direkten Energieumfelder dargestellt, die auf die eigene Person, das Ich, unmittelbar am stärksten wirksam werden.

Darstellung der im Nahfeld wirkenden Energieumfelder, die auf die eigene Person, das Ich, unmittelbar am stärksten wirksam werden:

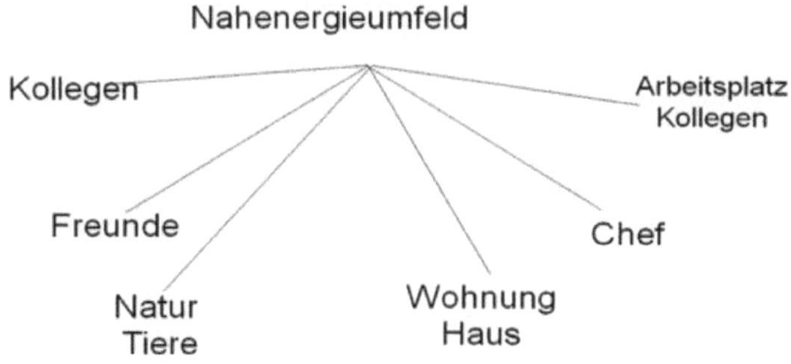

Darstellung der im Fernenergieumfeld wirkenden Energieumfelder, die auf die eigene Person, das Ich, unmittelbar am stärksten wirksam werden:

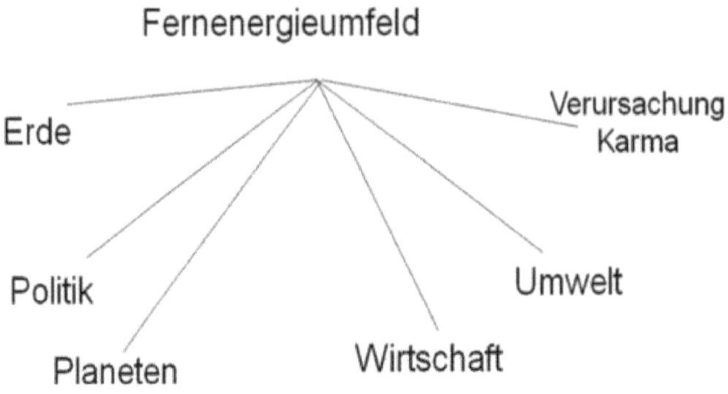

Ichenergiefeldbetrachtung

Die Energieabgabe des Menschen beginnt bereits in der NRZ. Der Mensch gibt Energie der NRZ an die RZ ab und, durch die Manifestation des Menioprinzips im Körper, auch Energie über den Körper selbst. Der Geist, die NRZ, ist immer gegenwärtig. Die daraus entstehende Energie wirkt jetzt in diesem Augenblick und ständig in allen Manifestationen unseres Universums. Der Mensch, als bewusst gewordene Materie, als die höchste Stufe der Evolution im Universum, wird ebenso ständig, gerade jetzt, genährt, materiell – also im Hinblick auf alle Atome, alle Zellen, Gewebe, Organe, den gesamten Körper, aber auch geistig. Das Input unserer Energiezufuhr, die wir erhalten, setzt sich zusammen aus dem materiellen Energieanteil der RZ und dem geistigen Anteil der NRZ.

Die gesamte Energie, aus der wir bestehen, kommt aus der NRZ, aus dem Geistigen – grundsätzlich, latent wirkend. Es ist immer wieder die latente Energie, aus der wir bestehen – der mit der höchsten Intelligenz aktivierte Geist. Nur – das geschieht in jeder Materie, in jedem Stein und in jedem Planeten und in allen Galaxien und der gesamten Materie des Universums, gerade jetzt.

Die höchste Intelligenz, das sich selbst regulierende System des Universums, hat als die Krönung der Schöpfung im Evolutionsprozess des Universums „ihm (der höchsten Intelligenz) zum Bilde" die bewusstgewordene Materie in Fleisch und Blut, aus Atomen bestehend, und damit ein schwingendes System, wie jede Materie, im Evolutionsprozess entstehen lassen: Ein nachvollziehbarer Prozess, den Darwin rein materiell aus der RZ nachgewiesen hat, der, vollendet in die NRZ gehend, vollkommen erkannt werden kann – im g-Evolutionsprozess des Universums durch die Betrachtung der NRZ, der höchsten Intelligenz.

In Abhängigkeit zu unserem Denken wirkt gerade jetzt die latente Energie in uns und um uns, ständig. Dessen müssen wir uns bewusst sein (Bewusstsein). Führen wir also solch eine Betrachtung der Energiebilanz durch, gilt dieser Grundsatz. Das ist nicht einfach – es erfordert ein vollkommen neues Denken, Wissen oder auch Wahrnehmen. Bei der Betrachtung der Energiebilanz müssen wir die Ursache mit einbeziehen, zusätzlich zur Verursachung. Wir betrachten in unserem Alltag immer nur die Auswirkung, das Materielle, unseren Körper und unsere materielle Umwelt, unseren Besitz und den Besitz der Anderen, und was wir alles tun müssen, damit es uns gut geht. Und da erkennen wir die Energie, die wir da hinein stecken – oft mit letzter Kraft, bis wir erschöpft in den Schlaf sinken, woran wir den Energieverbrauch erkennen.

Die Betrachtung ist also mal materiell (RZ) und mal geistig (NRZ). Das Menioprinzip lässt Schlüsse zu, genaue wahre Zusammenhänge zu erkennen. Wir können lernen, die Ursache in der NRZ, im Geistigen, zu erkennen und die Einwirkung in der inneren RZ und deren Auswirkung in der äußeren RZ. Bei allen weiteren Betrachtungen wird diese vollständige Betrachtung mal materiell, mal geistig angewendet zur Einschätzung aller Situationen. Wir schauen in das Atom und vor allem durch das Atom. Wir erkennen, was die Ursache ist für die Formgestaltung, welche Gedanken, welches Bewusstsein den Prozess in Gang gesetzt haben, was den Impuls in der inneren Raumzeit zur Bildung der Materie gegeben hat und wie sich das auf die Materie auswirkt. Dort setzen die Erkenntnisse und – was sehr wichtig ist – dort setzen wir mit den Veränderungen an, und zwar dort, wo sie entstanden sind, um sie wieder zurückzuführen in den reinen Ursprung der reinen Informationen, der höchsten Intelligenz der universellen Energie, das heißt zurück – oder besser gesagt wieder – zu Gott, dorthin, wo der Ursprung ist, in die Reinheit in der NRZ.

An dieser Stelle angelangt, ist es leicht erklärbar, dass dieser Impuls immer von mir selbst abhängt, von mir als Ebenbild Gottes, von der unendlichen Intelligenz, durch die ich mein Bewusstsein zur höchsten Intelligenz Schritt für Schritt erhöhen und damit nach dem Menioprinzip selbst gestalten kann, mich und mein Energieumfeld – meine Situation. Im nächsten Bild soll das auch zum Ausdruck kommen.

Zurückgehend im Menioprinzip, bis zur NRZ, und neue Gedankenstrukturen aufbauend, ist das das Thema, mit dem wir uns beschäftigen sollten.

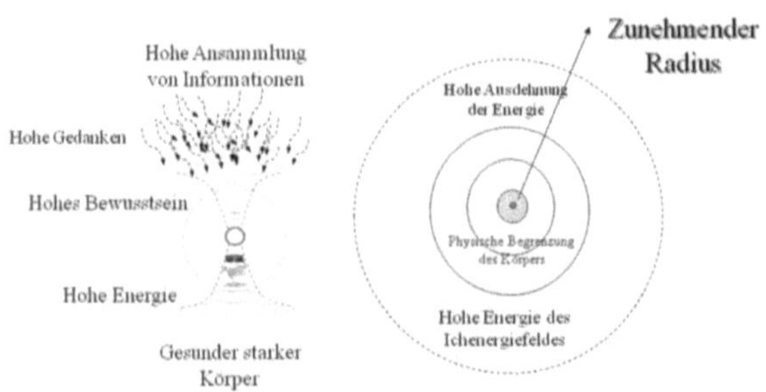

Mit der Erhöhung des Bewusstseins nimmt die
Ausdehnung des Energieumfeldes zu,
erkennbar an dem größer werdenden Radius

Die im Feld eingeschlossene Energie wirkt als Magnetfeld. Man spricht auch von einer Energiedichte, die als ein Maß für die Energie pro Raumvolumen (volumetrische Energiedichte) oder als Maß für die Energie pro Masse (gravimetrische Energiedichte) benutzt wird. Betrachten wir die Energie „E" eines Menschen, sprechen wir von der Ichenergie „IE". Die Energie verteilt sich auf das Volumen (Umfeld) um den Menschen, auf ein

Energieumfeld. Die Energiedichte im Energieumfeld nimmt mit zunehmender Ichenergie zu.

Nun ist die „IE" eine Funktion des Bewusstseins in der NRZ, die sich auf eine bestimmte Größe der Intelligenz ausrichtet. Die Energiedichte der „IE" ist somit auch eine Funktion des Bewusstseins und der zugeordneten Intelligenz. Die „IE" wirkt auf das sich ausbreitende Feld, jetzt als Übergang zur RZ. Das Energieumfeld (EUF) eines Menschen ist demnach immer in Verbindung mit der NRZ zu betrachten und im Besonderen von der höheren Intelligenz des Menschen abhängig. Das EUF formt sich gemäß der Nichtrelativitätstheorie und wirkt in der RZ.

Die Ansammlung der Informationen der NRZ bestimmen nach Menio das Energieumfeld (EUF). Somit ist das EUF durchdrungen von manifestierten Informationen der NRZ, die sich im Atom in der RZ offenbaren. Die Informationen selbst sind Bestandteil des EUF und somit auch durchdrungen von Bewusstsein und Intelligenz der NRZ, die sich in der RZ manifestieren.

Der Mensch kann mit seinem Bewusstsein die Größe, die Auswirkung seines EUF in der NRZ bestimmen, die Energiedichte beeinflussen und damit auch den Radius des EUF und damit die Wirkung des EUF in der RZ. Nur ist es wichtig, bei der Betrachtung des EUF als Beobachter immer darauf zu achten, ob ich es aus der NRZ oder der RZ, also von der Ursache oder der Auswirkung her betrachte. In der NRZ betrachtet sprechen wir von purer Energie, die nach der Beziehung „E = I x G" immer Intelligenzbehaftet ist.

EUF sind nur unterschiedlich in ihrem Energielevel, verfügen über höhere oder niedrige Energie, was aber der Betrachtung der Intelligenz oder aber auch der Betrachtung der Informationen gleichzusetzen ist. Von Feldern, also Energieumfeldern, sprechen wir erst im Übergang zur RZ, zum eher geistigen Magnetismus. In diesem Moment, bei der Betrachtung des g-Magnetismus', beginnt auch die Wirkung in der RZ. Erst jetzt spüren wir die Intelligenz der NRZ als Energie, als Gefühl in der RZ. Die Ursache sind aber die Informationen und die mit diesen im Zusammenhang stehende Intelligenz, das ebenfalls damit zusammenhängende Bewusstsein und letztendlich die auf diesem Level sich aufbauenden Gedanken nach dem Resonanzgesetz.

Somit sind sich berührende EUF, in der RZ gesehen, auch immer sich berührender Magnetismus (g-Magnetismus), also eine Gefühlswelt, emotional zu betrachten, spürbar. Das Emotionale ist eine Verbindung zwischen der NRZ und der RZ, ein Übergang aus der NRZ zur RZ. Es ist der Beginn der Manifestation, aber noch nicht sichtbar, noch nicht stofflich, noch kein Atom und somit auch noch nicht sichtbar und nicht messbar, was den NRZ-Anteil betrifft.

Sich berührende EUF, in der NRZ betrachtet, beginnen mit dem Informationsaustausch in der NRZ und dem damit in Verbindung stehenden Bewusstsein und der Intelligenz, die also weit vor der Manifestation eine außerordentliche, ja wesentliche Rolle spielen.

Die Auswirkung kommt in der RZ, der Manifestation der Energie in Feldern, also Energieumfeldern, spürbar zum Ausdruck. Das ist das, was der Emotion in der NRZ voraus „eilt“. Am Beispiel von Max ist es das, was er vorher, vor der Emotion, erfahren hat – die Informationen aus der NRZ, mit denen er in Resonanz ging und die er dann emotional gespürt hat. So ist der Prozess auch für uns in allen Dingen, die wir spüren. Es findet der Prozess der Emotionen immer zuerst in der NRZ statt, beginnend mit den Informationen – in jedem Prozess der Begegnung mit EUF, also mit anderen Menschen, Tieren, Pflanzen oder jedem Energieumfeld von allen Lebenssituationen des Alltags, der Wirtschaft, auch der Natur.

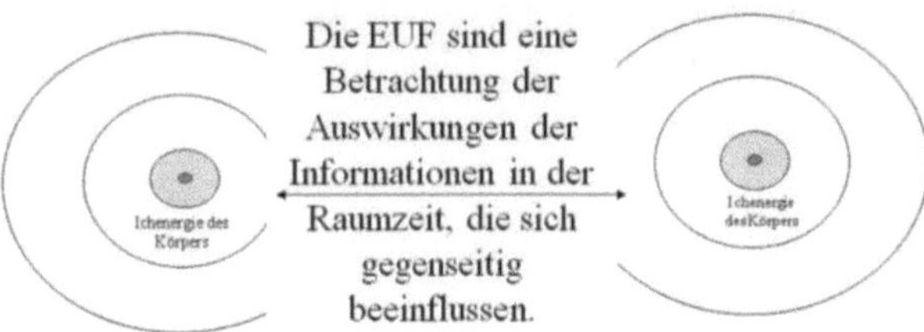

Aus beiden Darstellungen ist aber zu erkennen, dass der Ursprung, wie in allen Betrachtungen der Manifestation der RZ, in der NRZ zu sehen ist. Wenn wir die Ausdehnung des EUF eines Menschen betrachten, ist es erforderlich, den Zusammenhang der NRZ vordergründig darzustellen. Das bedeutet aber, dass in allen EUF die Informationen primär zu betrachten sind. Wenn wir mit einem EUF in „Berührung" kommen, kommen wir mit den darin enthaltenen Informationen in Berührung und damit auch mit der dahinter stehenden Intelligenz und dem damit verbundenen Bewusstsein.

Letztendlich sind es die mit dem Bewusstsein im Einklang stehenden Gedanken, die uns berühren.

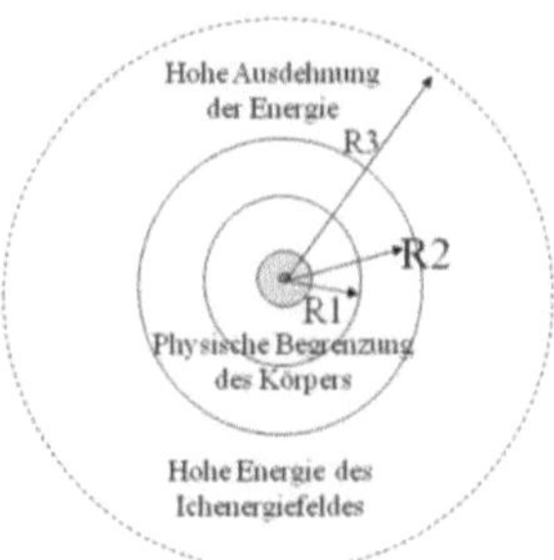

Radius R1 bis R3 unterschiedliche Energieausdehnungen infolge des Bewusstseins

Die hohe Ausdehnung der Energie (Energieumfeld EUF), im Radius R3 erkennbar, infolge hoher Ansammlungen von Informationen, wie links im

Bild dargestellt, wird deutlich. Die hohe Ansammlung von Informationen ist auf ein höheres Bewusstsein zurückzuführen, womit auch höhere Gedanken in Verbindung zu bringen sind. Die Ausdehnung der Energie (Energieumfeld) Radius R2 ist geringer als R3, womit erklärbar ist, dass die Ansammlung der Informationen geringer ist und somit auch das Bewusstsein und die damit in Verbindung stehenden Gedanken. Bei der Betrachtung des Radius' R1 ist der Level noch geringer, eher im Bereich einer „Grundversorgung" des Körpers mit Energie, was sich somit auf ein geringes EUF auswirkt. Hingegen wird bei unbegrenztem Bewusstsein, also auch unbegrenzter Information und Intelligenz, der Radius R4 des EUF unbegrenzt sein, wir erhalten also unbegrenzte Energie, in der NRZ Überfluss an Energie, die sich in der RZ-Betrachtung als unendlich darstellen lässt. Das entspricht dann auch der Nichtrelativitätstheorie, mit „E = I x G", purer Energie in der NRZ und Energie im Überfluss in der RZ. Damit werden Aussagen auf den Energiezustand des Menschen, auf seine Gesundheit und seinen Evolutionsprozess und alles, was damit in Verbindung steht, möglich. Der Zusammenhang zwischen der Ausdehnung des EUF und dem Radius R machen deutlich, dass dieser Zusammenhang mit dem Bewusstsein und den damit vorhandenen Gedanken besteht. Somit ist die Ausdehnung der Energie eine Funktion des Bewusstseins. Die Ausdehnung der Energie im und um den Menschen ist eine Funktion des Bewusstseins.

EUF = f (Bewusstsein, Intelligenz, Informationen, Gedanken)

Wir berühren uns mit unserem EUF. Wir berühren uns in der NZR und verursachen im Informationsmuster gemäß unserem Bewusstsein und unseren Gedanken die Manifestation in der RZ und gestalten so unser Leben, unsere Gesundheit und alle Lebenssituationen, das persönliche Glück, den Erfolg, Wirtschaftskrisen und Naturkatastrophen.

8.6. Die Energieumfeldmethode (EUM nach Yogasolan)

Die Ichenergie des Menschen wird von den ihn umgebenen Energieumfeldern beeinflusst, die „äußerlich" auf ihn einwirken. Damit stehen in engem Zusammenhang die Organe und die gesamte Funktionseinheit des Organismus', die wiederum eigene Energieumfelder haben.

Sie können das sofort nachvollziehen, wenn Sie sich mit einem Menschen treffen oder, noch deutlicher, mit einer größeren Menschenansammlung. Teamarbeit ist typisch für solche Wahrnehmungen von Energiefeldern. Oft erkennen wir das an der Freude, dort, wo wir uns und mit wem wir uns gerne aufhalten oder treffen. Bald erkennt man auch, wie sich das Wohlfühlen auf meine Energie auswirkt oder wo ich Energieverlust in Form von Unwohlsein, Kopfschmerz oder Müdigkeit etc. erlebe.

Energieumfelder der Organe mit ihrer jeweils eigenen Energie bezeichnen wir als die inneren Energieumfelder. Die inneren und die äußeren Energieumfelder stehen immer in Wechselbeziehungen zueinander.

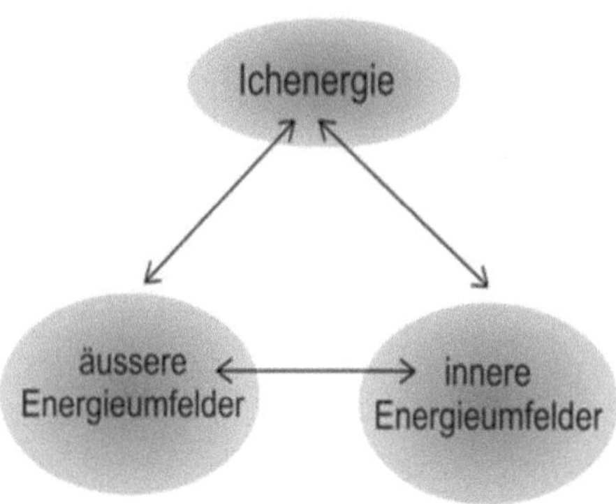

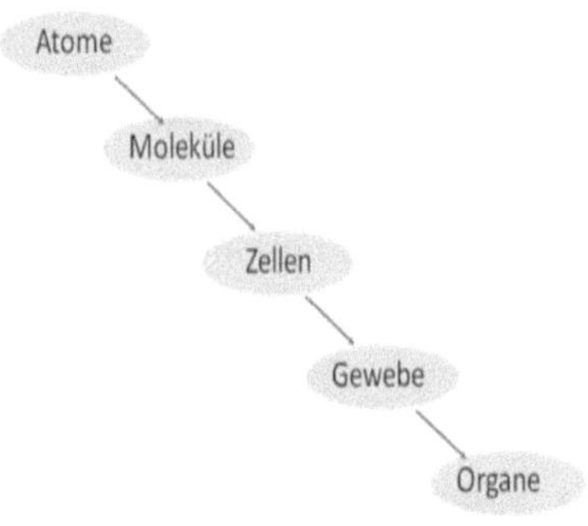

Es besteht ein enger Zusammenhang mit der Evolution der Atome. Beide, die äußeren und die inneren Energieumfelder, sind die Widerspiegelung des gesamten Evolutionsprozesses und damit gleichzeitig eine für den Menschen deutliche Widerspiegelung des Bewusstseins, der Offenbarung des Geistes im Fleische, also der Materie.

Die Offenbarung beginnt in der im Feld eingefangenen Energie, dem Atom, den manifestierten Schwingungen im Innersten des Atoms, den Quanten, vor allem den Elektronen und ihrer Speicherfähigkeit sowie dem Informationsaustausch auf der Quantenebene. Dieses innere Energieumfeld im Einzelnen bildet weitere Energieumfelder im Verbund der Moleküle, der Zellen, Gewebe und letztendlich des Organs. Es bildet die inneren Energieumfelder unseres Organismus'.

Die Organe stehen im engen Zusammenhang mit den äußeren und den inneren EUF.

Die inneren EUF sind auf die Organe bezogen und somit auf den gesamten Organismus und das Zusammenwirken des grobstofflichen Körpers, der wiederum mit den äußeren Energieumfeldern und der Ichenergie und damit vor allem auch der Seele eng in Verbindung steht, die wir als Elektronenkonfiguration kennengelernt haben. Somit stellt sich der Zusammenhang unseres Organismus' mit dem Bewusstsein, der Intelligenz und den Informationsmustern der NRZ dar.

Der Zusammenhang zwischen der RZ, dem grobstofflichen materiellen Körper, und der NRZ, dem nichtstofflichen geistigen Bereich, aus dem alles entsteht, wird hier sehr deutlich.

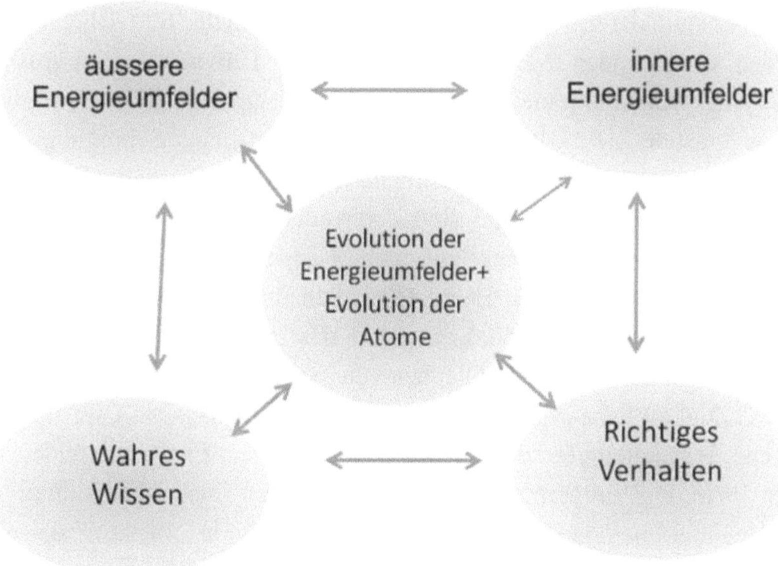

Das Ich wird im Evolutionsprozess des Menschen zunächst nur auf den grobstofflichen Körper bezogen. Auf der Grundlage der fünf Sinne wird der Körper nur als solcher aus Materie bestehend betrachtet. Dass der Körper sich aber entfaltet aus den in Feldern eingeschlossenen Energien, den Schwingungen in den Atomen, verkennt dann der Mensch. Auch welcher Prozess der Manifestation des Atoms vorausgeht, gemäß dem Menioprinzip, wird nicht beachtet. Dieses Wissen wird nicht gelehrt. Also ist ein Grad von Unwissenheit vorhanden. Das nur materielle Wissen verdrängt den Geist, da er für den Unwissenden nicht sichtbar und nicht messbar ist, also „nicht existiert" – daraus folgt halbes Wissen, worauf die Unwissenheit begründet liegt. Auf dieser Basis entwickelt sich die Betrachtung der materiellen Welt – die Welt des eigenen Ichs.

Daraus entsteht der Egoismus des Menschen, alles nur auf sich zu beziehen und nur auf den Glauben seines stofflichen Körpers zu beharren. Alle Schlussfolgerungen werden darauf ausgerichtet. Das Nichtstoffliche wird nicht erkannt. Somit entstehen aus der Unwissenheit die Folgen des Misserfolges und des Leids.

Es kristallisieren sich fünf wesentliche Merkmale, fünf Übel, heraus, die den unwissenden Menschen beherrschen: Unwissenheit, Egoismus, Zuneigung, Abneigung und das Beharren auf die grobstoffliche Schöpfung. Daraus entsteht der Glaube, dass die grobstoffliche Schöpfung letzte Gültigkeit habe. Diese fünf Merkmale bzw. Übel werden als niedrige Eigenschaften bezeichnet und sind dann auch in ihrer Wirkung auf die Energieumfelder und damit auf den Körper als niedrige Energien anzusehen. Diese niedrigen Energien wirken in den äußeren und inneren Energieumfeldern. Letztendlich entstehen das Leid und der Misserfolg aus der Unwissenheit, aus dem Glauben, dass die grobstoffliche Schöpfung letzte Gültigkeit habe (vgl. „Heilige Wissenschaft, Bhagavad Gita").

Die Betrachtungen der Zusammenhänge der Energieumfelder und deren Wirkung untereinander führen dann zu der Entwicklung der Energieumfeldmethode (EUM), einer Methode der Yogasolanwissenschaften von Isolde Heller-Bayer und Dr. Jürgen Bayer.

Die **Energieumfeldmethode (EUM)** beruht auf der wissenschaftlichen Erkenntnis der Nichtrelativitätstheorie, auf der Erkenntnis von Feldern um uns und in uns wirkender Energien – den Energieumfeldern (EUF). Veränderungen des Körpers (innere EUF) sowie aller Situationen in Familie, Partnerschaft, Beruf (äußere EUF) nehmen die Form an, die wir mit unserem Denken bewusst gestalten.

Wir leben in einer Wechselwirkung. Alles wirkt auf uns, und wir wirken auf alles. In der Energieumfeldmethode werden die Ursachen niedriger Energien und deren Auswirkungen, wie beispielsweise Leid, Schmerz, Misserfolg etc., tiefgreifend betrachtet, deren Zusammenhänge erfasst und ausgewertet, sodass durch Energieerhöhung eine Energieumwandlung des Menschen und seiner Energieumfelder erfolgt. Die Verursachung des Leides, des Schmerzes oder des Misserfolges kann beseitigt werden, und der Erfolg und die Freude wirken als neue Energieumfelder. In solch einem Stadium ist der Mensch gesund und leistungsfähig.

Welche Energie lebe ich? Diese Frage sollte man sich öfter und immer wieder stellen – ein „Check up" meiner Lebenssituation: In welchen Energieumfeldern lebe ich? Welche Energieumfelder haben auf mich Einfluss? Ist es das Direktfeld, die unmittelbar um mich wirkenden Energiefelder? Welchen Energielevel haben sie? Oder sind es Nahenergiefelder, die mich beeinflussen, meine Energie „rauben"? Ist der Job, den ich gerade ausübe, meinem Wunsch entsprechend, oder muss ich nur Geld verdienen? Oder sind es meine Kollegen, die mich mobben? Viele Fragen, auch aus dem Fernenergiefeld – der Wirtschaft, Politik oder vielleicht der Konstellation der Sterne. Wenn Sie einen Selbsttest durchführen wollen, dann nutzen Sie die folgende „Kuchenbetrachtung", und erkennen Sie, was Sie leben.

Kuchenbetrachtung

Welche Energie lebe ich?

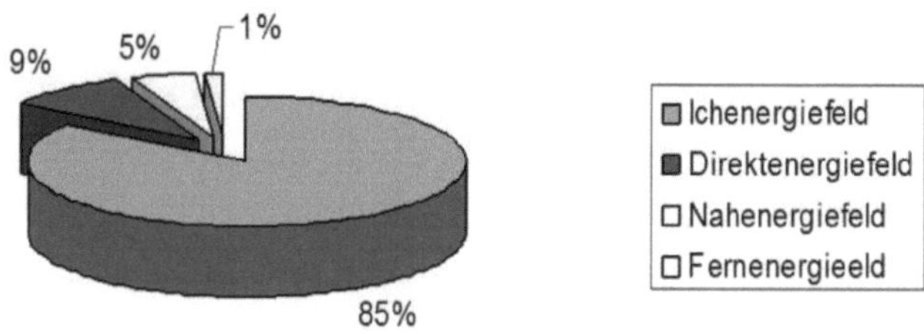

Nach dieser Erkenntnis erfahren Sie in einer Beziehungslandkarte den Energielevel der Personen in Ihren Energieumfeldern und erkennen, in welcher energetischen Verbindung Sie zu den Personen in Ihren Energieumfeldern stehen. Jetzt haben Sie die Möglichkeiten, aus der Energiebetrachtung, also der „Kuchenbetrachtung", und der Beziehungslandkarte Schlussfolgerungen für Ihre Lebenssituation zu ziehen und schon die ersten Maßnahmen einzuleiten zur Veränderung Ihres Lebens. Sie können festlegen, mit welchen Energieumfeldern, mit welchen Menschen Sie in Ihren Energieumfeldern weiter leben möchten oder mit wem Sie sich in Zukunft zusammentun für Ihre Partnerschaft, für Ihren Beruf oder für Ihre Verbesserung der allgemeinen Lebenssituation.

Alles das können Sie der Darstellung „Erkenntnis der EUF" entnehmen.

Erkenntnis der EUF

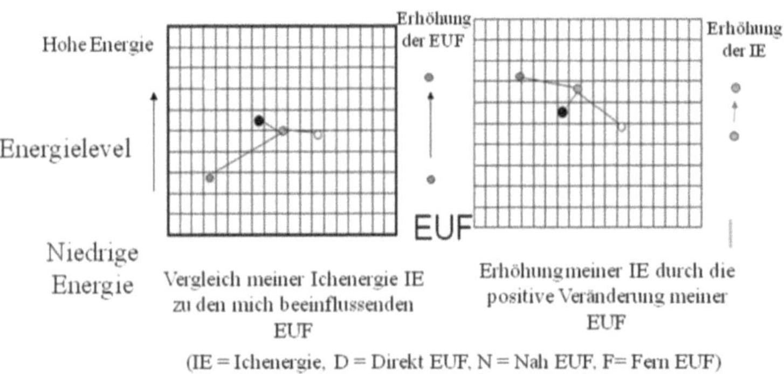

In der linken Darstellung ist die Ichenergie (IE) niedriger als in der rechten Darstellung. Die Erhöhung des Energielevels gelingt durch die Änderung der EUF, die ja immer mit Personen in Verbindung steht. Die „IE" wird weiter nach oben gehoben zu einem höheren Energielevel – mit dem entsprechenden höheren Lebensstandard, wie rechts dargestellt.

Auf der Basis der „Kuchenbetrachtung" und der „Beziehungslandkarte" wird es möglich, eine genaue Analyse des Ist-Zustands aller

wirkenden Energien (Verhaltensmuster, wiederkehrende Ängste, Unsicher-
heiten, Sorgen usw.) im Zusammenhang mit den Energieumfeldern der
Beteiligten zu erstellen. Es ist zu erkennen, dass der Mensch ständig unter
dem Einfluss des Energieaustausches aller Personen seiner
Energieumfelder steht, die entweder positiv oder negativ auf ihn reagieren.

Diese Betrachtung führt zu der Erkenntnis, wie viel Energie man für
sich und wie viel man für andere verbraucht. Betrachtet man die
Lebensabschnitte eines Menschen auf der Basis wirkender EUF, erkennt
man bei der Aufzeichnung des bisherigen Lebenslaufes die Entwicklung
seines Lebens – eine Veränderung seines Lebens, ein Evolutionsprozess,
der im Lebenszeitlauf stattfindet. Es erfolgt eine ständige Veränderung der
Energieumfelder in uns und um uns, vor allem auch in den inneren EUF, in
unseren Organen, den Zellen und vor allem in den Atomen und dem
Inneren der Atome, die letztendlich nach dem Menioprinzip mit der NRZ
als Ursprung allen Geschehens, der Offenbarung der Materie, in
Verbindung zu bringen sind. Es sind Merkmale der inneren Raumzeit,
Muster, die von einem Lebensabschnitt zu einem nächsten Lebensabschnitt
übertragen werden und sich ständig vom Niederen zum Höheren entwickeln – im Einklang mit den ihnen zugehörenden Energieumfeldern aller
beteiligten Menschen, eigentlich deren Seelen, mit denen wir energetisch
verbunden sind.

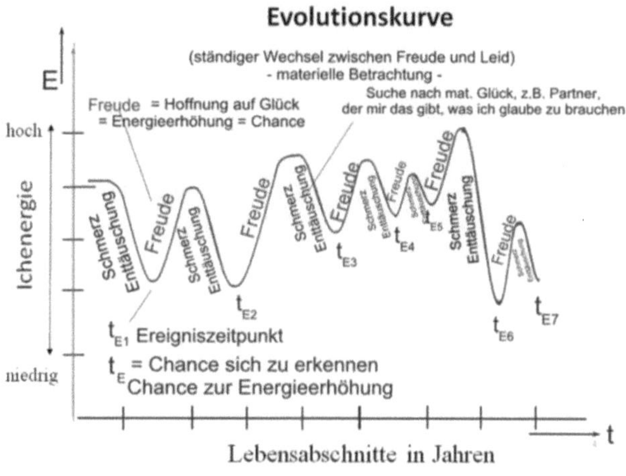

Diese Betrachtung wird in einer Evolutionskurve des Menschen darge-
stellt. Mit Hilfe der Evolutionskurve kann das Fehlverhalten infolge alter
Muster und aller damit in Zusammenhang stehenden Ereignissen, die zu
Verlusten und Problemen führten (Krankheit, Partnerverlust, Finanz-
probleme, Berufsprobleme etc.), genau erkannt und bearbeitet werden.
Gleichzeitig kommen auch die wertvollen Reserven der nicht richtig
eingesetzten Energien für die Nutzung der erfolgreichen Gestaltung der
Zukunft zu Tage, die mit empfohlenen Maßnahmen und Techniken für den
Selbstwert Schritt für Schritt die Persönlichkeit neu gestalten helfen.

Wertvolle Erkenntnisse über die Vermeidung von Energieverlusten
sowie Gewinn von Energien dienen der neuen Verhaltensgestaltung, auf
deren Grundlage die Evolutionskurve der Zukunft erstellt wird. Der
Mensch erkennt, wie er bewusst seine Ichenergie, seinen Selbstwert erhöhen und wie er friedvoll sein weiteres Leben erfolgreich gestalten kann.
Das erkennen wir dann in der Evolutionskurve des Menschen. Jeder
Mensch hat seine eigene Entwicklung, seine eigene Evolution, seine eigene
Evolutionskurve, die über seine Lebensabschnitte erstellbar und erkennbar
ist.

Die Evolutionskurve des Menschen gibt die ständigen
Energieschwankungen des Menschen in seinem Leben an – Energie-
schwankungen der Ichenergie in den verschiedenen Lebensab-
schnitten, zu bestimmten Er-
eigniszeitpunkten des Lebens.
Der Wechsel von Freud und
Leid ist kennzeichnend für die
Ereigniszeitpunkte, die wir als
Wendepunkte definieren.

Der Mensch pendelt immer
zwischen zwei Polen, der
Freude und dem Leid. Die
Ausrichtung nur auf die fünf
Sinne, die alles Materielle

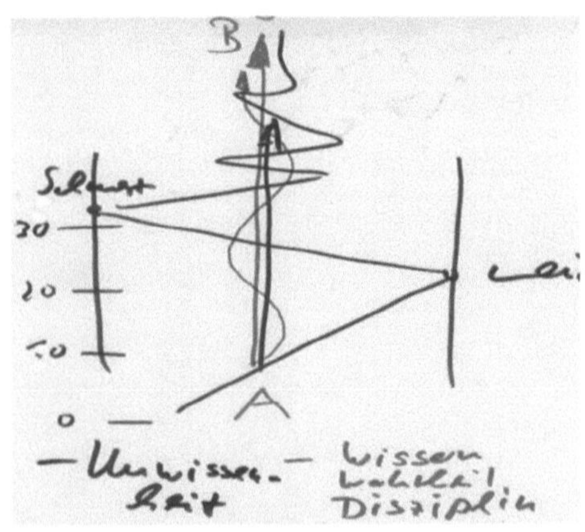

Das „Auf" und „Ab" in unserem
Leben durch Wissen überwinden

widerspiegeln, ist der Auslöser dafür, dass die Ursachen nicht erkannt werden können. Es fehlt so etwas wie ein höherer Sinn. Alles ist da, woraus alles besteht. Wir sehen, hören, schmecken, fühlen und riechen es nicht. Die sich daraus bildende Unwissenheit bringt uns gewissermaßen von einem Leid oder Schmerz zum anderen. Das wahre Wissen kann uns da heraus führen. Wir können die wahren Zusammenhänge erkennen, wie im Menioprinzip dargestellt – in einem höheren Bewusstsein die wahren Zusammenhänge erkennen, um nicht immer wieder an der Wand des Leidens anzustoßen. Der direkte Weg zum hohen wahren Wissen führt von A nach B, der Verstrickung entrinnend.

Aus diesem Grunde werden in der Energieumfeldmethode die sogenannten Wendepunkte der Lebensabschnitte gezielt in der Ereignisfeldbetrachtung betrachtet.

Die Energieumfeldbetrachtung

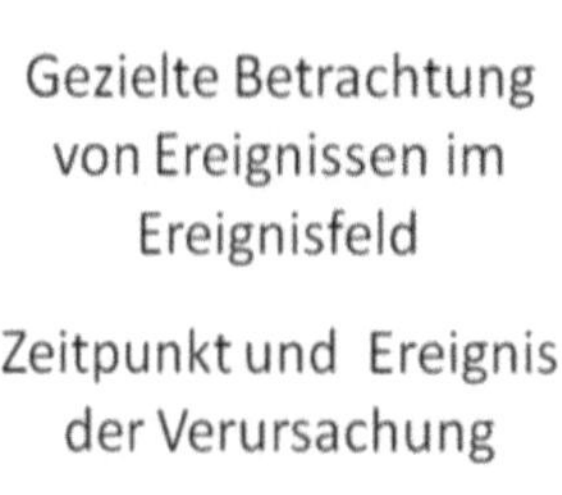
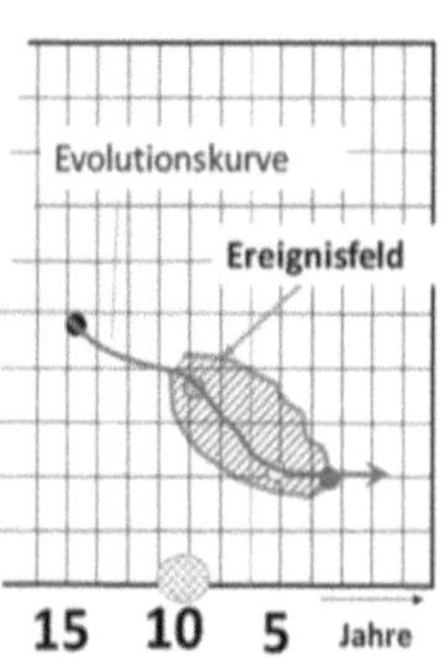

Die Ereignisfelder bringen korrekt zum Ausdruck, welche energetischen Veränderungen sich zum Zeitpunkt des Wendepunktes (Wendepunkt im Lebensabschnitt des Menschen, der zu Verlust, Krankheit oder allgemeinem Leid führt) einstellen. Alle Ereignisse der äußeren und inneren EUF wirken energetisch auf den Menschen. Hier ist das

Wechselspiel der äußeren EUF mit den inneren EUF wesentlich. Krankheiten, organische Schwächen aller Art, auch die Immunschwäche, Schwächen der Blutdruckregulierung – alle Erkrankungen stehen mit den äußeren EUF in Verbindung und haben eine Bedeutung für das Ereignis im Ereignisfeld. Das ist einfach herzuleiten durch das Menioprinzip, das Bewusstsein des Betreffenden und das Bewusstsein aller Beteiligten in den EUF. Besonders sind es niedrige Energien, die ausgelöst werden durch niedrige Eigenschaften, bewusstseinsabhängig. Solche sind z. B.: Zuneigung, Trauer, Selbstmitleid, Abneigung, Sucht, Aufopferung, Unaufrichtigkeit, Geltungsbedürfnis, Abhängigkeit, Wichtigtuerei, Verachtung, Arroganz, Angst, Stolz, Schuldgefühl, Mobbing, Kummer, Erniedrigung, Hass, Neid, Unehrlichkeit, Egoismus, Töten etc.

Wenn man sich das Menioprinzip vor Augen hält, erkennt man die Zusammenhänge des Bewusstseins mit denen der Manifestation des Atoms – des Atoms, das sich ja als Fleisch offenbart, in den Geweben, Organen, dem gesamten Körper, alle Ebenen durchlaufend, beginnend in der NRZ der Intelligenz und den zugeordneten Informationen. Sind die Gedanken dem Niederen (Angst, Depressionen, Neid, Mitleid etc.) zugeordnet, werden sich die Informationen der NRZ so formieren, dass sich keine höhere (auch göttliche) Energie der höheren Intelligenz im Menioprinzip formen kann.

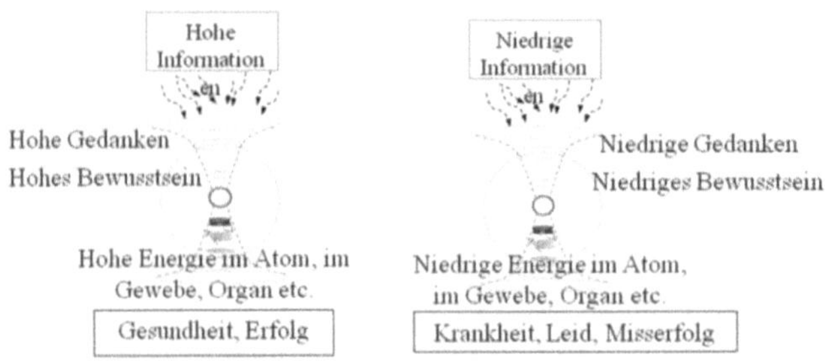

Das Bewusstsein als eine entscheidende Größe unserer Gesundheit

Es ist also eindeutig ersichtlich, wie schon beschrieben, dass das Bewusstsein wesentlich ist für die Offenbarung des Fleisches, unseres Körpers.

Durch das Bewusstsein kann ich lernen, die Ichenergie zu steuern. Wesentlichen Einfluss haben dabei ebenfalls alle mit mir in Verbindung stehenden, wirkenden Energieumfelder. Im unten stehenden Bild ist der Einfluss des Ichenergiefeldes durch niedrige/hohe Energien dargestellt – auch der in der Vergangenheit wirkenden Einflüsse hoher und niedriger Energien. Es ist möglich, meine Ichenergie und damit meinen Gesamtzustand, meinen Energielevel, bewusst zu ändern.

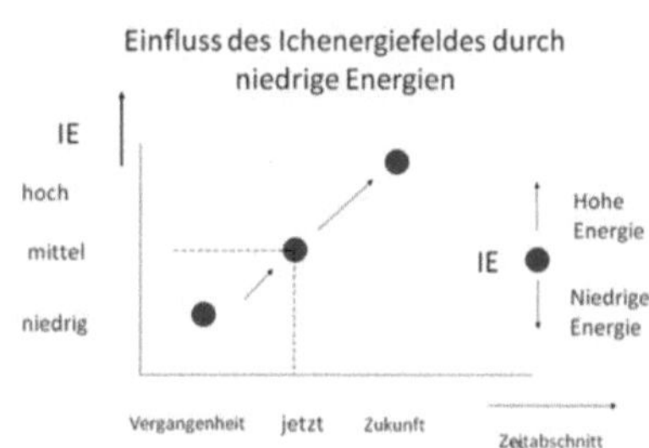

Es wird möglich, meine Evolution selbst zu bestimmen. Zunächst organisieren wir die Energieumfelder neu im betrachteten Ereignisfeld. Es besteht die Möglichkeit, nach der Energieumfeldmethode einen Blick in die „Zukunft" zu werfen – mit den

Möglichkeiten der höheren Sinne sozusagen einen Blick in die NRZ zu werfen, zum Erkennen meines eigenen inneren Wunsches, der, so sagen es die Lehren von Agasthiya und anderen höher stehenden Philosophen, in uns verborgen ist, dann erkenne ich auch das, was für mich „vorgesehen" ist. Zunächst erscheint das mystisch.

Aber die Betrachtung in der NRZ lässt alles offen, denn kein Gedanke, keine Idee geht verloren in der NRZ, auch nicht der meiner Aufgabe oder meines Lebensweges, den ich mir selbst verursacht habe. Alles geht zurück zum Ursprung – in der NRZ zur höchsten Intelligenz, dahin, wo alles herkommt, und das ist die Zukunft – in der NRZ, alles pure Energie, die nach der Nichtrelativität der höchsten Intelligenz entspricht und den darin enthaltenen Informationen, die wir nutzen können, auch für unsere Zukunft, da ja alles „Jetzt" ist.

Zwischen zwei Wendepunkten findet immer ein Ereignis statt, welches wir als Ereignisfeld betrachten. Das Ereignisfeld ist der Lebensbereich, in dem sich meist entscheidende Veränderungen des Lebens eingestellt haben – Muster, die sich bilden in uns, die in Zusammengang stehen mit der inneren RZ. Es gilt, diese Muster zu erkennen, vor allem deren Verursachung in der NRZ.

Aufbauend auf diese Erkenntnisse ist es möglich, durch ein höheres Bewusstsein die niedrig wirkenden Energien so zu verändern, dass in einem neuen Ereignisfeld ein Wendepunkt eingeleitet wird zur positiven Änderung des Lebens in Zufriedenheit und Glück.

Nach einiger Übung und dem Erlernen weiterer Zusammenhänge wird das gelingen, um in der geistigen Vernetzung der NRZ alles zu erfahren. Dementsprechend wird schrittweise eine Annäherung erzielt, und die Ereignisfelder werden ständig erweitert und schließlich umgesetzt, wie im Bild dargestellt, in die RZ als die Zeit und die wirkende Energie der neu formierten EUF – ein Blick in die Zukunft, ein Vorgang der Annäherung an die pure Energie der NRZ mit der Überwindung niedriger Energien aus der Raumzeit.

Der Blick in die Zukunft gelingt uns auf der Basis der Evolutionskurve der Zukunft.

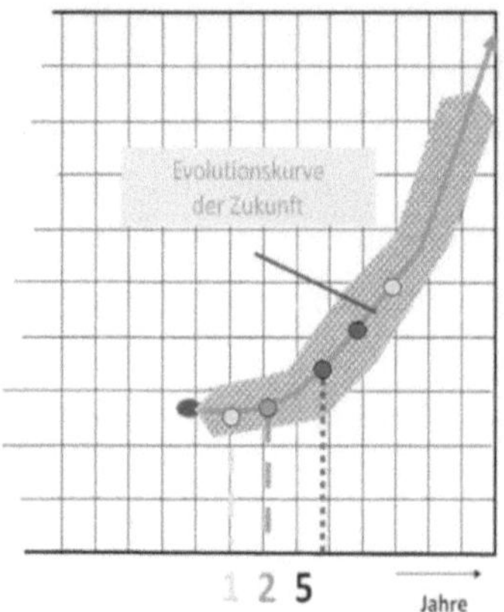

Was wir brauchen, sind höhere Sinne – Sinne, die über die fünf Sinne hinausgehen. Das sind dann aber keine mit dem stofflichen Körper, mit den fünf Sinnen verbundene Wahrnehmungen. Die fünf Sinne sind die Voraussetzung dafür, dass der Mensch sein Umfeld erkennen kann. Das sind im Prinzip fünf **Formen der Elektrizität,** die in engem Zusammenhang mit den **Energieumfeldern** stehen.

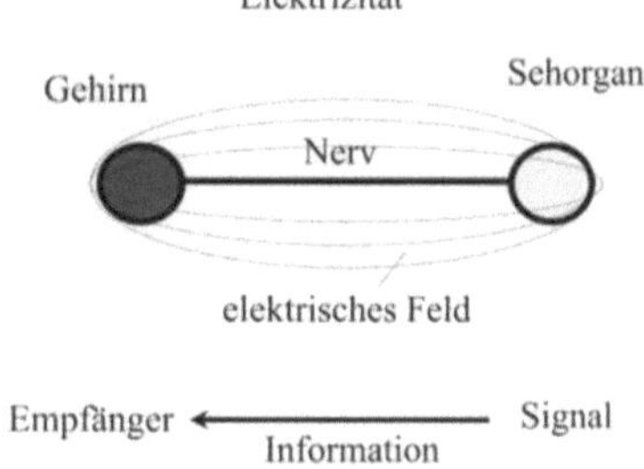

Das ist die Verbindung zur äußeren Welt. Unser Körper, unser zentrales Nervensystem, unsere Organe, alle Zellen etc. werden genährt durch die Elektrizität unserer fünf Sinne und verursachen die Reaktionen in unserem Körper – nachvollziehbar am Evolutionsprozess unseres Seins. Dieser ist nicht abgeschlossen. Der weitere Evolutionsprozess wird sich beziehen auf die Entwicklung „höherer Sinne" unseres Bewusstsein und aller damit verbundenen Prozesse in uns und um uns. Der Mensch wird höhere Sinne, höhere Wahrnehmungen erfahren und höhere Erkenntnisse im Zusammenspiel mit der Entwicklung seines Körper und seiner höheren EUF.

Nach dem Menioprinzip sind die fünf Sinne mehr den Elektrizitäten des Körpers zugeordnet. Die höheren „Sinne" sind mehr der NRZ zuzuordnen – nicht mehr auf die fünf Sinne der RZ bezogen, sondern auf die Wahrnehmung des kausalen (emotionalen) Bereiches und, darüber hinaus gehend gemäß dem Menioprinzip, jetzt mit unseren erhöhten Gedanken und dem „Bewusst Werden" unseres Seins und dessen Zusammenhängen. Dann können wir über die fünf Sinne hinaus denken – „Übersinnlich" denken:

Wahrnehmung: Spüren und Erkennen der Vernetzung in der NRZ

Intuition: Verbindung des Geistes mit der höchsten Intelligenz der NRZ

Inneres Hören: Hören ohne Ohren in der NRZ

Inneres Sehen: Sehen ohne Augen in der NRZ

Liebe: Glück – Gefühl – höchste Energie der NRZ

8.7. Die Betrachtung der Energieumfelder des Menschen

Mit dem Bewusstsein bestimmen wir die in uns wirkende Energie über die Intelligenz und damit über das verlängerte Gehirn, über das Gehirn und das Rückenmark, über den Energiestrom zur Versorgung unserer Organe, unseres Körpers. Schauen wir von oben auf unseren Körper, so können wir den Energiestrom kreisförmig sehen, über dem Kopf und der Wirbelsäule. Aus der Energieumfeldmethode wissen wir, dass sich um den menschlichen Körper ein Energieumfeld aufbaut. Das sind dann konzentrische Kreise mit einer entsprechenden Ausdehnung.

Wenn wir jetzt weiter gehen in unseren Betrachtungen, unseren Gedanken, so erkennen wir, dass eine weitere Erhöhung unserer Gedanken, unseres Bewusstseins, immer eine Erhöhung unsere Energie, unserer Intelligenz, zur Folge hat – eine Ausdehnung unserer Energieumfelder.

Die Energieabgabe des Menschen beginnt bereits in der NRZ. Der Mensch gibt Energie in der NRZ ab und, durch die Manifestation des Menioprinzips im Körper, auch Energie über den Körper hinaus (EUF). Die Energiebilanz soll nochmals unter diesem Aspekt betrachtet werden.

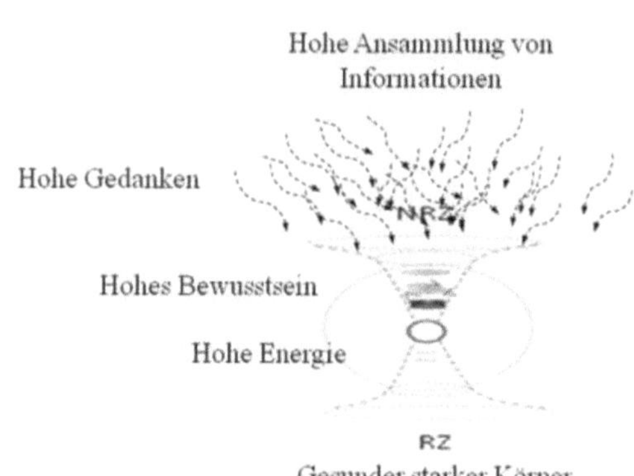

Die materielle Betrachtung allein ist unvollständig, ja unzureichend, unwissend, und führt zu falschen Erkenntnissen und Aussagen und damit zu falschen Entscheidungen und Schlussfolgerungen.

Wir wollen diesen Weg der RZ-NRZ-Betrachtung vereinfacht weiter benutzen und alle Zusammenhänge vollständig, ganzheitlich betrachten bzw. erkennen. Symbolisch dafür ist das Menioprinzip.

Mit der ständigen Erhöhung der Gedanken werden wir in ein immer größeres, umfangreicheres Informationsmuster vordringen. Die NRZ ist reiner Geist, der Geist ist unbegrenzt in der NRZ – ebenso wie die Informationen und die höchste Intelligenz. Der Geist wartet darauf, aktiviert zu werden. Daher gehen Gedanken auch nie verloren und sind ständig erreichbar für uns.

Wenn wir uns nochmals auf die Energiebilanz beziehen, so sieht diese sehr günstig aus für uns. Uns steht unbegrenzte Energie zur Verfügung. Wohlgemerkt, diese Gedankenentwicklung gelingt uns nur, wenn wir uns in der NRZ aufhalten.

Der Energiezufuhr aus der NRZ sind also keine Grenzen gesetzt, wenn wir sie nicht selbst begrenzen. Und das ist der Punkt, wir begrenzen uns – wir sind nicht mehr in der NRZ, dort gibt es nämlich keine Grenzen (Begrenzungen), nur in der Raumzeit, wie der Name es schon sagt. Wir begrenzen uns aus Gewohnheit, denn dort, im Raum und in der Zeit, halten wir uns ja ständig auf, weil wir auch selbst festlegen, dass wir die Zeit nicht haben. In der NRZ ist das ganz anders, da gibt es keine Zeit. Nun werden Sie sagen, ja – wir leben aber hier im Jetzt, also in der RZ. Machen wir nochmal einen Sprung, einen Sprung in die NRZ, mit unseren Gedanken. Wenn wir in die NRZ gehen, können unsere Gedanken, da sie keinen Raum und keine Zeit benötigen, sich hervorragend dort aufhalten – und sie können unbegrenzt reisen, mehr noch als in der Unendlichkeit, und Zeit spielt keine Rolle. Wir tun das öfter, als wir denken. Denn wenn man denkt, kann man außerhalb der fünf Sinne, außersinnlich sozusagen, die Dinge betrachten. Oft träumen wir, oft auch mit offenen Augen – und da passiert es, nicht wenn wir rational denken. Rationales Denken ist auf die Materie ausgerichtetes Denken, gelerntes materielles Wissen, das andere vor uns festgelegt haben, diskursives Wissen, bauend von einem Gedanken auf den anderen. Angelerntes Wissen ist materielles Wissen, sozusagen der RZ zugeordnet. Gehe ich aber mit meinen Gedanken in die NRZ, so halte ich mich gedanklich dort auf und kann in Resonanz gehen mit den entsprechenden Informationen – unbegrenzt, woraus sich „unbegrenzte" Lösungen ergeben. Das kann man lernen und üben und üben. Training unserer Gehirnzellen ist nötig, damit sie Verbindung aufnehmen mit dem Wissen außerhalb des Gehirns – eben in der NRZ. Der Aufenthalt in der NRZ ist jederzeit möglich, zunächst in Gedanken – aber das wäre schon ein großer Erfolg. Das Physische, das Materielle, folgt dann nach, nach weiteren Übungen und nochmaliger Übung und viel Fleiß, durch die Überwindung aller alten Muster in uns und um uns. Es ist ganz einfach. Materie folgt dem Geist (Menioprinzip). Es hängt nur von uns selbst ab. Und es kann auch schnell gehen, wenn ich mein Bewusstsein schnell erhöhe. Ein „Neues Denken" wird möglich.

Wenn wir sagen, wir leben aber jetzt, jetzt in der RZ, so vergessen wir, dass die NRZ die Ursache der RZ ist und die RZ die NRZ offenbart, also ist alle RZ in Wirklichkeit NRZ. Wir leben im Jetzt, gerade jetzt in der NRZ, die immer ist, in jedem Atom, in der inneren RZ sich offenbarend.

Mit anderen Worten bedeutet das, wenn ich mich von allem Äußeren (RZ) frei mache und das Wirkliche (NRZ) lebe in meinen Gedanken, Worten und Handlungen, lebe ich meine Persönlichkeit, ich lebe das „Ich bin" – hergeleitet von „Ich bin Gott". Dann ist es mir möglich, die höchste Intelligenz in mir wirken zu lassen – gleich der Intelligenz, die das Universum schuf. Dann ist es möglich, alles zu formen, was benötigt wird. Mit dieser Macht ausgestattet kann ich auf alles diese mit Energie behaftete Intelligenz wirken lassen, und dann fürchtet sich niemand vor mir, und alle und alles ist mir zugetan. Das ist mit anderen Worten die Energie der Liebe, die in mir und in allen ist.

Ein Mensch auf dieser Bewusstseinsebene kann sich alles nach dem Menioprinzip erschaffen aus der NRZ in die RZ – alles, was er für sein tägliches Leben benötigt, und er kann sogenannte „Wunder" vollbringen, da er im Überfluss über alle erforderlichen Informationen verfügt, mit denen er solche „Wunder" vollbringen kann.

9. Die Energiebilanz des Menschen

So gesehen ist eben alles Geist, latente Energie, auch das, was besteht, was manifestiert ist, ist Geist und wird ständig genährt. Die Betrachtung in der NRZ ist entscheidend, sie ist primär, denn jede Manifestation beginnt dort. Sie ist die Ursache der Manifestation. Sie ist die Quelle der Materie. Mit den fünf Sinnen können wir sie nicht erkennen, nur mit dem höheren Bewusstsein, mit einer höheren Intelligenz. Wenn wir uns dieser Zusammenhänge bewusst sind, dann schärfen wir unser Bewusstsein und erkennen die Zusammenhänge. Unser Bewusstsein richtet sich aus auf die NRZ, und wir erkennen die Intelligenz, die Informationen, die hinter der latenten Energie, dem Geist stehen – immer unserem Bewusstsein entsprechend. Wir müssen es lernen, das zu wissen, um es dann erkennen zu können. Alles andere ist Unwissenheit.

Unwissenheit ist ein Ausrichten des Bewusstseins auf die fünf Sinne. Das Bewusstsein ist dann das Sinnesbewusstsein – nur auf die Materie, das Manifestierte ausgerichtet. Das Sinnesbewusstsein erkennt die wahren Zusammenhänge nicht, ist unwissend und entspricht somit der Unwissenheit. Das ist dann identisch mit dem Leid. Die Gedanken werden darauf ausgerichtet, auf die Intelligenz-behaftete Energie (niedrige Energie). Wenn der Gedanke falsch ist, dann müssen wir ihn ändern – ändern mit höherem Bewusstsein.

Sinnesbewusstsein ist Unwissenheit, ist Leid.

Der Mensch, der Wissende, kann also lernen, seine Energie zu regeln. Sich energetisch zu erhöhen, wie wir erkannt haben, unbegrenzt in der NRZ, höchste Intelligenz-behaftete Energie, höchste Informationen, höchstes Wissen.

Mit immer höher werdendem Bewusstsein kann der Mensch seine Energie erhöhen. Es steht ihm mehr Energie zur Verfügung als bei niederem Bewusstsein – höhere latente Energie, mit hoher Intelligenz der NRZ gepaart. Demgegenüber steht der Verbrauch der Energie in der RZ:

Abgeführte Energie (E_{ab}) in der RZ, die dem Körper entzogen wird, die der Körper verbraucht. Aus der Gegenüberstellung der zugeführten Energie (E_{zu}) der NRZ und der abgeführten Energie (E_{ab}) der RZ können wir eine Bilanz ziehen – eine Energiebilanz des Körpers, die wir näher betrachten wollen.

Es ist wie bei einem Behälter, der mit Wasser gefüllt wird. Er läuft über, wenn zu viel Wasser hinein läuft. Will ich das verhindern, indem ich ihn verschließe, kann kein neues, frisches Wasser mehr zufließen. Es entsteht ein Stau, ein Stillstand. Gleiches gilt für die Energiezufuhr bei einem Schnellkochtopf, einem abgeschlossenen (gedeckelten) Energiesystem. Wird der Druck zu groß, explodiert der Topf, wodurch größerer Schaden entstehen kann. Energie muss fließen, auch beim Menschen. Je mehr Energie abgegeben wird, desto mehr Energie kann wieder zufließen, desto höher wird der Energiefluss, desto höher wird die zur Verfügung stehende Energie, desto höher werden die Wahrnehmungen und das Bewusstsein. Bei der Energiebilanz ist zu berücksichtigen, welche Energie fließt, welchen Level sie hat. Das entscheidet das Bewusstsein. Denken und handeln wir im höheren Bewusstsein, wird höhere Energie „E_{zu}" nach dem Menioprinzip „zufließen", und es kann demzufolge niedrigere Energie „E_{ab}" „abfließen".

Die Energiebilanz beim Menschen ist dementsprechend zu betrachten.

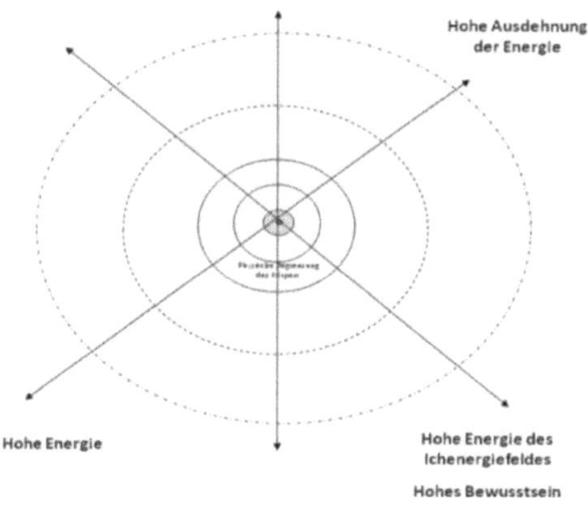

Die Energie, die dem Menschen „zufließt", ist manifestierte Energie. Energie wird in die RZ „übertragen" – sie offenbart sich. Sie strömt vom höheren zum niederen Energielevel" – in der RZ betrachtet. In der NRZ betrachtet ist die Energie bereits vorhanden, immerwährend – sie ist immer da. Sie manifestiert sich dem Menioprinzip entsprechend. Die Energie offenbart sich im Atom, in allen Zellen, im Gewebe, in den Organen in unserem Körper, ständig. So wird die Energie in unserem Körper erhalten, sonst würden wir nicht existieren.

Es gibt aber einen zweiten Weg des „Durchfließens" der Energie in unserem Körper. So wie sich in einem elektrischen Leiter durch den Elektronenfluss die Elektronen bewegen und elektrische Ladungen transportieren, geschieht das auch in unserem Körpersystem. So wie es in den elektrischen Leitern elektrische Widerstände gibt, die den Elektronenfluss beeinflussen, so geschieht das auch in unserem Körpergewebe. Die Konsistenz unseres Gehirns hat so einen geringeren Widerstand, sodass dort Energie schneller „transportiert" wird, schneller fließen kann. Das gilt dann auch für die Verlängerung des Gehirns, das Rückenmark. Energie durchströmt den Menschen. Im übertragenden Sinne können wir dann von „fließender" Energie in unserem Körper sprechen.

Der Körper wird von Energie durchströmt, im Gehirn und seiner Verlängerung, dem Rückenmark. Von oben betrachtet erkennen wir eine punktförmige Quelle, eine Energiequelle, deren Energie sich radial in allen Richtungen um den Körper ausbreitet. Es entsteht ein Energieumfeld (EUF) um den Körper, dessen Energie mit größer werdendem Abstand abnimmt in der Begrenzung der RZ – kaum messbar und daher schwer nachweisbar. Es ist eben Intelligenz-behaftete Energie der NRZ, die sich in der RZ offenbart, wofür es kein Messgerät gibt.

Offenbarte, manifestierte Energie in der RZ lässt sich z. B. durch eine Thermokamera nachweisen. Interessant ist aber die Ausbreitung von Energie infolge der Energie der NRZ, also Intelligenz-behafteter Energie des Bewusstseins. Mit der Thermokamera erkennen wir nur die Auswirkung der Energie der NRZ in der RZ, nicht die Ursache der Energie und auch nicht die Ursache der Energieverluste.

Wenn wir sagen, wir leben aber jetzt, jetzt in der RZ, so vergessen wir, dass die NRZ die Ursache der RZ ist und die RZ die NRZ offenbart, also ist alle RZ in Wirklichkeit NRZ. Wir leben im Jetzt, gerade jetzt in der NRZ, die immer in uns ist, in jedem Atom, in der inneren RZ sich offenbarend. Wir sind immer in der NRZ, zuerst, und dann in der offenbarten RZ. In der RZ ist die Begrenzung durch den Raum und die Zeit vorhanden. Das ist aber nur unsere Vorstellung. Es gibt für den Betrachter in der RZ nur Materie. Der Mensch begrenzt sich, wenn er nur in dieser Begrenzung der RZ denkt und handelt. Die Ursache der RZ, also die Betrachtung der NRZ, ohne Raum und ohne Zeit, ermöglicht ein unbegrenztes Denken und Handeln. Der Mensch befreit sich und kann unbegrenzt immer mehr Vollkommenes vollbringen.

Wir erkennen, dass die Offenbarung der Energie der NRZ das Atom in der RZ in Schwingung versetzt, dass jetzt sichtbare, messbare Energie entsteht. Wenn wir jetzt durch das Atom hindurch gehen, erkennen wir, dass alles unbegrenzt mit einander vernetzt ist. Dieses Wissen ist die Voraussetzung der Erkenntnis der Welt. Mit diesem Wissen gehen wir mit uns und unserer Umwelt anders um. Dann haben wir die Chance, alles mit unserem Bewusstsein und unseren Gedanken zu bestimmen. Da alles, alle Energie, im Überfluss vorhanden ist, verschwindet auch der Neid und alles, was davon abgeleitet wird, wie Gier und Egoismus usw. Dann öffnet sich eine ganz andere Welt, eine Welt des Friedens und des Glücks für alle. Davon ist hier die Rede – und das betrifft jeden von uns. Vielleicht ist das das Himmelreich, von dem in der Bibel gesprochen wird, und zwar hier auf Erden.

Mit diesem Thema werden wir uns immer mehr beschäftigen – dem Menschen zum Wohlgefallen. Keine Physik kann das erklären, und keine Technik ist erforderlich, auch keine Politik, Gesetze, Banken usw. Wir sprechen von einer Welt ohne Geld und viel Reichtum, einer Welt im Überfluss.

Wir müssen es uns nur bewusst machen, dann verstehen wir das Atom, wir verstehen die Materie als schwingendes System und, durch das Atom hindurch gehend, das gesamte Universum.

Die Energiebilanz des Menschen ist eine Bilanz der aus der NRZ unserem Körper zugeführten Energie (E_{zu}) und der durch unseren Körper verbrauchten, abgeführten Energie (E_{ab}), betrachtet in der RZ – Energie, die uns zugeführt wird und Energie, die wir abgeben. Bei der Betrachtung des Menioprinzipes können wir noch detaillierter hineinschauen in unsere Energiebilanz.

- NRZ – Input – welche Informationen, wie viel, welche Gedanken (Gedankenausrichtung), welche Intelligenz?

- NRZ – Wie hoch ist das Bewusstsein?

- Noch der NRZ zugeordnet – g-Gravitation – Betrachtung der Durchlässigkeit, wie viel Niedriges (niedrige Energie, niedrige Gedanken) begleitet mich?

- Übergang NRZ zur RZ:

  Wie hoch ist die noch verbleibende Energie im Magnetismus, welche EUF beeinflussen den Magnetismus, Emotionen, Leid, Verlust etc.?

- Innere RZ:

  Wie hoch sind die in der inneren RZ noch vorhandenen Muster (Erinnerungsfeld der Elektronen/Photonen)?

- Äußere RZ:

  Was hat sich manifestiert (Auswirkungen, Gesundheit/Krankheit, Erfolg/wenig Erfolg, Probleme, Freude/Leid – unser Alltag, Gewohnheiten)?

Ein kleiner Auszug von möglichen Einflüssen auf unser Input – aus der NRZ betrachtet. Wir können die RZ durch die NRZ bestimmen, verändern. Das beginnt im Informationsmuster und damit wieder mit dem Bewusstsein – Gedankenerhöhung. Nicht mehr an Altem festhalten. Loslassen wird oft empfohlen. Ja – aber wie und was? Genau darum geht es. Und wenn wir das in der NRZ betrachten, dann lassen wir die RZ los. Vielleicht sind das unsere ständigen Sorgen, die ja, in der NRZ betrachtet, immer wieder mit Informationen der Sorgen in das Menioprinzip eindringen. Unser Körper, die RZ, unsere Probleme (unser Körper – unsere Krankheit) manifestieren sich dementsprechend – und zwar immer mehr und mehr, weil ich im Informationsmuster genügend „Nahrung", genügend Informationen bekomme, die sich zu mir gesellen, in Resonanz gehen.

Durch unsere niedrige Energie, durch Probleme, formen wir unsere Krankheit – durch höhere Energie, durch Freude, formen wir unsere Gesundheit.

Die Unbegrenztheit der NRZ hat nämlich auch einen Nachteil, denn wenn alle Informationen oder Gedanken erhalten bleiben, bleiben auch die niedrigen, die negativen oder die schlechten Gedanken und die zugeordneten Informationen erhalten. Und wenn ich mich dort aufhalte, in meinen Gedanken, also in der NRZ, dann werde ich diese niedrigen Informationen „einladen", und mein Informationsmuster wird angereichert mit noch mehr niedrigen Informationen, und die Manifestation sieht dann dementsprechend aus. Was sollen denn die in der inneren RZ auf Anweisungen wartenden Quarks, Elektronen etc. tun, die ständig genährt werden mit diesem schrecklichen Bombardement solcher Informationen? Sie können doch nur das weitergeben, was wir ihnen anbieten. Das Menioprinzip tut sein Übriges, es formt den Körper (auch Situationen), gemäß unseren Gedanken, wie die Informationen z. B. für die Zellen und damit für die Organe es anweisen – Disharmonie und ihre Folgen.

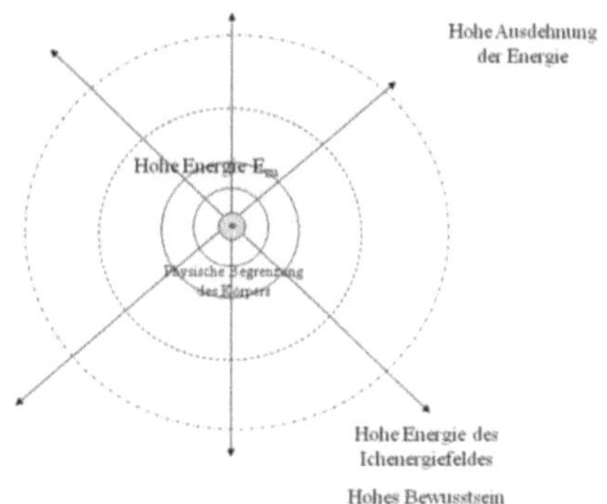

Wird der Prozess der harmonischen Information gestört, so wird eine Disharmonie eintreten. Die Manifestation in den Atomen, Zellen, Geweben und Organen erfolgt nicht mehr vollkommen nach der ursprünglichen Information gemäß der Evolution des Universums, also gemäß der intelligenten Vernetzung in der NRZ. Krankheiten, Probleme in zwischenmenschlichen Beziehungen bis hin zur Politik und Wirtschaft und auch bis hin zu Katastrophen auf unserem Planeten können aus dieser Disharmonie entstehen bzw. sind die Folgen davon.

Dieser weitreichende Prozess zieht eine große Verantwortung für den Wissenden nach sich, denn jener weiß um die Zusammenhänge und um seine Aufgabe – auch, wie sie unter dem Aspekt des höchsten Wissens und der höchsten Intelligenz zu lösen ist.

Hohe Gedanken, die dem hohen Bewusstsein entsprechen, sind Gedanken, die sich den höchsten Informationen der NRZ anschließen, die wir erhalten, wenn wir uns dieser hohen, besser der höchsten Energie zuwenden – in Resonanz gehen mit ihr. Wenn uns das gelingt, dann werden wir gemäß dem Menioprinzip unser Leben mit höchster Energie gestalten. Dann haben wir in uns höchste Energie.

Die Energiebilanz der aufnehmenden Energie zur abgebenden Energie soll betrachtet werden. Es zeigt sich, dass sich bei hoher Gedankenausrichtung das Informationsmuster so verstärkt, dass uns nahezu alle Informationen der NRZ zur Verfügung stehen. Das ist trainierbar, wenn wir uns dieser höchsten Energie bewusst werden und uns ihr zuwenden: Stille werden, sich nicht mehr ausrichten in der Begrenzung der RZ, auf die Sinne, auf das Materielle, das wir als niedrig ansehen.

Gelingt es dem Menschen, sich auf das „Höhere" (höheres Bewusstsein ohne Begrenzung in der NRZ) auszurichten, wird er „Höheres" empfangen – höhere Informationen, höhere Intelligenz, höheres Wissen, und er kann alles erfahren, und er wird durch die höhere Intelligenz, man denke an „E = I x G", wesentliche höhere Energie in sich spüren, er wird selbst höhere Energie. Diese hohe Energie beginnt durch den Körper zu fließen. Sie tritt ein in den Energiebereich des Kopfes, was man im Hinduismus das Scheitelchakra nennt – das ist die höchste Stelle des Kopfes, dort, wo sich die Fontanelle befindet. Jeder, jeder Säugling, jeder Embryo, hat diese Energie in sich, und jeder kann sich dieser Energie bewusst werden und sie spüren, wahrnehmen. Die absolut höchste Energie der NRZ ist immer vorhanden. Je mehr wir uns dieser Energie, diesen Informationen mit unseren Gedanken zuwenden, desto mehr wird diese Energie in uns wirken.

Viele Namen wurden in den alten Traditionen vergeben, wie z. B. Kundalini, Tao, Pneuma, Heiliger Geist, Große Mutter usw. Diese Traditionen in verschiedenen Ländern befassen sich mit der Verwirklichung der göttlichen Energie in uns. Es wird der Weg des Energiestromes über Energiezentren aufgezeigt, die als Chakren bezeichnet werden. Die Energiezentren verlaufen in erster Linie über sieben Zentren. Energiezentren sind nichtmaterielle Energien der NRZ und daher nicht messbar mit physikalischen Messgeräten, die nur stoffliche Größen messen können. Wenn man etwas mit Messgeräten der RZ messen will, das der NRZ angehört, ist das technisch nicht möglich, trotzdem existiert es – egal, ob man es messen kann oder nicht. Ein Jeder und alle Materie wird durchströmt von dieser Energie der NRZ, gemäß Menio. Aber der intelligenzbegabte Mensch, der sich dieser Zusammenhänge bewusst wird, kann diese Energie nicht nur wahrnehmen, er kann sie nutzen. Der bewusste Mensch wird seine Energie nicht verschwenden und wird im Gegenteil mit immer mehr zunehmender Energie aus der NRZ wirksam werden und mehr erreichen als ein Mensch, der sich nur der RZ begrenzt zuwendet. Das gelingt dann auch in den Energiezentren, die nicht stofflich sind. Aber die unbegrenzte Energie der NRZ wird bewusst in den Energiezentren wirksam werden – durch den bewusst denkenden und handelnden Menschen. Nach dem Menioprinzip, welches selbstverständlich auch in den Energiezentren wirkt, wird im Übergangsbereich des Magnetismus' die Energie der NRZ in die Energie der RZ übertragen. Damit wird die Manifestation der Energie der NRZ in die Energie der RZ eingeleitet. Infolge des jetzt wirksam werdenden Magnetismus' werden emotional die Energien in den Energiezentren spürbar. Die übertragende

Energie der NRZ ist eine Intelligenz-behaftete Energie, die sich ausdehnt (Magnetismus, noch ein g-Magnetismus) – mit den der Intelligenz zugeordneten Informationen der NRZ. In dem Energiezentrum werden diese Informationen von der in den Feldern des Magnetismus' eingeschlossenen Energie und deren Informationen auf die Organe der Peripherie des Energiezentrums übertragen. Menschen mit hohem Bewusstsein können diese Energie dort wahrnehmen und im Körper bzw. in den Organen spüren. Jeder kann das lernen. Wer über dieses Wissen und über diese Fähigkeit verfügt, erkennt diese Zusammenhänge und benötigt kein Messgerät mehr – er ist es im erweiterten Sinne selbst. Ein wissender Mensch, ein Mensch, der sich diese Fähigkeiten erarbeitet hat, kann dann stellvertretend sein Wissen und seine Fähigkeiten zum Nutzen für Menschen zur Verfügung stellen, die Hilfe benötigen und kann ihnen helfen, indem er stellvertretend aus der NRZ Energien und Informationen in den Energiezentren wirken lässt, bis sie in den Energiezentren und den zugehörenden Organen des Hilfesuchenden wirksam werden. Die Energiezufuhr aus der NRZ: „E_{NRZ}" wird „E_{zu}". Mit dem Eintritt der Energie in den Übergangsbereich des Magnetismus' beginnt die Offenbarung, die Manifestation im Bereich der Polarität, der Elektrizität und der Atome und ihrer Strukturen in den Zellen, Geweben und Organen.

Nach dem Menioprinzip erkennt man, dass – aus der NRZ kommend – die Manifestation in den Organen, in dem Nervennetzwerk etc. und in deren Energiefluss dort, also in dessen Auswirkung, erfolgt. Die klassische Medizin betrachtet nur materiell die Auswirkung im menschlichen Körper. Die Ursache, die aus der NRZ kommt, wird nicht betrachtet. Der geistige Aspekt wird noch nicht erkannt, der liegt aber wieder in der NRZ. Die Heilung beginnt mit der Erkenntnis in der NRZ und der Veränderung der Informationen in der NRZ. Darauf ausgerichtet erfolgt die ganzheitliche Heilung, die Veränderung der Manifestation.

> Die Veränderung und
> auch die Heilung beginnen in der NRZ.

9.1. Energiebetrachtung unseres Körpers nach dem Menioprinzip

Je höher wir unsere Energie in der NRZ (Menioprinzip – höhere Gedanken – höhere Energie) aufbauen können, desto höher wird die Energie in der Manifestation unseres Körpers, unserer Organe, unserer Zellen etc. Das geschieht in jedem Atom und somit in allen Organen. Eine bedeutende Rolle spielt das Gehirn, jedes Atom im Gehirn, speziell auch die Atome der Neuronen und des gesamten Neuronennetzwerkes. Vor allem das verlängerte Gehirn, das Rückenmark entlang der Wirbelsäule, spielt eine wesentliche Rolle für den Energiefluss in unserem Körper. Es wird immer der Energiefluss dort primär erfolgen, wo ein geringerer (elektrischer) Widerstand vorhanden und infolge dessen eine gute Leitfähigkeit gewährleistet ist. Das ist in unserem Körper unterschiedlich. Verschiedene Meridiane gehören dazu, aber auch die Konsistenz des Gehirns und die Nervenbahnen. Für das Rückenmark, als Verlängerung des Gehirns, trifft das auch zu.

Bei solchen Betrachtungen treffen die Relativitätstheorie und die Nichtrelativitätstheorie auf einander. Das hängt wieder vom Beobachter ab. Betrachten wir das aus der NRZ, so erkennen wir, dass nach dem Menioprinzip jedes Atom gemäß dem Bewusstsein manifestiert wird. Parallel dazu erfolgt die Beobachtung in der RZ – wie sich das Manifestierte untereinander vernetzt. Die Kommunikation erfolgt über die körpereigenen Signale, vor allem auch über das zentrale Nervensystem.

Gleichzeitig erfolgt die Manifestation durch das Menioprinzip. Es ist ein Prozess, bei dem es mir gelingt, auch durch die Gedanken gemäß meinem Bewusstsein und meiner Intelligenz eine Energieerhöhung zu erzielen nach der Beziehung „E = I x G".

Nach dem Menioprinzip sind es dann – gemäß dem Bewusstsein – vor allem die höheren Informationen, die sich – gemäß meinen Gedanken – dann in den Atomen, Zellen, im Gewebe etc. entsprechend manifestieren.

Der Mensch ist also in der Lage, durch seine Gedankentätigkeit direkt auf die Energie Einfluss zu nehmen und somit auch auf den sich einstellenden Energiefluss. Der bewusst handelnde Mensch kann auf diesem Wege seine Energie selbst regulieren.

Das ist wiederum ein Prozess höherer Wahrnehmung, der nichts mehr mit der sinnlichen Wahrnehmung zu tun hat und deshalb nur auf der Basis der außersinnlichen Wahrnehmung bzw. des Erkennens beschreibbar ist.

> Der bewusst handelnde Mensch
> kann seine Energie selbst regulieren.

Geübte Menschen haben damit kein Problem, sie nehmen diese Energie wissentlich wahr. Nur der Ungeübte erkennt es nicht. Das spielt aber keine Rolle, ob es jemand wahrnimmt oder nicht, diese Energie ist immer vorhanden – egal, ob jemand daran glaubt oder nicht. Besser hat es da der Wissende, der nicht darüber nachdenken muss und es für sich und andere wissend anwendet.

Wenn hier zum Ausdruck gebracht wird, dass der Wissende die Energie für sich und andere anwenden kann, so sind wir an dem Punkt der Energiebilanz angelangt, an dem zum Ausdruck kommt, dass Energie abgegeben werden muss, damit Energie nachfließen kann. Dieser entstehende Energie(durch)fluss durch den menschlichen Körper führt zu immer höher werdender Energie im Körper desjenigen, der es versteht, mit diesen

Energien umzugehen. Der Überfluss an Energie kann nicht nur für den Menschen, der sie empfängt, eine wesentliche Energieerhöhung bedeuten, sondern er kann sie gezielt einsetzen und diesen Überfluss an Energie weitergeben an seine Energieumfelder und somit auch an andere Menschen. Da ist es doch naheliegend, Energien bewusst anzuwenden und gezielt wirken zu lassen.

Zunächst zeigt die Energiebilanz einen erstaunlichen, positiven Effekt im Umgang mit den Energien der NRZ in uns und um uns. Welche Macht wir haben, wenn wir uns dessen bewusst werden! Wenn wir das Bewusstsein ausrichten auf diese Macht, dann offenbart sie sich im Menioprinzip – überall wo wir sie einsetzen, bewusst, dort, worauf ich meine Gedanken ausrichte, auf ein Ziel, welches ich bestimme.

> # Welche Macht wir haben!

Ich bin also in der Lage, wenn ich die Voraussetzungen der Reinheit in den Gedanken erfülle, hohe Energie zu aktivieren. Das bedeutet, dass ich mich mit meinen Gedanken immer im höchsten Bewusstsein der NRZ aufhalte, um alle Informationen, alle Intelligenz zu erhalten, um mit dieser den Geist zu aktivieren und somit die (hohe) Energie in mir und um mich herum, alle Energieumfelder, zu nähren. Durch meinen physischen Körper werden nach dem Menioprinzip alle Atome mit höchster Energie im Überfluss in allen Organen versorgt. Diese Energie wirkt sich aus auf die EUF, auf das eigene und auf alle anderen.

Das ist dann die zugeführte Energie, die ich in der Energiebilanz der abgeführten Energie gegenüberstellen kann.

Je höher die Energie in mir ist, desto mehr kann ich Energie abgeben, was wir jetzt betrachten wollen.

Die Energieerhaltung, als ein wichtiges Prinzip aller Naturwissenschaften, sagt aus:

„Die Gesamtenergie bleibt in einem geschlossenen System konstant.“

Die Energie vor einem Prozess ist gleich der Energie nach einem Prozess:

$$E_{vor} = E_{nach}.$$

Das ist eine Betrachtung in der RZ, die Betrachtung des Energieerhaltungssatzes, mit der Einschränkung, dass sich die Gesamtenergie eines isolierten Systems nicht in der Zeit ändert. Der Energieerhaltungssatz sagt weiterhin aus, dass die Energien in verschiedene Energieformen umgewandelt werden können. Es ist nicht möglich, innerhalb eines abgeschlossenen Systems Energien zu erzeugen oder zu vernichten. Man bezeichnet die Energie als eine Erhaltungsgröße. Ist das System nicht geschlossen, muss – damit der Energieerhaltungssatz stimmt – in der Bilanz auch die Energie berücksichtigt werden, die dem System von außen zu- oder abfließt.

Wenn die Gesamtenergie in einem geschlossenen System konstant bleibt, gilt: „$E_{vor} = E_{nach}$“, also „$E_{vor} - E_{nach} = 0$“. Wenn die zugeführte Energie (E_{zu}) gleich der abgeführten Energie (E_{ab}) ist, so gilt auch hier: „$E_{zu} - E_{ab} = 0$“.

„E_{NRZ}“ ist in Abhängigkeit zu betrachten – als eine Funktion von Geist, den zugeordneten Informationen, der daraus sich entwickelnden Intelligenz und des Bewusstseins, eine Funktion, die der Beziehung „$E = I \times G$“ genügt.

$$E_{zu} = E_{NRZ} = f\,(Geist,\ Information,\ Intelligenz,\ Bewusstsein).$$

Die Verluste entsprechen der Summe aller abgeführten Energien „$\sum E_{ab}$“ gemäß dem Menioprinzip. Sie sind genauer fassbar in den einzelnen Gliedern der abgeführten Energien (Energieverluste). Zu betrachten ist: Welche Gesamtenergie steht der Manifestation des Menioprinzipes noch zur Verfügung? Letztendlich ist die Frage, wie viel der unbegrenzten, mir zur Verfügung stehenden Energie noch genutzt werden kann. Das ist schon eine umfangreiche Betrachtung und Berechnung, die hier nur angedeutet werden soll.

Die Summe aller abgeführten Energien „$\sum E_{ab}$", hier die abgeführte Energie des Menschen mit „$\sum E_{abM}$", könnte sich folgendermaßen zusammensetzen:

- E1 Energieverlust durch niedrige Gedanken (nach den fünf Sinnen ausgerichtet) – nicht ausreichende Informationen.
- E2 Energieverlust durch geringes Informationsmuster.

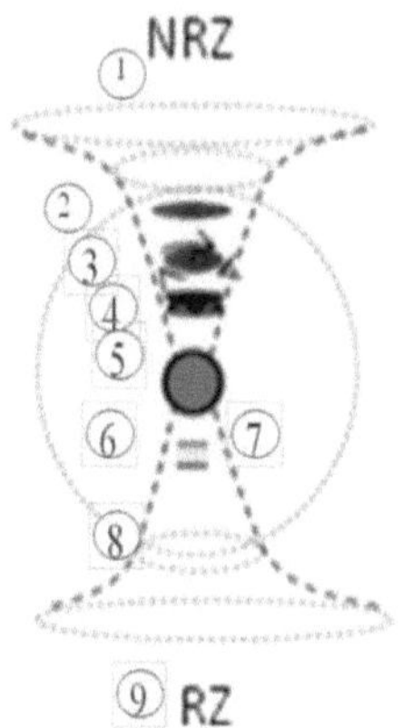

- E3 Bewusstseinsmuster zu gering – geringes Bewusstsein, Energieverlust durch niedrige Eigenschaften (Gedanken), g-Gravitationsfeld wird zu stark – zu große Schwere (zu viel Niederes, Ängste, Sorgen etc. Niedere Eigenschaften).
- E4 Energieverlust infolge des Durchdringens niedriger Energien von 1-4, der sich im Magnetismus auswirkt (geistiger Magnetismus infolge der NRZ), kausaler – emotionaler Bereich, gemäß der EUF – um die Person sich befindende Menschen und Ereignisse, die sich negativ auf die Energie auswirken.
- E5 Übergangsbereich zur inneren RZ – Energieverlust aus der NRZ, die beginnt sich zu manifestieren, vorwiegend als Energieaustausch der Quanten, der Photonen und deren Informationen und Energien im Übergang des Elektrons, Muster.
- E6 Energieverlust aus der Vergangenheit gespeicherter niedriger Informationen, Erinnerungsfeld – Sämtliche im Elektron befindlichen (gespeicherten) Erinnerungen aller Zeiten, auch aller negativer Erlebnisse – vor allem Ängste, Sorgen, aller niedrigen Eigenschaften etc.

- E7 Energieverlust von 1-7 für die Manifestation der Elektrizität – Polarität aus der inneren RZ zur äußeren RZ.
- E8 Energieverlust, der sich auswirkt auf die Manifestation des Atoms – der Materie, der äußeren RZ, die sich aus den Informationen, der Intelligenz aus der NRZ bildet und manifestiert.
- E9 Energieverluste zur Aufrechterhaltung der physischen Form des Körpers. Physischer Energieverlust: Wärmeabgabe, Verdauung, Aufrechterhaltung der Körperenergie, Kalorienverbrauch etc.
- Ew Diese Betrachtung ist natürlich unvollständig und in jeder Situation anders, was zum Ausdruck gebracht werden soll durch (w) weitere Möglichkeiten der Energieverluste.

Daraus ergibt sich die Energiebilanz:

$$\sum E_{zu} = E_{NRZ} = f\ (Geist,\ Information,\ Intelligenz,\ Bewusstsein) = \sum E_{ab}$$
$$= E1 + E2 + E3 + E4 + E5 + E6 + E7 + E8 + E9 + \ldots + E_{w.}$$

Die zugeführte Energie entspricht dem Überfluss der Energie der NRZ. Nach den Erkenntnissen der Wissenschaften ist die im Atom feststellbare sogenannte Materie nur 1 %.

Aus der Beziehung

$$E_{Atom} = 0{,}99(I \times G) + (m \times c^2) + E_{labil}$$

erkennt man, dass die Materie nur eine Vorstellung, auf den fünf Sinnen beruhend, ist (alles andere wird durch die fünf Sinne nicht erkannt), deren Realität aber einer weitaus tieferen Betrachtung bedarf, denn Materie ist selbst auch Geist, ein schwingendes Energiesystem. All das zeigt die Richtigkeit der Betrachtungen des Menioprinzips und damit den außerordentlichen Einfluss der NRZ auf unser Sein.

Es zeigt aber auch den Einfluss, der aus der NRZ kommt, den Einfluss der Intelligenz und des Geistes auf unser Sein.

Aus der Energiebilanz

$$\sum E_{zu} = \sum E_{abM}$$

$E_{NRZ} = f$ *(Geist, Information, Intelligenz, Bewusstsein)* $= \sum E_{abM} = E1 + E2 + E3 + E4 + E5 + E6 + E7 + E8 + E9 + \ldots + E_w$

f (Geist, Information, Intelligenz, Bewusstsein) $= E1 + E2 + E3 + E4 + E5 + E6 + E7 + E8 + E9 + \ldots + E_w$

wird die Bedeutung der Nichtrelativitätstheorie der NRZ, „E = I x G", und der Übergang zur RZ der Manifestation gemäß der Relativitätstheorie „E = m x c²" deutlich – unter Beachtung von „E_G", der immerwährenden latenten, labilen Energie des Geistes.

Es wird deutlich, dass die abgeführte Energie, die ja der Manifestation des Atoms entspricht und nur 1 % der Gesamtenergie aus „E = I x G" ausmacht, bei der Energiebilanz des Menschen mit „$\sum E_{abM}$" nur zu einem geringen Prozentsatz der zugeführten Energie genutzt wird. Im wesentlichen Teil der Energie der NRZ, „E_{NRZ}" entsprechend, stehen mehr als 99 % bereit, genutzt zu werden.

Die Energiebilanz muss stimmen, das heißt, dass letztendlich der Energieverlust sehr hoch ist – es handelt sich um verschleuderte Energie, durch den Menschen verursacht. Der Mensch hat, vergleicht man ihn mit einer Maschine, einen geringen Wirkungsgrad. Der Wirkungsgrad ist eine dimensionslose Größe und beschreibt das Verhältnis η, den Wirkungsgrad von „E_{ab}" und „E_{zu}" also „$\eta = E_{ab}/E_{zu}$".

Das ist ein theoretisch möglicher Wertebereich von 0 bis 1 oder von 0 % bis 100 %. Der *Wirkungsgrad* ist sozusagen ein Maß für die Effizienz von Energiewandlungen. Der Mensch verwandelt beispielsweise in seinem Stoffwechsel chemische Energie in mechanische Energie der Muskeln. Der Wirkungsgrad der menschlichen Muskeln kann zwischen den Werten von ca. 0 % und etwa 30 % liegen, je nach körperlicher bzw. sportlicher Aktivität. Ein Elektromotor wird mit einem Wirkungsgrad von 90 % und bei einer Dampflokomotive mit ca. 10 % bis 15 % angegeben. Das ist eine Betrachtung der RZ, begrenzt in Raum und Zeit.

Der Gesamtwirkungsgrad des Menschen unter Beachtung der Ichenergie lässt sich hier nicht einordnen, schon aufgrund einer Reihe fehlender Parameter der Energiezufuhr. Die Energiezufuhr „$\sum E_{zu} = E_{NRZ} =$ f (Geist, Information, Intelligenz, Bewusstsein)" ist eine Betrachtung der NRZ.

Die Energiezufuhr der NRZ ist ein Überfluss an Energie und Intelligenz. Das ist allein schon durch die Betrachtung der Energie „G" (der Geist ist nie beginnend und nie aufhörend in der NRZ) ohne Raum und ohne Zeit gegeben. Hierin liegt die Bedeutung der Nichtrelativitätstheorie. Durch die Einbeziehung der Intelligenz in unsere Betrachtung, hier in die Energiebilanz, haben wir alle Möglichkeiten unserer Entwicklung. In der RZ-Betrachtung bedeutet das unbegrenzte Möglichkeiten für unser aller Wohlergehen.

Die Energie der NRZ ist auch nicht als unendlich anzusehen, weil diese Betrachtung der RZ zuzuordnen ist. Selbst dort wäre eine Berechnung des Wirkungsgrades nicht möglich, weil die Rechnung „Unendlich durch Unendlich" undefiniert ist. Der Grund dafür ist bei näherer Betrachtung leicht nachzuvollziehen. „Unendlich" lässt sich als Zahlenwert überhaupt nicht definieren. Das wäre dann auch ein Ende der Unendlichkeit in der Unendlichkeit. In der Mathematik beschreibt man damit nur Zahlenfolgen, die gegen unendlich gehen. „Unendlich" gehört nicht zu den reellen Zahlen. Der Begriff der unendlichen Menge beispielsweise ist, aus der Mengenlehre betrachtet, ein Teilgebiet der Mathematik. Die reellen Zahlen bilden eine unendliche Menge, die mächtiger als die Menge der natürlichen und rationalen Zahlen ist, also imaginär. Die dem Menschen zugeführte Energie ist mehr als unendlich, sie ist – besser formuliert – „unbegrenzt", der NRZ ohne Raum und Zeit zuzuordnen. Die Gesetze der RZ verlieren in der NRZ ihre Gültigkeit.

In der NRZ ist ein Überfluss an Energie vorhanden. Nach der Betrachtung in der RZ ist der Zustand des Überflusses eine Menge von etwas, das viel größer ist als der Bedarf. In der RZ bezeichnet man beispielsweise ein Überangebot an Essen als Überfluss – „Es gibt Essen im Überfluss". Das ist Denken in der RZ.

Der Überfluss der NRZ ist schwierig beschreibbar in der RZ. Schaut man sich das Universum an, das Manifestierte, dann erkennt man, dass es aus 1 % sichtbarer Materie besteht, also manifestierter Energie der NRZ. Der „Rest", der eigentlich „Alles" ist, besteht dann aus 99 % Energie der NRZ, in der wir leben. In der NRZ betrachtet ist das pure Energie, 1 % manifestierter Anteil und 99 % pure Energie. Das betrifft nicht nur ein Universum, sondern alle Universen.

Das ist Energie im Überfluss – in der RZ betrachtet, mehr als wir brauchen – eine „Energieverschwendung" im Universum. So könnte man, aus der RZ betrachtet, meinen, die aber in der NRZ-Betrachtung einen Sinn ergibt: den Sinn der Evolution, der nicht endenden Intelligenz, die immer wieder Neues kreiert.

In der RZ fragen wir – begrenzt, wie wir sind – „Wem nützt es?" Unbegrenzt betrachtet in der NRZ, wissen wir, dass alles Energie, alles Geist ist, pure Energie – und zwar im Überfluss.

Nach Menio wissen wir, dass wir mit höheren Gedanken und damit verbundener höherer Intelligenz und den sich daraus ergebenden Informationen im Überfluss alles erreichen können, auch manifestieren können. In der NRZ macht das einen Sinn, weil wir, ob in der RZ oder der NRZ, im Überfluss Energie zur Verfügung haben und im Überfluss weiter geben können. Ohne diesen Überfluss gäbe es die Evolution nicht, gäbe es uns Menschen nicht. In der NRZ wird keine Energie verschleudert, wie vom Menschen in der RZ.

Da treffen wir auf eine Gesetzmäßigkeit der NRZ – im Überfluss empfangen und im Überfluss geben. Man kann das auch als das Gesetz der Liebe bezeichnen – Liebe als Energie im Überfluss. Das gelingt nur im höheren Bewusstsein und hat Gültigkeit in der NRZ und in der Manifestation der RZ. Aber hier sprechen wir von höherem Bewusstsein und von höherer Intelligenz, die ursächlich in der NRZ angesiedelt ist.

Für die Gedanken des Menschen der RZ bedeutet das, danach zu streben, sich immer dem Höheren zuzuwenden, dem höheren Bewusstsein und damit dem Gesetz der Liebe, und es gibt keine Not, keine Krankheit und nur Wohlstand in allen Lebenssituationen.

> **Welche Macht wir haben:**
> **Intelligenz, Wissen, Energie im Überfluss für „Jeden".**

Fehlendes Bewusstsein und fehlende Intelligenz verursachen den geringen Informationsfluss aus der NRZ in die Manifestation der RZ und damit den Zugriff zum Überfluss. Der Mensch, der sich bemüht, sich immer mehr in der NRZ aufzuhalten, wird letztendlich vom Überfluss der Energie der NRZ immer mehr Gebrauch machen können. Das gelingt durch die Einhaltung der Gesetze der NRZ – sich immer mehr des Überflusses der Energie der NRZ bewusst zu werden, sich der höchsten Intelligenz zu nähern, ausgedrückt durch „$E = I \times G$".

Darin kommt die Bedeutung der Nichtrelativitätstheorie zum Ausdruck. Je höher das Bewusstsein des Menschen, desto geringer die Energieverluste bei der Manifestation. Letztendlich ist es das Ziel des Menschen, nach höherem Bewusstsein, nach höherer Intelligenz zu streben.

Einen Wirkungsgrad zu verwenden, wie der in der RZ verwendeten Beziehung „$\eta = E_{ab}/E_{zu}$" etwa einer Maschine, mit entsprechenden mechanischen Verlusten, ist nach den NRZ-Gesetzen nicht anwendbar.

Die Betrachtung des Wirkungsgrades des Menschen wird – wenn überhaupt – nur aus der Sicht der mechanischen Betrachtung durchgeführt. Der Mensch wird aus technischer Sicht eher wie ein biologischer Reaktor betrachtet mit einer Betriebstemperatur von 37°C. Da die Umgebungstemperatur des Menschen niedriger ist, gibt er ständig Wärme ab. Durch innere Oxidations- (Verbrennungs-) Prozesse wird laufend Energie erzeugt zur Aufrechterhaltung der Lebensfunktion des stofflichen Menschen in der RZ.

Der wesentliche Aspekt der Energiezufuhr nach dem Menioprinzip wird in keinster Weise betrachtet. Es wird nur die stoffliche Energiezufuhr

„E$_{zu}$" betrachtet, die der Energie der RZ, „E$_{RZ}$", entspricht, welche aus einem geringen Teil (0,01 %) besteht. Die Energie der NRZ, „E$_{NRZ}$", die der wesentliche Anteil der Energie von 99,9 % beträgt, wird nicht beachtet in der mechanistischen Betrachtungsweise. Die „E$_{NRZ}$"nährt nach dem Menioprinzip als Offenbarung der NRZ das gesamte Körpersystem ständig – die Aufrechterhaltung der Schwingungen in den Trillionen von Trillionen Atomen, seiner Molekülketten, der DNS mit der gesamten Vernetzung der Organe und des gesamten Körpersystems einschließlich aller Informationen zur Aufrechterhaltung des Systems.

Ein außerordentlicher Energieaufwand – Energiezufuhr „E$_{zu}$" aus der NRZ, „E$_{NRZ}$". Energie der NRZ ist zurück zu führen auf „E = I x G", Intelligenz-behaftete Energie. Intelligenz spielt die wesentlichste Rolle, nach der sich alles formt.

Das Bewusstsein des Menschen hat wesentlichen Anteil an der Energiebilanz. Alle Informationen für die Aufrechterhaltung des Körpersystems sind eng damit verknüpft: Die Energieabgabe „E$_{ab}$", der Energieverlust durch die Betrachtung des Menioprinzips durch die g-Gravitation mit der Einbeziehung der niedrigen Eigenschaften, wie unter der Betrachtung der Energieumfeldmethode (EUM) beschrieben, sowie der g-Magnetismus unter Einbeziehung z. B. von Emotionen sowie der energiebeeinflussende elektrische Körpers mit z. B. den psychischen Aspekten, den Gedanken etc.

Für die Betrachtung der Energiebilanz „E$_{zu}$ = E$_{NRZ}$" und „E$_{ab}$ = E$_{RZ}$" ist Einiges mehr zu tun, als nur den mechanistischen Wirkungsgrad „η = E$_{ab}$/E$_{zu}$" zu betrachten.

Die Energieabgabe ist ebenso auf der Basis Intelligenz-behafteter Energie zu betrachten. Der Mensch verschwendet Energie nicht nur durch seine Wärmeabgabe, seine Muskeltätigkeit, seine chemischen Prozesse der Verdauung etc., sondern im Wesentlichen durch sein Verhalten entsprechend seinem Bewusstsein – Sinnesbewusstsein oder hohes Bewusstsein gemäß einer höchsten Intelligenz. Intelligenz ist der alles bestimmende Faktor für unsere Weiterentwicklung und damit für unsere Energiebilanz.

Mit der Betrachtung „$E_{NRZ} = f$ *(Geist, Information, Intelligenz, Bewusstsein)*" und des Überflusses an Energie fehlen entscheidende Parameter bei der Bestimmung des Wirkungsgrades des Menschen. Die zugeführte Energie „E_{zu}" würde in der RZ-Betrachtung gegen unendlich gehen, und diese Berechnung ist mathematisch nicht möglich.

Hier setzt das Menioprinzip an, das Prinzip der Energieumwandlung aus der Energie der NRZ in die manifestierte Ebene der Energie der RZ. Würden 100 % der unbegrenzten Energie des Überflusses (höchste Intelligenz) umgewandelt, würden wir auf einer Skala von 0 - 1 einen 100 %-igen Energieumsatz des Menioprinzips haben. Wir könnten vom Faktor „1 Menio" sprechen. In der Realität der Manifestation der RZ sprechen wir von 1 % umgesetzter Energie in der Materie, was einer Betrachtung von „0,01 Menio" entspricht. Jede Materie verfügt in ihrer Manifestation über eine Effizienz von mindestens „0,01 Menio". Die Effizienz des Menioprinzips soll hier stellvertretend für einen Wirkungsgrad in der NRZ-Betrachtung stehen.

Aus der Darstellung der Evolutionskurve im Diagramm „Menioeffizienz (M) – dargestellt an der Evolutionskurve des Menschen" wird deutlich, dass der Bereich der Materie eine Menioeffizienz „M" von 0,01 besitzt und dass „M = 1" dem Wert der höchsten Intelligenz in der NRZ entspricht. In „M = 1" kommt zum Ausdruck, dass „$E_{zu} = E_{ab}$", besser „$E_{NRZ} = E_{RZ}$", ist, das heißt, dass der Wirkungsgrad nach der mechanistischen Betrachtung „$\eta_{NRZ} = E_{ab}/E_{zu} = 1$" beträgt. In der RZ ist das nicht möglich – **ein perpetuum mobile, was ad absurdum führt. In der NRZ aber möglich, wenn das Bewusstsein die höchste Intelligenz erreicht, was der unbegrenzten Energie in der NRZ entspricht.**

9.2. Betrachtung des Wirkungsgrades des Menschen – Menioeffizienz

Der Mensch kann in der RZ nicht wie eine Maschine betrachtet werden, der man Energie zuführt (E_{zu}) und von der man Energie abführt (E_{ab}) und dabei die Energieverluste z. B. durch Wärme etc. in die Betrachtung (Wirkungsgrad) mit einbezieht.

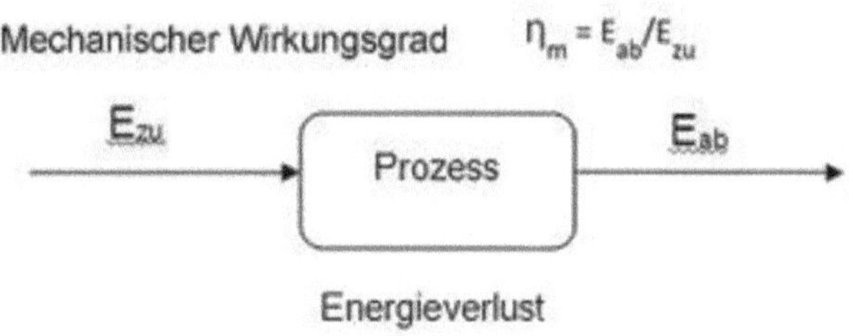

Im deutschen Sprachgebrauch versteht man unter Effektivität: „Die richtigen Dinge zu tun." – und unter Effizienz: „Die Dinge richtig zu tun." Wenn wir nach dem Menioprinzip die **Energieeffizienz** betrachten, so ist das ein Maß für den Energieaufwand zur Erreichung eines festgelegten Nutzens. Die „Menioeffizienz" drückt das Verhältnis „E_{ab}" zu „E_{zu}", besser „E_{RZ}" zu „E_{NRZ}", in der NRZ-Betrachtung aus. Im Gegensatz zum

$$E_{zu} = E_{NRZ} = f\,(G,\ Info,\ Int,\ Bew)$$

$$\sum E_{abM} = E1 + E2 + E3 + \ldots + E_n$$

Wirkungsgrad der RZ bringt die „Menioeffizienz M" zum Ausdruck, welcher momentane Stellenwert vorhanden bzw. notwendig ist, die höchste Energie bzw. Intelligenz zu erreichen, ausgedrückt in Prozenten bzw. einer dimensionslosen Verhältniszahl zwischen 0 und 1. Ein Vorgang ist dann effizient, wenn das höchste Ziel zur Erreichung der höchsten Energie/Intelligenz „M = 1" ist, das ist dann die höchste Intelligenz, die höchste Energie der NRZ, die überhaupt erreichbar ist.

Führen wir die Menioeffizienz „M" ein, was dann dem Verhältnis entspricht:

$$M = \frac{\sum E_{abM}}{\sum E_{zu}} = \sum E_{RZ} / \sum E_{NRZ} = \frac{E1 + E2 + E3 + \dots + En}{f(G.Info.Int.Bew)}$$

„$\sum E_{abM}$ = E1 + E2 + E3 + E4 + E5 + E6 + E7 + E8 + E9 + ... + E_w" ist aber auch eine Funktion der Intelligenz und damit auch des Bewusstseins des Menschen: „ *f (Geist, Information, Intelligenz, Bewusstsein)* = E1 + E2 + E3 + E4 + E5 + E6 + E7 + E8 + E9 + ... + E_w". Dann sprechen wir aber nicht mehr vom mechanischen Wirkungsgrad, wo der Wirkungsgrad ein wissenschaftliches Maß für den Nutzungsgrad einer Maschine ist, sondern von der Energieeffizienz nach Menio, also Menioeffizienz „M".

Die Energieeffizienz für unseren Körper, für unsere Ichenergie, für unsere Entwicklung, wird mit zunehmender Intelligenz, Bewusstsein, den Informationen und dem Geist, immer höher – unbegrenzt.

Je mehr Intelligenz-behaftete Energie wir aufnehmen,

„$\sum E_{zu}$ = E_{NRZ} = *f (Geist, Information, Intelligenz, Bewusstsein)*",
und je mehr wir Intelligenz-behaftete Energie abgeben,

„$\sum E_{abM}$ = $\sum E_{RZ}$ = E1 + E2 + E3 + ... + E_n" unter Berücksichtigung von

„E_{ab} = E_{RZ} = *f (Geist, Information, Intelligenz, Bewusstsein)*",
desto höher unsere Energie, unsere Gesundheit, unsere Lebensenergie, unser Glück und unser Erfolg.

In welchem Zusammenhang ist aber die offenbarte Materie, z. B. ein Kieselstein, mit Intelligenz verbunden – und wie erklärt sich der Zusammenhang zur Intelligenz? Hat ein Kieselstein Intelligenz? Die Frage stellt sich, da ein Zusammenhang zu „E = I x G" bestehen muss. Alle offenbarte Materie ist Intelligenz-behaftete Energie – nur wie viel ist da „Gott" enthalten, z. B. im Kieselstein?

Wenn alles aus der NRZ entsteht, dann auch der Kieselstein, also jede materielle Form und auch alle Lebewesen. Jedes Atom ist Intelligenz-behaftet, das Atom im Menschen bewusst und der Stein ohne Bewusstsein. Aber „E = I x G" hat immer seine Gültigkeit und die Menioeffizienz ebenfalls. Das Atom entstand ca. 380.000 Jahre nach der Entstehung des

Universums aus dem „Nichts", aus der NRZ. Kurz nach dem „Big Bang" wurde eine unvorstellbare Energie frei. Nach 10^{-35}s betrug die Temperatur 10^{32}K, was einer Energie von 10^{19}GeV entspricht, während sie heute 2.7K beträgt mit einer Energie von 0,3 meV.[11] Diese hohe Energie, die kurz nach dem Urknall bestand, hat ihren Ursprung vor dem Urknall ohne Raum, Zeit und Materie – in der Nichtraumzeit. Mit „E = I x G" wird deutlich, dass die Intelligenz den Geist aktivierte, eine sehr hohe Intelligenz. Das Universum kühlte sich ab, und 380.000 Jahre nach dem Urknall bildeten sich die ersten Atome. Daraus schlussfolgernd ist ein sehr hoher Energieaufwand erforderlich gewesen, mit einem hohen Anteil an Intelligenz – höchster Intelligenz. Diese Intelligenz ist in jedem Atom enthalten, auch im kleinsten Sandkorn oder Kieselstein.

Innerhalb des Evolutionsprozesses entwickelt sich die „Menioeffizienz" um einige Größenordnungen. Mit der Entwicklung der Pflanzen tritt eine Kommunikation mit der höchsten Intelligenz ein. Das ist der Austausch von Lebensenergie, beginnend bei der Zellteilung, wo höhere Informationen nach Menio erforderlich werden – ein Austausch von Intelligenz und den dazugehörenden Informationen – Beginn des beseelten Bereiches. Es erfolgt ein höherer, mit Intelligenz versehener Energieumsatz, der dann schon einem Betrag von „0,1 Menio" entsprechen könnte.

Demzufolge ordnen wir der Materie, die auch unterschiedlich hohe Energien widerspiegelt, einen Bereich von „0,01 bis 0,09 Menio" zu. Somit erreichen wir im beseelten Bereich der Pflanze eine Zuordnung von „Menio = 0,1 bis 0,19", unter Beachtung der Evolution der Pflanze. Das sich anschließende Tierreich, das beseelt und immer mehr dem Sinnesbewusstsein in seiner Evolution zuzuordnen ist, liegt – gemäß dem Evolutionsprozess – mit beginnendem Bewusstsein (Sinnesbewusstsein) bereits bei der Größenordnung „0,2 Menio" bis „0,29 Menio".

Die weitere Entwicklung zum Homo Sapiens führt uns zu einer Betrachtung der im Evolutionsprozess weiteren Entwicklung des Bewusstseins und somit höherer Intelligenz. Der Mensch am Beginn seiner

---

[11] http://www.atlas.uni-wuppertal.de

Entwicklung wäre anfangs bei „0,3 Menio" einzustufen. Alle weiteren Einstufungen hängen ab vom Bewusstseinslevel des Menschen, der entsprechend seiner Intelligenz nach der Beziehung „E = I x G" über immer mehr Energie verfügen und letztendlich zunehmend einen Überfluss an Energie erlangen kann. Gemeint ist aber immer eine höhere Intelligenz, die höchste Intelligenz, die mit höchster Energie die Basis für die Universen schuf. Mit diesem zunehmenden Bewusstsein kann der Mensch alles vollbringen. „Amen, amen, ich sage euch: wer an mich glaubt, wird die Werke, die ich vollbringe, auch vollbringen und er wird noch größere vollbringen, denn ich gehe zum Vater" (vgl. Joh. 14,12), hatte Jesus gesagt und meinte genau diesen Prozess, wie eben beschrieben: Auf der Skala der „Menioeffizienz" den Faktor „1 Menio" zu erreichen. Die Zwischenstufen können dann betrachtet werden für einen Menschen mit höherem Bewusstsein als dem sinnesbewusst orientierten Menschen, bei „0,4 Menio" bis „0,5 Menio" liegend, der Menschwerdung entsprechend, und bei einem Menschen mit hohem Bewusstsein bei „0,6 Menio" liegend. Ein Christusmensch ist mit „0,7 bis 0,8 Menio" betrachtbar – und ein Gottesmensch dann mit „0,8 bis 0,9 Menio". Gott, die höchste Intelligenz und die höchste Energie, ist dann schon mit „1 Menio" als Energie im höchsten Überfluss zu betrachten.

„1 M" bedeutet höchste Intelligenz, „1 M" = Überfluss.

Mit „E = I x G" besteht nach der Nichtrelativtätstheorie in der NRZ die Substanz der Energie der RZ mit „E = mc²". Es erfolgt die Energieumwandlung, die Manifestation, die Offenbarung der Materie aus der NRZ in die RZ. „E_{NRZ}" entspricht „E_{RZ}" und damit

„I x G = mc²". Die Transformation ist abhängig von der Intelligenz.

Für die leblose Materie ist die Intelligenz in der Urform des Atoms enthalten. Für die belebte Natur ändert sich das. Die Pflanze beginnt mit dem Sauerstoffaustausch Energie aufzunehmen und ist gegenüber der unbelebten Natur in einem höheren Energielevel, so wie auch der sich entwickelnde Bereich der Tiere, die mit ihrem Sinnesbewusstsein in der Lage sind, sich zu bewegen und mit den Sinnen ausgestattet sind, sich z. B. Nahrung zu suchen. Das vollzieht sich mit Intelligenz-behafteter Energie. Der Mensch ist in der Lage, sich der Energie und der Intelligenz bewusst zu werden. Er kann durch ein höheres Bewusstsein mit höherer Intelligenz den Geist zur Erlangung einer höheren Energie aktivieren. Mit hoher Intelligenz-behafteter Energie „E_{NRZ} = I x G" ist er in der Lage, diese Energie in die Materie umzusetzen gemäß der Relativitätstheorie „$E = mc^2$".

Dem jetzt einzuführenden „Wirkungsgrad der NRZ" entsprechend, unter Einbeziehung der Menioeffizienz, ist der Zusammenhang der Energietransformation aus der Energie der NRZ „E_{NRZ}" zur Energie der RZ „E_{RZ}" leicht erkennbar:

$$\text{Menioeffizienz} = \text{Meniowirkungsgrad}$$
$$\mu_M = 1/(1-M) \text{ für M = 0 bis 1}$$

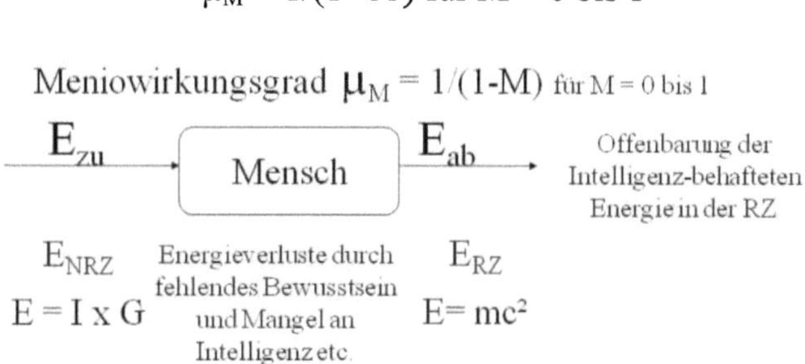

Es ist möglich, die Energietransformation aus der NRZ in die RZ zu betrachten und zu ermitteln. Die Umsetzung von „$E = I$ x G" aus der NRZ in die RZ mit „$E = mc^2$" wird mit der Einführung des Menio-wirkungsgrades „μ_M" in die Gleichung „$E = mc^2$" deutlich. Mit „M = 0" wird „$\mu_M = 1$" und damit die Gleichung „$E = mc^2$" der Betrachtung in der RZ gerecht. Mit zunehmender Erhöhung der Intelligenz erhöht sich die Energie in der RZ bis zu dem Punkt, wo sich „M" dem Wert gleich 1 nähert und damit gegen unendlich geht und sich somit unbegrenzter Energie nähert oder sie der unbegrenzten Energie der NRZ entspricht – „E_{RZ} = E_{NRZ}".

$$E_{RZ} = m\ c^2\ \mu_M$$

Für „M = 0" wird „μ_M = 1" und „E_{RZ} = mc^2" – eine Betrachtung der Materie in der RZ –, und für „M = 1" wird „E_{RZ} = E_{NRZ}", höchste Intelligenz, höchste Energie, wo sich alle Materie auflöst und die Energie unbegrenzt ist, für „M = 0,1 bis = 0,9" bilden sich die Evolutionsschritte gemäß der Tabelle „Evolutionsprozess des Menschen" heraus.

Entsprechend der Evolutionskurve in der unten stehenden Darstellung kann die Menioeffizienz (M) ausgewählt werden, vor allem unter der Betrachtung der Intelligenz, des Bewusstseins und der Informationen und des Geistes „G", die in jeder Intelligenz-behafteten Energie enthalten ist (s. a. Energieumfeldmethode): eine Funktion des Bewusstseins, der Informationen, des Geistes und der Intelligenz:

$$f\ (Geist,\ Information,\ Intelligenz,\ Bewusstsein) = E1 + E2 + E3 + E4 + E5 +$$
$$E6 + E7 + E8 + E9 + ... + E_w.$$

Dieser Ausflug in die Energieeffizienzbetrachtung nach Menio diente der Betrachtung der Zusammenhänge der Energieumwandlung, die gezeigt hat, dass unsere erreichbare Energieeffizienz immer von unserem Bemühen abhängt, höheres Bewusstsein zu erlangen – wobei die Zuordnung der geschätzten Effizienzzahlen von „0,01 bis 1 Menio" etwa den wahren Gegebenheiten sehr nahe kommt, aber auf alle Fälle den Trend aufzeigt und als richtungsweisend anzusehen ist.

Damit ist die Energiebilanz unter Einbeziehung des Meniowirkungsgrades eine bedeutende Beziehung für die Betrachtung der Energieumwandlung aus der NRZ (E_{NRZ}) in die RZ (E_{RZ}) und lässt erkennen, dass die Betrachtung im Zusammenhang mit der Nichtrelativitätstheorie unerlässlich ist. Die Intelligenz, das Bewusstsein, die Informationen und der Geist, als Größen der NRZ, sind bei allen

Betrachtungen unseres Seins mit einzubeziehen in Verbindung mit der Relativitätstheorie, in Verbindung mit der RZ. Bei genauer Betrachtung ist es erforderlich, alle sich vollziehenden Prozesse danach einzuschätzen – ein revolutionärer, dringend notwendig werdender Prozess bei der Betrachtung der Evolution des Menschen.

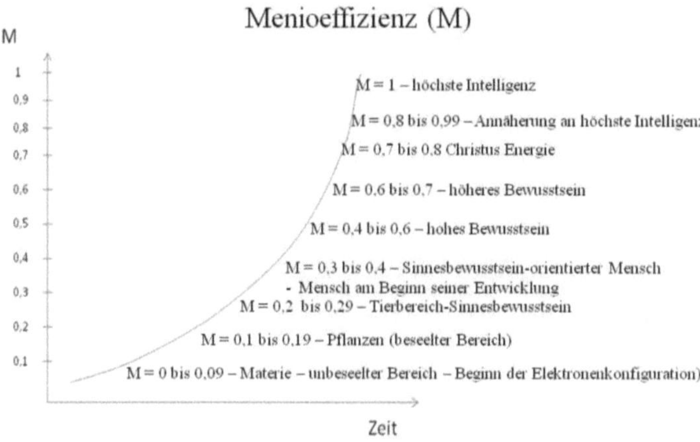

Menioeffizienz (M) am Beispiel der Evolution des Menschen

Dann, wenn die abgegebene Intelligenz-behaftete Energie des Menschen immer mehr der Intelligenz-behafteten Energie der NRZ entspricht, also keine Energie mehr „verschleudert" wird, entspricht das Bewusstsein des Menschen immer mehr der höchsten Intelligenz – ein Moment der Annäherung an Gott. Das ist das „Zurück zum Vater", das Jesus meinte – demonstriert von Jesus durch das Mitnehmen des Körpers in die NRZ, was in der RZ betrachtet schwer zu verstehen ist: Kein Anhaften an die RZ, völliges „Loslassen vom Materiellen". Gedanken und Bewusstsein sind nur noch verbunden mit den höchsten Informationen der NRZ. Nach Menio ist das ein sich entwickelnder Körper mit den höchsten Schwingungen aller Atome, die in einen höheren Energiezustand gehen, also nicht mehr sichtbar, nicht mehr materiell sind, keine Atome mehr, nicht mehr sichtbar für den Menschen, der sich noch nicht erhöht hat – ein relativ einfach erklärbarer Vorgang. Atome schwingen in einer so hohen Frequenz, einer so hohen Energie, dass sie nicht mehr sichtbar, nicht mehr an die Gesetze der RZ, also der Relativitätstheorie, gebunden sind. Es gibt sie nicht mehr. Nur noch pure Energie der NRZ ist vorhanden – höchste Intelligenz, höchstes Bewusstsein.

Der Nichtrelativitätstheorie entsprechend liegt der Ausgangspunkt einer Manifestation, einer Offenbarung, immer in der Nichtraumzeit. Die Intelligenz ist entscheidend gemäß „$E = I \times G$", die Intelligenz-behaftete Energie in Verbindung mit den zugeordneten Informationen. Zuerst sind die Informationen Informationsmuster, die sich formen gemäß dem Bewusstsein bzw. der Intelligenz, die dahinter steht, um dann den Geist zu aktivieren. Die so sich bildende Intelligenz-behaftete Energie ist eine Energie der NRZ, die jetzt zur Verfügung steht für die Manifestation. Diese hohe Intelligenz-behaftete Energie ermöglicht dem Menschen, der über dieses Bewusstsein verfügt, unbegrenzte Macht über die RZ zu haben. Hierin spiegelt sich die Levitation wider, von der Buddha und viele andere Philosophen sprechen; aber auch die Manifestationen, die oft als unglaubhaft beschrieben werden – zum Beispiel die Speisung der 5000 Menschen: „… Jesus aber nahm die Brote, dankte und gab sie den Jüngern, die Jünger aber denen, die sich gelagert hatten; desgleichen auch von den Fischen, wieviel sie wollten" – und weiter: „Da sie nun gerudert hatten bei fünfundzwanzig oder dreißig Feld Wegs, sahen sie Jesum auf dem Meere dahergehen und nahe zum Schiff kommen; und sie fürchteten sich"[12] – und viele Beispiele, die uns mystisch erscheinen, sind darauf zurückzuführen, dass der Mensch mit höchstem Bewusstsein solche „übernatürlichen Dinge" vollbringen kann. Auch alle Heilungen, die von Jesus, Buddha und allen Meistern in höchster Intelligenz erfolgten.

Der Mensch ist als Ganzes, in der NRZ und der RZ zugeordnet, zu betrachten. Die Energiezufuhr „E_{zu}" erfolgt aus der NRZ „$E = I \times G$": Intelligenz-behaftete Energie, die durch das Bewusstsein geregelt wird.

---

[12] Vgl. Johannes 6,11 und Johannes 6,19

Energieverluste treten auf bei der Transformation der Energie der NRZ in die RZ, in erster Linie durch das verminderte Bewusstsein und durch die verminderte Intelligenz, ausgedrückt durch die Betrachtung der Offenbarung der Energie der NRZ: „$E = I \times G$", in der RZ: „$E = mc^2\ \mu_M$".

Alles geschieht durch die Macht unseres Denkens, des Aufhaltens unserer Gedanken in der NRZ, im höheren Bewusstsein. Wir müssen uns der höheren Intelligenz bewusst sein. Einer Intelligenz, die ohne unser Zutun das Universum schuf mit all seinen Planeten, Galaxien, den Sonnen, den Schwarzen Löchern, den unermesslichen Energie von Quasaren, unseren Atomen, aus denen wir bestehen, und den unvorstellbaren Informationen unserer DNS, aus der wir bestehen, unserem Leben, unserer Geburt, unserem Dasein in unserer Natur usw. Das muss uns bewusst sein. Der Stoff, aus dem wir bestehen. Welch eine Hochachtung vor dieser höchsten Intelligenz. Das bedarf keines weiteren Beweises, da wir es selbst und das unermessliche Universum sind, ein sichtbarer Teil der unbegrenzten Energie, was nur 1 % der Gesamtenergie ausmacht, wie die Wissenschaft es feststellte. Ein unbegrenztes Ausmaß an Intelligenz, an Energie der NRZ, was uns zur Verfügung steht. Wenn wir unser Bewusstsein darauf ausrichten, dann werden wir uns der unbegrenzten Intelligenz bewusst und können nicht nur ein Teil von ihr werden, sondern sie selbst sein. Das drückt die Menioeffizienz aus mit der durch die Nichtrelativitätstheorie erweiterte Relativitätstheorie mit „$E = mc^2\ \mu_M$".

Der Mensch ist in der Lage, durch sein höheres Bewusstsein mit der höchsten Intelligenz selbst zu dieser höchsten Intelligenz zu werden, gemäß Gottes Plan der zur Intelligenz gewordenen Materie, die ihm zum Bilde alles erreichen kann. Wir haben dann die Macht, unseren Körper so zu entwickeln, dass er vollkommen wird. Keine Krankheit, keine Belastung mehr. Wir können unsere Lebensumstände, unsere Lebenssituation so formen, ja bestimmen, dass wir keine Not leiden müssen und dass wir alles Materielle im Wohlstand regeln können. Darüber hinaus ist es möglich, den Tod zu überwinden, denn wenn wir durch die höhere Intelligenz mit „$E = I \times G$" unsere Zellen, unsere Atome so formen, dass sie mit höchster Energie der NRZ und damit mit den höchsten Informationen genährt werden, wird die Schwingung des Atoms so hoch, dass es nicht mehr sichtbar ist, so wie die 99 % der nicht sichtbaren Energie in der NRZ. Wir nehmen den Körper durch unsere Erhöhung der Intelligenz mit in die NRZ, gemäß „$E = mc^2$ μ_M". In den heiligen Schriften nennt man das „Die zweite Geburt". Wenn wir das Höchste mit der höchsten Intelligenz visualisieren, werden wir zu dem, was wir im höchsten Bewusstsein in der höchsten Intelligenz denken. Wenn wir uns in einer schwierigen Situation befinden, müssen wir lernen, uns in eine höhere Bewusstseinsebene zu begeben – das Problem löst sich auf, die schwierige Situation besteht für uns nicht mehr. Das ist eine Anwendung der Nichtrelativitätstheorie.

Vorstellbar ist das schon. Denn es findet eine Energieumwandlung statt. Am Kamin kann man es beobachten, wenn die Atome eines Holzstückchens sich auflösen in vorwiegend schöne, warme Strahlungsenergie, die sich im Wohnzimmer ausbreitet – ein Übergang der manifestierten Energie in Strahlungsenergie, eine Energieumwandlung der Atome wie bei der Energieerhöhung des Körpers. Nur erfolgt die Energiezufuhr im Körper durch die höchste Intelligenz der NRZ und beim Holzstückchen durch die Energie der Flamme des Feuers in der RZ – jetzt eine Energieumwandlung entsprechend „$E = mc^2$" der RZ.

Aber für den Menschen auf der Erde (in der RZ) bedeutet das zunächst die Aufgabe, sich so zu erhöhen mit seinem Bewusstsein, dass er nicht mehr krank wird, dass er nicht mehr leidet und im Überfluss wohlhabend ist – der Energiebilanz entsprechend. In einem solchen Zustand angelangt, hat der Mensch die Möglichkeit, Energie, die in ihm in der NRZ im Überfluss vorhanden ist, an die schwächere Energie der RZ abzugeben – einen anderen Menschen zu heilen oder ihn auf den Weg des Wohlstandes zu geleiten, indem er den Überschuss an Energie der NRZ durch sein Wissen, seine Intelligenz und sein Bewusstsein weiter gibt und ihm den Weg weist.

So sieht eine Betrachtung der Heilung der Zukunft nach der Nichtrelativitätstheorie in der NRZ aus.

Das ist das Ziel der bewusst gewordenen Materie. Das ist der Weg der Evolution der Intelligenz – Gott gewollt.

Damit wird die Evolution des Universums erklärbar und der Einfluss, den die Intelligenz, das Bewusstsein hat auf alles Seiende, auf die für uns bis jetzt als die Endlich angesehene Materie. Die Beziehung macht deutlich, dass wir im höheren Bewusstsein auf alles Einfluss nehmen können – eben auch auf die von uns bisher falsch eingeschätzte Materie und somit auch auf unsere Gesundheit, auf unser Wohlbefinden und auf das, was wir benötigen. Materie, die Raumzeit, ist – rein materiell betrachtet – die Vorstellung von etwas Absolutem, Bestehendem, Endgültigem, worauf sich alle weiteren Betrachtungen aufbauen, mit absolut falschen Schlussfolgerungen – begrenzt. Die NRZ-Betrachtung führt uns heraus aus der Begrenzung der RZ und lässt uns die Vielfalt des Überflusses erkennen.

9.3. Der Energie-Erhaltungssatz der RZ- und NRZ-Betrachtung

Die Materie ist vom Menschen in der RZ festgelegt. Sie ist als solche vorhanden, aber nur auf die fünf Sinne bezogen – ein nicht durchdringbarer Stoff. Dieser Stoff, diese Materie ist aber aus dem Geist nach „I x G" manifestiert und verbirgt im Innersten „Alles". Nur die Kohäsionskräfte, die Anziehungskräfte innerhalb des Atoms, lassen das nicht erkennen. Erklärbar wird es vielleicht aus der Betrachtung, dass ein Elektron mit einer Geschwindigkeit von ca. 60.000 km/s um den Atomkern kreist. Daher kommt auch dessen scheinbare Festigkeit und Undurchdringbarkeit. Wir wissen es, die Wissenschaft weiß es, es sind nur schwingende Systeme, die ihren Ursprung im Geistigen haben und von dort aus steuer- und regelbar sind. Unsere Intelligenz, unser Bewusstsein hat mit der Aktivierung des Geistes die Möglichkeit, auf „Alles" Einfluss zu nehmen.

Welche eine Intelligenz, welch eine Macht hinter „Allem" steht.

Wenden wir uns der höchsten Intelligenz zu, gelangen wir zu dieser Macht. Je mehr wir es verstehen, unsere Energie, unser Bewusstsein zu erhöhen, desto größer wird die Energie in uns, in unserem Körper – was sehr wichtig ist für unsere Energieerhöhung, dafür, dass wir die immer mehr zunehmende Energie in uns weiter geben, woraus ein noch höherer Energiefluss in uns erfolgt, wie soeben betrachtet im Menioprinzip.

Die Energieabgabe erfolgt materiell und geistig. Materiell betrachtet wird über den Körper Energie abgegeben, abgestrahlt (Temperaturstrahlung) oder verbraucht durch unsere Körperarbeit, Ausatmung, Kohlendioxid, Verdampfung und durch den Energieverbrauch unseres Körpers selbst zur Erhaltung der Körperfunktionen und auch der Verdauung etc. Die Energiezufuhr erfolgt ständig, gemäß dem Menioprinzip, unaufhörlich, sonst würden wir nicht existieren. Diese Erkenntnis ist lapidar und für jeden und alle Materie ständig latent vorhanden. Wir werden ständig genährt.

Mit dieser Energie gehen wir oft unbewusst mehr oder weniger sorgsam um, meistens verschleudern wir sie und leiden an den Folgen der Energieverschleuderung, weil uns dann einfach die Energie fehlt für eine notwendige Funktion des Körpers, und so erzeugen wir unser Leid bereits im Alltag. Wenn wir das in der Energiebilanz betrachten, sind wir erstaunt, wie viel Energie wir verschwenden für Nichtigkeiten, Streit, Alkohol, Drogen aller Art, Gier und andere energieraubende Beschäftigungen sowie Sorgen, Ängste, Existenzängste oder nur für überflüssiges und auch ungesundes Essen und Trinken, was unsere Zellen an ihrem natürlich vorgesehen ständigen Wachstumsvorgang hindert, wodurch dann Zellen absterben. Und dann wundern wir uns, dass wir krank werden, faltig, und dass wir sterben müssen.

Wir gestalten unsere Krankheiten selbst.
Wir betreiben einen unendlich hohen, zunehmenden,
materiellen Aufwand, die Krankheit materiell zu bekämpfen.

Aus der NRZ betrachtet entsteht in unserem Körper auf der Basis eines höheren Bewusstseins, einer höheren Intelligenz, über das Menioprinzip eine sich aufbauende höhere Energie im Bewusstseinsmuster: Je höher das

Bewusstsein, desto geringer die g-Gravitation, desto höher die Energieumwandlung höherer Energie in der inneren RZ und desto höher die Energieumsetzung in der äußeren RZ, womit wir über die Energieerhöhung des Körpers sprechen.

In der Energiebilanz des Menschen spielt die Energiebetrachtung der NRZ und der RZ eine große Rolle, da die Energie der NRZ direkt der RZ, der Materie, dem Körper zufließt, dem Menioprinzip entsprechend manifestierte Energie.

Bei der Energiebilanz betrachten wir die vom Menschen abgegebene Energie als die abgegebene Gesamtenergie „$\sum E_{ab} = E_{ab,geist.} + E_{ab,mat.}$". Hier wird deutlich, dass der Mensch geistige Energie aufnimmt und diese im Körper manifestiert, dementsprechend auch geistige Energie und manifestierte Energie abgeben kann, was in der Gesamtenergiebilanz zu berücksichtigen ist.

$$\sum E_{zu} - \sum E_{ab} = 0$$

9.3.1. Energie kann weder erzeugt noch vernichtet werden

In der zweiten Hälfte des 18. Jahrhunderts formulierte Helmholtz den Energieerhaltungssatz der Mechanik: **„Energie kann weder erzeugt noch vernichtet werden. Sie kann nur von einer Form in andere Formen umgewandelt oder von einem Körper auf andere Körper übertragen werden."**

Der Energieerhaltungssatz ist ein von Menschen diskursiv entwickeltes Gesetz, welches sich auf die Begrenzung der Raumzeit bezieht und auf der materiellen Ebene seine Anwendung findet, seine Gültigkeit hat und aus den Beobachtungen der bestehenden Materie entwickelt wurde – mit entscheidenden Rückschlüssen für die Technisierung und Entwicklung der Menschheit. Es handelt sich um einen Prozess, der mit der mechanistischen Betrachtung der Welt seit Newton weiter übernommen und weiter entwickelt wurde, bis zum hochindustriellen Stand der Technik von heute. Es ist aber „nur" eine materielle Betrachtung, ein Denkmodell der Thermodynamik, bezogen auf Raum und Zeit.

„Energie kann weder erzeugt noch vernichtet werden" – dieser Satz kann in der NRZ-Betrachtung nach der Nichtrelativitätstheorie zunächst so übernommen werden. „$E = I \times G$" bezieht die Intelligenz mit ein und die Energie des Geistes „E_G". „E_G" ist immerwährend, ohne Anfang und Ende. In diesem Sinne ist „E_G" eine Energie, die nicht erzeugt werden kann, da sie latent und labil zur Verfügung steht, und sie kann nicht vernichtet werden, weil sie immerwährend ist. Die RZ–Betrachtung zeigt weiterhin auf, dass die Energie „von einer Form in andere Formen umgewandelt oder von einem Körper auf andere Körper übertragen werden" kann. Das hat auch Gültigkeit für die Energieumwandlung aus der NRZ in die RZ. Aus der NRZ betrachtet kann man für den Betrachter der RZ hinzufügen, dass die Energie unendlich ist. Und der Betrachter der RZ erkennt, dass die aus der NRZ sich offenbarende Energie umgewandelt werden kann in eine andere, der RZ entsprechenden Energie. Aber in der NRZ-Betrachtung kann nach der Nichtrelativitätstheorie durch hohe Intelligenz die Energie der RZ erhöht werden. Die Energie der NRZ ist unbegrenzt. Sie ist eine Funktion der Intelligenz und des Geistes – „$E = I \times G$".

Sie kann in der RZ von einem Körper auf einen anderen Körper übertragen werden. In der NRZ hat das keine Gültigkeit, da es keine Körper gibt und auch keine andere Energie – dort ist alles pure Energie. Entscheidend ist aber, dass alles aus der NRZ Stammende pure Energie ist, die bei der Offenbarung aber entsprechend der wirkenden Intelligenz (Bewusstsein) nur das offenbart, was dem Bewusstsein entspricht. Wir sprechen immer von Intelligenz-behafteter Energie.

Im abgeschlossenen System erfolgt kein Stoff- und Energieaustausch mit der Umgebung. Welchen Raumbereich man jeweils betrachtet, hängt von den gegebenen Bedingungen und von den Zielen ab, die man verfolgt. Das Universum, so nimmt man an, stellt vermutlich ein solches abgeschlossenes System dar bzw. ist bei Einzelbetrachtungen bestimmter Systeme im Prinzip wie ein abgeschlossenes System, das aber so wie einzelne Inseln in sich wirkt. Diese Betrachtung aus der Raumzeit ist in der NRZ-Betrachtung uninteressant – da wir keinen Raum und keine Zeit haben, ist die Voraussetzung für die Energieumsetzung immer gegeben. Der „Parameter" Bewusstsein ist für alle Vorgänge der Offenbarung der Energie entscheidend.

Energie, die ein Körper besitzt, kann in andere Energieformen umgewandelt werden. So wird z. B. beim Verbrennen von Holz die im Holz gespeicherte chemische Energie in thermische Energie und Lichtenergie umgewandelt, bei der Nutzung eines Elektroherdes wird elektrische Energie in thermische Energie umgewandelt. Wenn man sich organische Stoffe ansieht, so wird beispielsweise bei Pflanzen Lichtenergie in chemische Energie umgewandelt – ganz allgemein betrachtet. Diese Betrachtung der RZ steht der Betrachtung in der NRZ entgegen. Bei genauer Überlegung gibt es keine Situation, in der nicht auf die unbegrenzte pure Energie der NRZ in der RZ zurückgegriffen werden kann. Die mechanistische Betrachtungsweise des Menschen engt das Bewusstsein ein, sodass er sich abmühen muss, auf umständliche Art und Weise Energie zu gewinnen.

9.3.2. Entropiebetrachtung in der NRZ – Wie die Unordnung wirkt

Der „Zweite Hauptsatz der Thermodynamik" beschreibt die Richtung der Energieumwandlung. Wärme kann nicht von einem Bereich mit niedriger Temperatur in einen Bereich mit höherer Temperatur übertragen werden.

Der „Zweite Hauptsatz", unter Betrachtung der NRZ angewendet, sagt eindeutig aus, dass die unbegrenzte pure Energie der NRZ für die RZ unendlich genutzt werden kann, wenn die Energie des höheren Potenzials zum niederen fließt, also von der mit hohen Informationen und hoher Intelligenz geprägten Energie der NRZ zur RZ. Wenn das Bewusstsein so erhöht wird, dass in Verbindung mit der höchsten Intelligenz die höchsten

Informationen genutzt werden zur Offenbarung der Energie in der RZ, wird die Energieumwandlung in einem hohen Grade erfolgen.

Die Anwendung der Nichtrelativitätstheorie sagt aus, dass die Rohstoffe geschont werden können, keine Umweltschäden, keine Vergiftung der Natur etc. mehr auftreten, sondern Energie im Überfluss, aus der NRZ, einem hohen Bewusstsein entsprechend, genutzt werden kann. Das gilt auch für die weitere Betrachtung des „Zweiten Hauptsatzes der Thermodynamik":

„Bei physikalischen, technischen, chemischen oder biologischen Vorgängen kann Energie von einer Energieform in andere Energieformen umgewandelt werden."

Der „Zweite Hauptsatz der Thermodynamik" sagt aus, dass Temperatur-differenzen sich in der Natur nicht spontan vergrößern können. In der zweiten Hälfte des 19. Jahrhunderts nannte Clausius diese Größe „Entropie". Das ist sozusagen ein Kunstwort, welches dem Begriff des Wärmeinhaltes nachempfunden wurde. Es ist mit „Wandlungsgehalt" übersetzbar, sozusagen als Gegensatz zum Wärmeinhalt. Es wurde mit der Zeit üblich, den „Zweiten Hauptsatz" direkt mit der Entropie zu formulieren, was keineswegs zu einem tieferen Verständnis führte. Erst Jahrzehnte später konnte Boltzmann mit seiner statistischen Mechanik eine Erklärung für die Entropie als Maß für die erreichbaren Mikrozustände eines Systems finden. Wärme ist „zufällig" über Atome und Moleküle verteilte Energie und fließt von heiß nach kalt, weil der umgekehrte Weg zu unwahrscheinlich ist.

„Ein lebender Organismus kann in gewissem Sinne als eine thermodynamische Maschine betrachtet werden, die chemische Energie in Arbeit und Wärme umwandelt und gleichzeitig Entropie zu produzieren scheint. Es ist nach dem gegenwärtigen Stand der Forschung noch nicht geklärt, ob einem biologischen System Entropie zuordenbar ist, da es sich nicht im Zustand des thermodynamischen Gleichgewichts befindet."[13] In

---

[13] Wikipedia: „Entropie"

der zweiten Hälfte des 19. Jahrhunderts nannte Clausius diese Größe „Entropie".

All das sind materielle Betrachtungen in der RZ, denen wir die NRZ-Betrachtung gegenüber stellen möchten, denn eine thermodynamische Maschine ist ein lebender Organismus gewiss nicht – und erst recht nicht der Mensch.

Bei der NRZ-Betrachtung beziehen wir, wie gehabt, das Menioprinzip mit ein. Das, was wir soeben betrachtet haben, ist ja eine Betrachtung der Auswirkung der NRZ. Die Entropie, die nicht von vielen Menschen richtig erkannt wird, spielt da eine besondere Rolle. Das aus dem Griechischen stammende „Kunstwort entropia" sagt etwas aus über Wendung oder Umwandlung. Es ist eine fundamentale, thermodynamische Zustandsgröße. Jedem Zustand eines thermodynamischen Systems kann ein Wert der Entropie zugeordnet werden. Die Entropie beschreibt die Zahl der Mikrozustände, durch die der beobachtete Makrozustand des Systems realisiert werden kann.

Im Bild sind Mikrozustände (z. B. Moleküle) dargestellt, die in einem geschlossenen Raum unter Druck, Kraft, komprimiert wurden. Die beiden Räume sind durch eine Wand voneinander getrennt. In der linken Kammer befindet sich das komprimierte Gas.

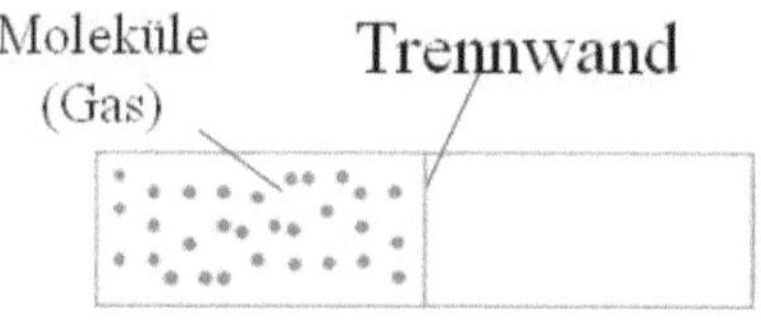

Nach dem Entfernen der Zwischenwand steht ein größerer Raum zur Verfügung. Es existieren nach der Expansion also mehr Mikrozustände (einzelne Aufteilungsvarianten = Mikrozustand genannt), und das System besitzt eine höhere Entropie.

Hohe Entropie

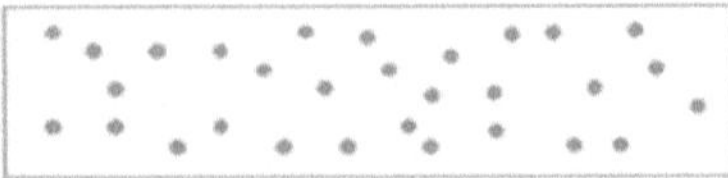

Höhere Unordnung = mehr Umwandlungsmöglichkeiten

Es stellt sich eine größere Unordnung ein, daher auch mehr „Umwandlungsmöglichkeiten". Es ergibt sich eine Vielfalt der Anordnungsmöglichkeiten der Moleküle. Sie verleihen dem Gesamtsystem dieselben makroskopischen Eigenschaften (z. B. die Höhe des Drucks auf die linke oder rechte Wand) und bilden zusammen einen Makrozustand. Aber immer hat eine gleichmäßige Aufteilung die höchste Anzahl von Mikrozuständen und stellt sich am häufigsten ein, auch wenn man anfangs die Moleküle, dicht gedrängt, nur in eine Ecke eingebracht hätte. Dies geschieht aus sich heraus und zufällig und nur deshalb, weil sich die Moleküle bewegen.

Diese Entropie-Änderung ist bei Wärmezufuhr, also bei Energiezufuhr, positiv, bei Wärmeabfuhr bzw. Energieabfuhr negativ, aber bei der Wärmeabgabe an die Umwelt bedeutet das dort Entropiezunahme. Energie wird im physikalischen Sinn nicht verbraucht, sondern nur umgewandelt – und da befinden wir uns bei der Entropie-Änderung. Nach Bild oben ist von einer gewissen Ordnung auszugehen; die Moleküle haben aufgrund der einwirkenden Kraft eine höhere Anordnung, eine hohe Zahl der Mikrozustände erreicht – eine höhere Ordnung und damit eine niedrige Entropie. Bei der Ausdehnung ist es umgekehrt, die Entropie nimmt zu.

Mit der Betrachtung der Entropie betrachtet man (Um)Wandlungsmöglichkeiten von Energien. Energien beinhalten immer Intelligenz und die damit verbundenen Informationen. Entropie hat also etwas mit Informationen zu tun, denn es bedarf riesiger Informationen, um dieses Universum entstehen und die Evolution des Universums weiter voran schreiten zu lassen. Der Mensch ist eher etwas „Geordnetes" mit niedriger Entropie. Die Informationen des Universums sind in der Unordnung wesentlich höher als die Informationen des Menschen, die für uns aber schon ungeheuer hoch sind, allein bei der Betrachtung der DNA etc.

Im geschlossenen System nimmt die Entropie immer zu. Das Universum und darin der Mensch ist aber ein offenes System. Die Entropie gilt aber auch da, je nachdem, welchen Bereich man betrachtet. Wenn der Mensch Energie abgibt, so gibt er die stoffliche Energie an die Umwelt ab, also so wie bei einer Inselbetrachtung, wie bei der Erde selbst, wir verzeichnen eine Zunahme der Entropie in der Umwelt oder eben auch der Erde im Universum. Die Entropiezunahme im Universum führt zunächst zu einer immer zunehmenden Unordnung. Diese Entropiezunahme ist aber, gleichzeitig mit der Zunahme der Unordnung, verbunden mit riesigen, ja unbegrenzten Informationen zunächst thermodynamischer Betrachtung zur ständigen Expansion des Universums. Das sind materielle Erkenntnisse der Betrachtungen in der RZ.

Die NRZ-Betrachtung soll uns zu weiteren Erkenntnissen führen. Im Prinzip sind die Betrachtung und die Entwicklung der Thermodynamischen Gesetze bis hier hin nur eine Betrachtung in der RZ. Die Betrachtung in der NRZ beschäftigt sich mit den Ursachen der Thermodynamik. Die Theorie der Lehre der Ausbreitung der Wärme ist ja eine Betrachtung der Energien, deren Ausbreitung und deren Auswirkungen im technischen System der RZ, vorwiegend beginnend mit der Entwicklung der Dampfmaschinen, also eine mechanische Betrachtung.

Die Betrachtung in der NRZ macht es erforderlich, die pure Energie mit einzubeziehen. Das Menioprinzip ist auch hierfür anwendbar. Die Anwendung des Energieerhaltungssatzes in der NRZ macht natürlich auch einen Sinn. Schließlich wird die Energie für die benötigte Wärmeumwandlung auf unserem Planeten ständig benötigt. Wenn diese latent wirkende Energie aufhört, die Materie zu versorgen, dann existiert nichts mehr. Also liegt die Ursache der Energieerhaltung in der NRZ, im Geist und dessen Aktivierung durch die Intelligenz, auf der Basis von „E = I x G". Der Mensch wendet diese Energie in der RZ an und ist sich der Zusammenhänge in Verbindung mit der NRZ nicht bewusst. Daraus ergeben sich Fehlverhalten, aus Unwissenheit. Es findet nur eine einseitige

Betrachtung auf materieller Ebene statt, dem niedrigen Niveau des Materiellen angepasst, auf der Basis der Erkennbarkeit der fünf Sinne, hier in erster Linie von Beobachtungen der Materie. Mit der Sicht aus der NRZ verlässt man die „Nur-Betrachtung der Materie". Die höhere Wahrnehmung lässt die Zusammenhänge erkennen und führt uns zu höheren Erkenntnissen.

Energie geht in der RZ und in der NRZ nicht verloren. Energieumwandlung findet gemäß dem Menioprinzip statt, ein Prozess, der aber reversibel ist. Da Energie nicht verloren geht, kann der Mensch als „Ebenbild Gottes – ihm zum Bilde" unendlich über diese Energie verfügen, im Überfluss. Ganz andere Fortbewegungsmittel oder Anwendungen der Energie für die Wärmegewinnung anderer, höherer Art sind möglich – ohne Ausbeutung der Erde, ohne Abholzen der Regenwälder, ohne Stromerzeugung der herkömmlichen Art usw. Es erschließt sich ein unwahrscheinliches Anwendungsgebiet auf unserer Erde, ein unwahrscheinliches, *unerschöpfliches Energie-Reservoir* im Überfluss.

Die Yogasolanwissenschaft beschäftigt sich mit der Forschung der höheren Art.

Der „Zweite Hauptsatz der Thermodynamik", des Temperaturaustausches von der höheren zur niedrigen Temperatur, ist analog umsetzbar für die Energie der NRZ. Es erfolgt ein Energiegefälle von hoher Energie zu niedriger Energie. In der NRZ gibt es keine Temperaturunterschiede, aber unterschiedliche Intelligenz, quasi ein Intelligenzgefälle, also auch ein Energiegefälle. Intelligenz, die den Geist aktiviert nach der Beziehung „E = I x G", hat unterschiedliche Energielevel in Abhängigkeit von dieser Intelligenz zur Folge.

Das ist ein Prozess, bei dem die Intelligenz des Menschen, der NRZ zugeordneten Intelligenz entsprechend, Energien in der RZ umsetzen kann.

Beruhend auf den bisherigen Betrachtungen der NRZ beinhaltet die Energie die Intelligenz. Wir treffen auf das Informationsmuster und auf das Bewusstseinsmuster. Die Einbeziehung des Bewusstseins in die Betrachtung der Analogien der Thermodynamik zur NRZ ist für den nicht Geübten zunächst fremd, lässt aber interessante Schlussfolgerungen zu.

In diesem Zusammenhang macht es Sinn, den Begriff der Entropie gleichzeitig mit zu betrachten. Aus der Betrachtung der RZ ist uns bekannt, dass im grobstofflichen Bereich der Materie Moleküle beobachtet wurden sowie deren Verhalten beim Komprimieren durch eine Druckkraft in einem abgetrennten Behälter, wodurch sich die Moleküle gleichmäßig ausrichteten, und wobei von einer niedrigen Entropie gesprochen wurde. Im Fall der Entspannung war die Entropie hoch. Es stellt sich eine größere Unordnung ein, daher auch mehr „Umwandlungsmöglichkeiten". Es ergibt sich eine Vielfalt der Anordnungsmöglichkeiten der Moleküle und ein höherer Informationsanteil im thermodynamischen Sinne. In der NRZ ist diese Betrachtung interessant.

Es hat den Anschein, dass Clausius sich in seinen Gedanken, denn es ist ja ein Gedankenmodell, bereits in einer Art höheren Wahrnehmung befand. Das erklärt auch, dass viele Menschen, vor allem diskursiv denkende Menschen, Probleme haben, den tieferen Sinn der Entropie zu verstehen. Schon bei der Wortwahl des Kunstwortes suchte er nach einem Gegenstück zum gebräuchlichen Wort des Wärmeinhaltes, der Stoffliches beschreibt. Die Entropie als Wandlungsenergie, als Umwandlungsmöglichkeit zu betrachten, und dass „sie" geschieht aus sich heraus und zufällig und nur deshalb, weil sich die Moleküle bewegen, lässt ohne weiteres auf eine höhere Wahrnehmung schließen und darauf, dass Clausius seiner Zeit voraus war. Die darüber hinaus angedeutete Unordnung ergänzt diese Betrachtung, und nicht zuletzt die damit verknüpfte Information unterstützt die Betrachtung in der NRZ.

Die Entropiezunahme im Universum wird viel diskutiert, vor allem auch in anderen Bereichen der Wissenschaften. In der NRZ betrachtet, dort wo es keinen Raum und keine Zeit gibt, und wo die Basis allen Seins ist, allen Geschehens in der Manifestation, erkennt man, was hier mit der Ausdehnung im Raum ausgesagt werden kann. Es gibt keinen Raum und keine Zeit. In der NRZ sprechen wir nur von Energie, die Auswirkung der Energie manifestiert sich im Raum, wie von Albert Einstein richtig dargestellt, als materielle Energie, aber die Ursache ist der Geist, die unbegrenzte, latent wirkende Energie, die darin enthaltene Intelligenz und vor allem das zunehmende Bewusstsein, wohlgemerkt in der NRZ. Die Entropie hat ihre Ursache in der NRZ, zeigt uns in der höheren Wahrnehmung den wirklichen Prozess in uns. Die Intelligenz ist unbegrenzt, die Entropie, eigentlich jetzt die geistige Entropie, schafft immer mehr Voraussetzungen zur unbegrenzten Entwicklung, zur nie aufhörenden Evolution des Universums, was vor dem Urknall schon begann, eben ohne Anfang und ohne Ende – etwas Unbegreifliches für den materiell denkenden Menschen.

Vor dem Urknall besteht die höchste Entropie, die geistige Entropie, eben auch die höchste Unordnung, wo der Nährboden dafür sich befindet, dass die höchste Intelligenz neue Manifestationen schafft mit der Aktivierung des Geistes: Ein Chaos, das kreativ macht, vom Niederen (niedrige Energie) zum Höchsten (höchste Energie) und höchster Intelligenz. Hier sind dann – NRZ-betrachtet, nicht mehr thermodynamisch betrachtet – die höchsten Informationen der Entropie enthalten, auf die jeder zurückgreifen kann, wenn er sich in der NRZ im Höchsten (höchsten Gedanken folgend) aufhält. Die geistige Entropie ist, in der NRZ betrachtet, eine der wichtigsten Größen der Evolution des Universums. Wer diese Gesetzmäßigkeit erkennt, kann, im Höchsten (Höchste Gedankenwelt) sich aufhaltend, mit erhöhtem Bewusstsein in Resonanz gehen und die Manifestation zu verstehen, zu beherrschen und zu gestalten beginnen. Bei der Betrachtung der Entropie in der NRZ gilt das Menioprinzip zur Manifestation ebenso.

Sämtliche Informationen der Evolution des Universums
bleiben in der NRZ erhalten.

Vor Beginn des Urknalls stand die schöpferische Idee der höchsten Intelligenz zur Gestaltung der bewussten Materie. Das setzt sich fort mit der Entstehung des Elektrons, der negativ geladenen Energie und der später schwingenden Energie des Protons und damit der schwingenden Energie im magnetischen Feld des Atoms. Es geht weiter mit der entstehenden Polarität der negativ und positiv geladenen Energie, dem sich weiter entwickelnden Prozess der Molekülbildung und der Entstehung der Materie und der Planeten und Planetensysteme, des Universums.

Eine ständige Anpassung von Energieumfeldern findet statt – Intelligenz-behaftet, eine Anpassung an die sich optimierenden Manifestationen, an die sich selbst regulierende Intelligenz, bis hin zur Manifestation der ersten Zelle, der Optimierung der lebenden Struktur, bis zur Intelligenz des Menschen. Das ist das, was die Evolution des Universums ausmacht. Welch ein „Aufwand", welch unbegrenzte Informationen, die sich manifestierten, optimierten, immer wieder neu kreierend das Optimale fanden. Eine ständig zunehmende geistige Entropie vollzog sich – eine ständig sich weiter entwickelnde Intelligenz, die sich nach dem Menioprinzip manifestiert, in immer höher sich gestaltender intelligenter Form.

Die geistige Entropiezunahme führt zu einem Überfluss an Informationen, zu einem Zustand, der sich ordnet, mit der sich entwickelnden unbegrenzten Intelligenz in der NRZ den unbegrenzten Geist aktivierend zu einer unendlichen Energie der RZ, die uns zur Verfügung steht, entsprechend unserem zunehmenden Bewusstsein, in uns und um uns, in ein kollektives Bewusstsein übergehend. In diesem höchsten kollektiven Bewusstsein verschwinden alle niedrigen Energien im mit der höchsten Intelligenz verbundenen Menschen. Die niedrigen Eigenschaften, die niedrigen Energien (En) lösen sich auf.

Die geistige Entropie können wir nutzen. Die unbegrenzten Informationen stehen uns zur Verfügung. Wir sollten lernen, darauf zurückzugreifen und dieses uns zur Verfügung stehende Wissen zu nutzen für uns, für unsere Entwicklung – das Bewusstsein zu schulen, um die Informationen zu bekommen, die ich benötige, um „Höchstes" zu gestalten, das Wissen zu gestalten, die Intelligenz, die den Geist aktiviert und die Energie, die wir benötigen – mit dem besten Resultat.

Es ist dann, in der RZ betrachtet, eine Frage der Zeit, wann es dem Menschen gelingt, dass das Menioprinzip nur noch in der NRZ in ihm wirkt, also zu einem Zeitpunkt, in dem wir das Atom nicht mehr erreichen – in der RZ. Das wird möglich, wenn das Bewusstseinsmuster so groß wird, dass das g-Gravitationsfeld so durchlässig wird, dass keine „Schwere", in dem Falle keine niedrigen Energien mehr wirken können, „En", die niedrige Energie, muss Null werden – „En = 0". Daraus resultieren keine niedrigen Energien mehr aus den Energieumfeldern, keine auf Niederes, Materielles, die fünf Sinne ausgerichteten Gedanken. Dann gelangt die höchste Energie direkt in den Magnetismus und nährt unser Energieumfeld mit höchster Energie in uns und um uns. Dem Menioprinzip weiter folgend, wird sich die Polarität auflösen, und damit wird sich die innere RZ, da alle im Erinnerungsfeld sich befindenden Informationen ebenfalls aufgelöst sind, nicht mehr ausbilden können. Das heißt, dass das Elektron sich nicht mehr entfalten kann und somit auch nicht die RZ, die Polarität und damit das Atom, sodass keine Manifestation, keine Materie und damit kein menschlicher Körper entstehen kann – „zurück zum Vater", zur höchsten Intelligenz.

Im Evolutionsprozess des Universums, der Idee der höchsten Intelligenz, entwickelt sich das kollektive Bewusstsein als weitere höhere Evolutionsstufe – im Höchsten wirkend, immer weiter die Vollkommenheit anstrebend, neue höchste intelligente Wesen kreierend, wie wir sie uns heute noch nicht vorstellen können.

9.4. Die Erhöhung der Energie beeinflusst die Gesundheit des Menschen

Diese Demonstration der Evolution des Universums lässt natürlich jegliche intelligente Entwicklung offen. Aber sie zeigt die Vielfalt der Intelligenz, der offenbarten Intelligenz. Sie zeigt aber auch, in welchem Prozess wir uns befinden. Es bietet sich uns ein Weg zu immer höher wirkender Intelligenz, immer höher wirkender Energie – ein Weg zur Befreiung von uns im Alltag anhaftenden niedrigen Energien, die zu Schmerz und Leid führen, von denen wir, wie eben genannt, uns befreien können, indem wir uns selbst erhöhen, uns bewusst werden der selbst kreierenden Form unseres Seins. Welche Macht!

Die geistige Evolution des Universums.
Macht – alle Macht – Allmacht.

Betrachtung der Gegenüberstellung
der Energien zur schnellen Eigenüberprüfung:

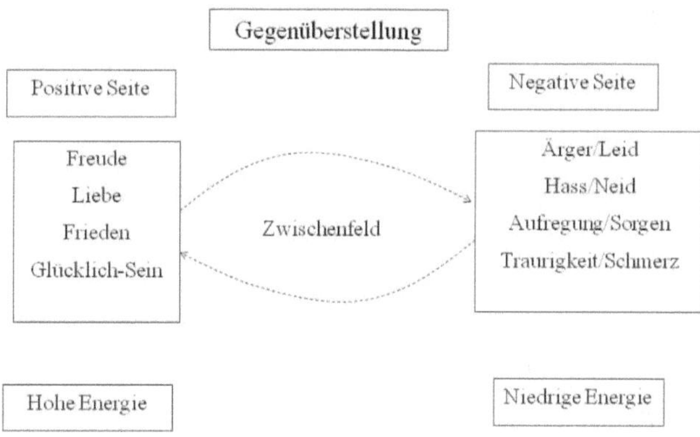

Was wir brauchen, sind EUF voller Freude. Um uns und in uns soll Frieden sein, Liebe und Freude. Man kann sich selbst betrachten und eine Gegenüberstellung anfertigen. Wenn wir nur einen Tag betrachten, 24 Stunden, was wir darin erlebt haben, und was davon hoch ist (Freude) und was niedrig (Sorge, Angst, Leid, Schmerz etc.).

Die Betrachtung der Gegenüberstellung ist eine Betrachtung der Energien – wie das Erstellen einer Energiebilanz, die natürlich um einiges erweitert, sehr erweitert werden kann, was wir dann auch tun werden. Überprüfen Sie sich bitte. Wenn Sie den Zeitfaktor noch mit dazu nehmen, dann können Sie, wenn Sie das in Prozente umrechnen, feststellen, zu wie viel Prozent Sie am Tag Ihren Energiehaushalt belasten, Energie verschleudern und Ihren Körper und Ihre Zellen belasten und deren Wachstum verhindern oder fördern.

Fördern des Zellwachstums geschieht in erster Linie, wenn keine Energie verschleudert wird, also nur gute (hohe) Gedanken Sie beschäftigen, wie oben links dargestellt. Dann werden Ihre Zellen und Ihr Körper ohne Belastung arbeiten und sich entfalten können. Jetzt wird Ihnen bewusst, wo Ihre Kopfschmerzen oder anderes Leid herkommen und wer es verursacht hat – Sie selbst. Bleibt noch das Zwischenfeld – also mal Leid, mal Freude, mal Schmerz, mal Glücklich-Sein: ein Feld, in dem sich sehr viele aufhalten – aber auch ein Feld eher des Dazwischen-Seins, ohne große Weiterentwicklung und bestimmt nicht des verweilenden höchsten Glücks. Es zeigt sich immer wieder, dass es eine Frage der Energie ist, ob ich glücklich bin, ob ich gesund bin etc.

Unsere Gesundheit ist, hohe Energie zu haben, Krankheit ist Energieverlust.

Wir wissen, dass in der Manifestation (s. Menioprinzip) die innere RZ eine wesentliche Rolle spielt. Wir wissen aber auch, dass in der inneren RZ, in den Elektronen, Erinnerungen gespeichert sind, die nicht verloren gehen. Auch das ist eine Energiefrage. Erinnerungen können negativ oder positiv wirkend sein. Es gibt die Möglichkeit, gemäß Menioeffekt, sich immer im Höchsten aufzuhalten und damit nur mit den für mich positiven Erinnerungen in Resonanz zu gehen – ein Prozess, den wir täglich beobachten können, in uns und um uns. Kommen wir mit guten Freunden zusammen und reden in Harmonie und Freude miteinander, stellt sich bei uns Freude, also hohe Energie ein. Das Erinnerungsfeld der inneren RZ geht nur mit den Informationen in Resonanz, denen wir uns zuwenden. Die negativen Erinnerungen sind aber trotzdem da – wenn sie nicht „beachtet" werden, gibt es keine Resonanz. Ich gehe also mit dem in Resonanz, was ich denke – oder mit den Energieumfeldern, in denen ich mich aufhalte. Die innere RZ, die Erinnerungsfelder, sind in Resonanz gehend mit unseren Gedanken und vom Bewusstsein beeinflussbar.

> **Ich gehe mit dem in Resonanz, was ich denke.**

Ich kann das Erinnerungsfeld dazu nutzen, dass ich nur noch mit den Informationen in Resonanz gehe, mit denen ich es wünsche, ich bestimme es. Mein Wille geschehe. Das ist auch das, was Jesus meinte mit seinem Ausspruch „stehe auf und gehe", vergiss es, deine Krankheit, deine Sorgen – alles Niedrige, alles. Wende dich in deinen Gedanken dem Höheren zu. Baue dir ein Zukunftsfeld der Freude, der Liebe, des Erfolges, der Gesundheit – des Glücks – auf. Das Erinnerungsfeld geht hiermit in Resonanz und ändert sich. Wenn das positive Zukunftsfeld das negative Erinnerungsfeld verdrängt, dann befindet sich in der inneren RZ ein neu codiertes Feld. Man darf nur nicht wieder zurück schauen, nicht wieder mit Negativem, mit negativen Energien (Informationen des negativen Erinnerungsfeldes) in Resonanz gehen.

In der NRZ ist das kein Problem, aber in der RZ spielt der Zeitfaktor eine große Rolle, der gleichzeitig Energie(aufwand) bedeutet, Überwindungsarbeit, verbunden mit einer disziplinierten Arbeit, mit Liebe und Freude, an das Menioprinzip denkend, dass alles in der NRZ, also in unseren Gedanken beginnt. Und das ist eine Gesetzmäßigkeit, wie bisher aufgezeigt.

Mit der Feststellung, dass der technische Fortschritt durchaus anzuerkennen ist und wir uns alle freuen, Auto zu fahren und das Fernsehen, Internet und Handys nutzen können, sowie den gesamten Fortschritt haben, der uns viel Erleichterung und Freude bereitet, haben wir doch nur eine materielle Ausrichtung vorgenommen.

Die Betrachtung in der NRZ ist nicht begrenzt, sofern wir uns dieses Vorganges bewusst werden und ihn beherrschen lernen. Es gelingt ein weitaus tieferer Einblick in alle Zusammenhänge. Wir sind erst am Anfang, noch unwissend, noch sehr einfach und grobstofflich ausgerichtet oder umständlich in der Nutzung und Umsetzung der uns wirklich zur Verfügung stehenden Intelligenz und Energie im Überfluss. Wir befinden uns noch in der Menschwerdung – noch sehr primitiv, sonst würden wir keine Tiere mehr töten und Kriege führen und uns gegenseitig umbringen, uns betrügen und die Natur schänden.

Aber in der Evolution des Universums sind wir gesegnet mit dem ganzen Reichtum der höchsten Intelligenz der NRZ, vor allem mit der Möglichkeit der Entwicklung unseres Bewusstseins, womit wir gerade beginnen, gerade jetzt, wenn uns die Zusammenhänge immer klarer werden.

Die Entropiezunahme im Universum, vor allem die geistige Entropiezunahme, führt mit der Bewusstseinszunahme zu einer enormen Entwicklung der Evolutionskurve der Menschen, im Einklang mit der Evolution des Universums oder besser ausgedrückt mit der Evolution aller Universen in der Unendlichkeit.

Die insgesamt zugeführte Energie ist die Energie der NRZ, die Energie, die hier von der Intelligenz, also Intelligenz x Geist ($E = I \times G$), abhängig ist und somit auch das Bewusstsein integriert.

Wird der Anteil der Intelligenz geringer, verringert sich die zugeführte Energie der NRZ um den Anteil der vorhandenen niederen Intelligenz. Der Mensch bestimmt den Anteil der niedrigen Energie und damit den Anteil der in ihm wirkenden Energie. Ein Maß der verringerten Intelligenz ist die Abweichung des Bewusstseins vom höheren Bewusstsein. Hierfür gibt es kein grobstoffliches Messgerät oder eine Waage, die diesen Wert ermitteln könnte, vor allem, wenn es den Bereich der NRZ betrifft.

Zu diesem Zwecke führten wir eine Größe der niederen Eigenschaften „En" (En = niedrige Energien) ein, das sind die den Zugang zur höchsten Intelligenz vermindernden Energien. Gemäß der Energieumfeldmethode sind die niedrigen Eigenschaften eines Menschen gekennzeichnet durch im Wesentlichen acht Hauptbereiche. Bei der Energiebilanz sind diese mit einzubeziehen.

$$E_n = E_{Angst} + E_{Sorgen} + E_{Hass} + E_{Gier} + E_{Ego} + E_{Neid} \ldots$$

Das sind Belastungen des Menschen, die den Energieverbrauch des Körpers erhöhen, das heißt, Energie wird verbraucht, die in der Gesamtenergiebilanz zu berücksichtigen ist und dort mit einbezogen wird. Es steht letztendlich zu wenig Energie zur Verfügung für die Versorgung des Körpers – zu wenig Energie zum Beispiel zur Versorgung der Zellen etc. Es erfolgt ein Energieverbrauch, der in die Energiebilanz der abgegebenen Energie mit einzubeziehen ist.

In zahlreichen Untersuchungen konnten wir feststellen, dass die Energie, die für die Aufrechterhaltung der Energieversorgung des Körpers erforderlich ist, wesentlich verringert wird, wenn „En" zunimmt. Dieser Zusammenhang ist ein wesentlicher Bestandteil der Energieumfeldmethode (EUM). Danach erfolgt eine Anamnese, eine Befragung der Klienten, welche Belastungen sie in welchen Energieumfeldern haben, und wie sich die Belastungen auf ihre Energiebilanz, im weiteren Sinne zum Beispiel auf ihren Gesundheitszustand, auswirken. In einer dann umfangreich angelegten statistischen Ausarbeitung und Auswertung konnten mitunter hohe prozentuale Energieverluste erkannt werden. Diese liegen oft im Bereich von über 80 % Energieverlust. Aus der NRZ, also geistig betrachtet, fehlt diesen Menschen der Zufluss hoher Energie aus der NRZ, gemäß dem Menioprinzip, für das Input des Informationsmusters. Der Grund dafür ist eindeutig die Ausrichtung der Gedanken auf ein niedriges Energieniveau, z. B. des Leids, der Angst etc. Diese Gedanken bewirken wieder Gedanken des Leids, also niedrige Informationen, die im Informationsmuster sich immer mehr verdichten. Daraus ist in diesem Falle eine immer größere Zunahme von niederen Informationen ableitbar, woraus sich Niederes manifestiert, vielleicht Krankheit, Partnerverlust oder anderes Leid.

Eine erste Energiebilanz könnte so aussehen:

Die zugeführte Energie ist „$E_{zu} \sim E = I \times G$", und die vom Körper abgeführte Energie ist dann „$E_{ab} = E_n + E_{phys} + E_{Verdauung} + E_{Wärme} + \ldots + E_G$".

Hierbei ist der Zusammenhang zwischen der geistigen Energie (E_G) und den anderen „Energieverbrauchern" interessant. Es besteht zwischen allen ein Zusammenhang, denn wenn die geistige Energie (E_G) bzw. die Energie der NRZ (E_{NRZ}) analog dem Bewusstsein zunimmt, nehmen die anderen Energieverbraucher ab. Es besteht sozusagen ein indirektes Verhältnis unter den „Energieverbrauchern". Erklärbar ist das damit, dass, wenn die Energie der NRZ (E_{NRZ}) erhöht wird, sich im gleichen Verhältnis die anderen „Energieverbraucher" reduzieren, wie am Beispiel der niederen Eigenschaften erklärbar. Infolge des Höheren, der höheren Energie in der NRZ (E_{NRZ}), nimmt das Wissen zu. Durch diesen Prozess verlieren die niedrigen Energien der Sorgen, der Angst und alle anderen niedrigen Eigenschaften an Bedeutung. So geht beispielsweise das Ego, die Arroganz, ja, selbst die Wut etc. zurück in ihrer Aktivität. Der Wissende verliert immer mehr die niedrigen Eigenschaften durch die Erhöhung des Bewusstseins, des Wissens von allen Zusammenhängen des Universums. Dieses Wechselspiel der abgegebenen Energien wirkt ständig und ist von wesentlicher Bedeutung für das Leben und den eigenen Evolutionsprozess. Letztendlich wird durch das höhere Wissen, durch das höhere Bewusstsein, die geistige Energie so hoch, dass alle anderen „Energieverbraucher" immer weniger Einfluss haben.

Das bedeutet, dass in der Energiebilanz die abgeführte Energie im Wesentlichen nur noch der Energie der NRZ, (E_G) als wesentlicher Faktor der zugeführten Energie (E_{ZU}), entspricht und im Idealfall der höchsten Bewusstseinsform der Energie gleichzusetzen ist – einem Zustand der Bewusstwerdung in höchster Form, einem Zustand, der oft als Glückseligkeit bezeichnet wird oder als anzustrebende Vollkommenheit, als ein „in das Samadi Gehen", wie von Buddha praktiziert. Das ist ein Zustand, den wir in unserem Wunsch alle erreichen wollen, bewusst oder noch im Verborgenen. Bewusstwerdung in höchster Form ist Glücklich-Sein – Glückseligkeit, ohne niedrige Energie leben.

„E_G" ist die geistige Energie, die ich aus der NRZ erhalte und wieder abgebe, also verbrauche. Das geschieht immer dann, wenn wir Denkarbeit verrichten, wenn wir geistig arbeiten. Der Anteil der geistigen Arbeit kann erheblich sein. Es ist aber darunter nicht nur die Arbeit des Gehirns und der dabei zu betrachtende physische Aspekt zu verstehen, sondern vor allem auch die Abgabe der Energie nach dem Menioprinzip – ausgehend von der NRZ. Die Gedankenarbeit ist bereits eine Manifestation aus der NRZ im Gehirn. Das, was vor der Gedankenarbeit geschieht, geschieht in der NRZ, also außerhalb des Gehirns, in der Bewusstseinsebene. Die Energie ist der NRZ (E_{NRZ}) zugeordnet.

Die Energie steht im Überfluss jedem und allem ständig zur Verfügung.

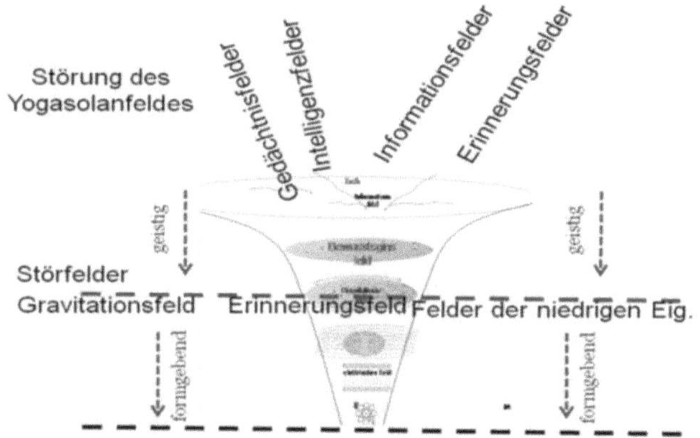

Störfelder bremsen die im Überfluss vorhanden Energien.
Störfelder, die wir selbst verursachen und selbst regeln können.

Der Zufluss der Energie (E) ist aber abhängig vom Informationsmuster, dessen Größe durch das Bewusstseinsmuster beeinflusst wird. Die Größe des Bewusstseinsmusters steht in engem Zusammenhang mit unseren Gedanken, und daraus leitet sich wiederum die uns zur Verfügung stehende Energie ab. Je bewusster wir denken, je mehr wir uns der Zusammenhänge bewusst sind, desto höher ist unser Denken, wenn das Höchste die höchste Intelligenz ist und damit das höchste Wissen darstellt.

Somit wird die Energie der NRZ (E_{NRZ}) zum Maßstab aller Energiebetrachtungen. Wenn ich mich im „Höchsten" aufhalte, also meine

Gedanken der höchsten Intelligenz zuwende, werde ich nach dem Menioprinzip „Höchstes" manifestieren.

Werden meine hohen Gedanken gestört oder negativ beeinflusst, z. B. durch die mich umgebenden Energieumfelder, sind niedrige Gedanken, also dem Hohen abgewandte, die Folge. So ändert sich das Bewusstseinsmuster, und somit verringert sich das Informationsmuster der höheren Informationen – ja, mehr noch, es wirken jetzt niedrigere Gedanken, Gedanken der Angst, Sorgen etc. Diese bestimmen jetzt das Informations- und Bewusstseinsmuster. Das bedeutet aber Manifestation im „Niederen" – mit niedriger oder weniger Energie. Niedrige Energie ist immer wenig Energie. Die Manifestation sieht dann entsprechend aus. Im menschlichen Körper bedeutet das Krankheit, und in der Wirtschaft bedeutet das Rezession. Das Bewusstsein ist entscheidend und damit die Gedankenausrichtung. Die Energie der NRZ (E_{NRZ} oder E_G) ist eine wesentlich zu berücksichtigende Größe bei der Betrachtung der Energiebilanz.

Betrachte ich die Energiebilanz des Menschen, so stellt sich die real zugeführte Energie als die in mir wirkende Energie der NRZ dar, die mir noch zur Verfügung steht. Da die Energie der NRZ das Produkt Intelligenz mal Geist, „I x G", darstellt, ist jetzt die Intelligenz des Individuums zu Grunde zu legen. Die dem Menschen zugeführte Energie (E) reduziert sich um den Betrag seiner Intelligenz, also der Energie, die der Intelligenz oder dem Bewusstsein des individuellen Menschen entspricht. Wenn die Energie der NRZ (E_{NRZ}) Intelligenz mal Geist (also „I x G") ist, so ist die individuelle Energie des Menschen (E_{ind}) abhängig von seiner Intelligenz, und die Energie der NRZ wird, wenn sie geringer ist, um diesen Betrag reduziert. Die Energie der NRZ (E_{NRZ}) ist die mir real zur Verfügung stehende Energie, die sich ergibt aus der Energiebetrachtung:

E_{ind} = f (Bewusstsein und Intelligenz des individuellen Menschen).

Es kann nur die dem individuellen Bewusstsein entsprechende Intelligenz genutzt werden, um den Geist, den latenten, uns ständig zur Verfügung stehenden Geist zu aktivieren. Es stimmt also wieder die Beziehung „I x G", nur jetzt bezogen auf den individuellen Menschen, seiner Intelligenz entsprechend. Das ist jetzt die individuelle Intelligenz (I_{ind}), die den Geist aktiviert nach der Beziehung:

$$E_{ind} = (I_{ind} \times G) = IE \text{ (Ichenergie des Menschen).}$$

Es ergibt sich die Intelligenz, die nicht aus dem diskursiven Denken oder Wissen besteht, sondern aus dem höchsten Wissen der NRZ – eine Intelligenz, die aus dem höchsten Bewusstsein, der Erkenntnis, der Wahrnehmung der höchsten Intelligenz und aller Zusammenhänge des komplexen Universums, im Mikro- und Makrokosmos besteht. Ein Wissen aus der Evolution des Universums, ohne Anfang und ohne Ende, ein Wissen in der NRZ, dort wo die Ursache liegt (nicht zu verwechseln mit dem oft angewendeten Intelligenzquotienten IQ), erschließt sich uns.

Das wahre, höchste Wissen erfahren wir aus der Natur, aus dem Universum, der RZ und der NRZ – ein ganzheitliches Wissen um die Ursachen und deren Auswirkungen.

Die Energiebilanz beträgt:

$$E_{NRZ} = I \times G \sim E_n + E_{phys} + E_{Verdauung} + E_{Wärme} + \dots + E_G$$

Da das Bewusstsein auch eine Funktion der "E_{NRZ}" ist, nach der Beziehung „$E_{NRZ} = f\,(G, Info, Int, Bew)$", ist auch die Energiebilanz eine Funktion des Bewusstseins. Für „$I \times G = f(Bewusstsein)$", folgt dann, dass in der Energiebilanz der Zusammenhang zum Bewusstsein gilt.

$$E_{NRZ} = I \times G \sim E_n + E_{phys} + E_{Verdauung} + E_{Wärme} + \dots + E_G$$

$$\text{für} \quad E_{mat} = E_{phys} + E_{Verdauung} + E_{Wärme} = f(Bewusstsein)$$

$$E_G + (E_{mat} + E_n) = f(\text{Bewusstsein})$$

Die Beziehung zeigt, dass, wenn „E_n" Null wird, also alle niedrigen Eigenschaften verschwinden, nur noch Energie für den physischen Körper benötigt wird, für die Betätigung desselben, für die Verdauung etc. Wird die Energie für den physischen Körper weiter reduziert, wird „E_{mat}" geringer und somit der Energieverlust. Das gelingt mit entsprechender Übung und immer höher werdendem Bewusstsein. Letztendlich ist es möglich, mit höherem Bewusstsein auch die Energie zu erhöhen, indem man sich der höheren Intelligenz der NRZ bewusst wird. Somit kann sich jeder immer mehr der im Überfluss vorhandenen Energie nähern oder zu ihr werden. Die individuelle Energie (E_{ind}), die Ichenergie, nähert sich immer mehr der „E_G" oder der Energie der NRZ (E_{NRZ}).

Hohes Bewusstsein
Überfluss an Energie – Vollkommenheit – Glück.

Diese Energie ist die aus der NRZ herrührende geistige Energie (E_G), die sich im physischen Körper manifestiert. Nach dem Prinzip der Energieerhaltung muss Energie fließen, damit Energie nachfließen kann. Energie im Zustand der Ruhe ist Ruheenergie oder potenzielle Energie, vergleichbar einem Behälter, der vollgefüllt ist mit warmem Wasser. In der Natur findet immer ein Ausgleich mit der Umgebung statt. Es findet ein Energieausgleich statt – Energie fließt von einem höheren Potenzial (höhere Temperatur) zu einem niederen Potenzial (niedrige Temperatur) – „Energiefluss", eigentlich Energieübergang oder auch Energieumwandlung, vom Höheren zum Niederen. Energie bewegt sich. Aus potenzieller Energie wird sich bewegende Energie – kinetische Energie. Es erfolgt ein Energieausgleich – auch im Universum.

9.5. Der doppelte Menioeffekt – Wie sich alles im Wandel befindet

Nur vollzieht sich im Universum ein seiner Evolution entsprechender hoch intelligenter Vorgang sich ständig wiederholender Prozesse der Erhöhung der Intelligenz. Hier ist genau der geistige Entropieprozess beobachtbar.

Im Universum erfolgt eine kaum vorstellbare, zunehmende geistige Entropie. Es stellt sich zunächst eine zunehmende „Unordnung", ein Chaos ein – ein Chaos als Chance der Evolution aller Informationen, aller Informationsmuster im Menioprinzip, aller Intelligenz, bis hinein in Erinnerungsfelder, die in die innere Raumzeit gehen. Das geschieht zugunsten einer Neuordnung zur Verringerung der Entropie, um in einen geordneten Zustand mit höherer Intelligenz zu gelangen, betrachtet in der NRZ. Der Prozess der Entropie wird, wie in allen Manifestationen, im Menioprinzip ablaufen, das heißt in der NRZ und deren Manifestation, also der Entropie in der RZ. Ein interessant zu betrachtender Aspekt, der zu vollkommen neuen Erkenntnissen führt, denn dieser Prozess findet eben statt – oder, besser gesagt, findet zuerst statt in der NRZ, bevor die Manifestation beginnt. Wir haben keinen Raum, in dem die Entropie sich entfaltet, und auch keine Zeit – Raum und Zeit spielen keine Rolle, nur Energie, pure Energie.

Auch hier sei wieder darauf hin gewiesen, dass pure Energie der mit Intelligenz aktivierte Geist ist – höchste Intelligenz in der NRZ. Letztendlich betrachten wir wieder die Intelligenz und, darauf aufbauend, das Bewusstsein.

Das Bewusstsein des Universums in der NRZ ist als ein Bewusstseinsmuster zu betrachten, das in der NRZ überall in der Unendlichkeit des Universums, aller Universen, unbegrenzt wirkt – aber als ein Bewusstseinsmuster – in der Raumzeit eben als eine höchste Intelligenz in allen manifestierten Universen und seinen Galaxien, Planeten, Sonnensystemen, Monden und im Mikrokosmos, den Quarks, den Atomen und allen Organismen etc.

Die von der Wissenschaft anerkannte Theorie zur Beschreibung des Universums, seiner großräumigen Struktur, geht auf die allgemeine Relativitätstheorie von Albert Einstein zurück. In dieser Theorie, wie auch in den nicht unbedeutenden Beiträgen der Quantenphysik für das Verständnis speziell des frühen Universums mit der Annahme eines Urknalls, vor allem der Betrachtung sich entwickelnder Elementarteilchen, wurde eine wesentliche Grundlage gelegt für die Erkenntnis des Universums. Es ist aber auch hier „nur" eine diskursive Betrachtung des Universums, eine stoffliche Betrachtung – oder, besser gesagt, eine aus der Beobachtung der Materie heraus entwickelte Theorie in der RZ. Man hofft auf eine weitere Entwicklung der Theorie, vor allem im Zusammenhang mit der Vereinigung der allgemeinen Relativitätstheorie mit der Quantenphysik zu einer Art Weltformel – *Grand Unified Theory*.

Weithin anerkannt, aber nicht als alleinige Theorie, ist die Urknalltheorie, bei der man davon ausgeht, dass das Universum in einem bestimmten Augenblick, einem „Big Bang", einem Urknall entstand, aus einer Singularität heraus, und sich seitdem immer weiter ausdehnt. Es bleibt bei dieser Betrachtung offen, was vor dem Urknall war. Raum, Zeit und Materie sind nach dem Urknallmodell erst nach dem oder mit dem Urknall entstanden.

Es gibt aus der naturwissenschaftlichen Betrachtung keine Grundlage für eine Erklärung, da sich alle Gesetze, alle physikalischen Gesetze, jeder Basis entziehen – ein Phänomen – einen Raum, wo etwas hätte stattfinden können, gab es nicht und auch keine Zeit, in der etwas hätte stattfinden können, einen Zeitpunkt, in dem etwas hätte entstehen können, gab es nicht und Materie auch nicht.

Der Vorgang des Urknalls kann so nicht erklärt werden. Es sind diskursive Betrachtungen der Raumzeit.

Wenn wir nach dem Menioprinzip das Universum bzw. die Entstehung des Universums betrachten, so kommen wir zu den wirklich erstaunlichen Erkenntnissen – zu einem Prozess, der sich in der NRZ abspielt, einem Prozess ohne Raum und ohne Zeit und natürlich auch ohne Materie. Es ist ein Prozess purer Energie unermesslichen Ausmaßes, der in der

Manifestation zum Ausdruck kommt – in der Raumzeit betrachtet noch heute wirkend und bis in die Unendlichkeit, bis in alle Ewigkeit.

Wenn die Wissenschaft davon ausgeht, dass das Universum aus einer Singularität entstanden ist, bevor der Urknall erfolgte, so ist das, im Menioprinzip betrachtet, einfach zu bestätigen. Aus der NRZ entwickelt sich das Elektron erst in der Übergangsphase, bevor sich das Atom bildet.

Das negativ geladene Elektron und das in der Manifestation sich entfaltende Atom mit dem positiv geladenen Proton heben die Singularität auf, womit sich die Polarität entfaltet, also die Manifestation im Atom, also der Beginn der Materie, entstanden aus der NRZ, der Singularität. Im Universum, dem intergalaktischen Raum, beträgt im jetzigen Zustand die Materiedichte etwa ein Wasserstoffatom pro Kubikmeter, die innerhalb von Galaxien jedoch wesentlich höher sein kann. Die Temperatur von 2,7 Kelvin (etwa -270 °C) entstand etwa 380.000 Jahre nach dem Urknall – bezeichnet als Geburtsschrei unseres Universums – zu dem Zeitpunkt, in dem das erste Atom entstand.

Die Singularität beinhaltet die pure Energie in der NRZ mit der in ihr integrierten höchsten Intelligenz. Die Singularität (die Einzigartigkeit) ist immerwährend, unbegreiflich, ohne Anfang und ohne Ende, sich ständig in der geistigen Entropie zu immer höherer Intelligenz entwickelnd, an der wir teilhaben. Das geschieht entsprechend unserem Bewusstsein, ist aber nie zu erreichen – das ist das, was als Gott zu verstehen ist – die höchste Energie, die höchste Intelligenz gepaart mit der latent vorhandenen Energie, die wir als Geist bezeichnen, und die eins ist mit Gott, der Energie der höchsten Intelligenz.

Aus dieser Erkenntnis heraus, aus der Kenntnis der Erklärbarkeit von Gott, ist eine Weltformel ohne die Einbeziehung des Bewusstseins, der höchsten Intelligenz, nicht möglich, sie macht nur dann einen Sinn. So gesehen ist das Universum die Gesamtsumme aller Energien, alles Sichtbaren und alles Unsichtbaren, aller Intelligenz in der NRZ und der RZ. Das Universum selbst ist ein Teil der Summe allen Lebens, allen Bewusstseins, es ist eine Macht in „Allem“ und für „Alles“ – eine Macht des „Alls“ und damit eine „Allmacht“, es ist auch die Universalität aller Dinge. Von dieser Universalität kann nichts getrennt werden. Nur der Mensch kann in seiner Unwissenheit sich von ihr trennen (wollen), bleibt aber immer ein Teil des Ganzen – und somit ein Teil Gottes. Somit hat der Mensch, wenn er sich dieser „Allmacht" zuwendet, auch selbst alle Macht. Das ist dann der Überfluss der Energie aus der NRZ, die er anwenden kann in der RZ.

Genau das geschieht auch im Universum. Das Beispiel der Schwarzen Löcher spricht dafür. Hier entfaltet sich ein Prozess, der dem Menioprinzip zugeordnet werden kann und so, genau diesem Prinzip folgend, erklärbar ist.

Wie bei einem Kollaps im Universum bricht ein Stern in sich zusammen – ein „Auflösen" der Materie – oder ein „Sterben" der Materie – ein „Aufbäumen", ein „sich Auflösen der Materie". Das ist nicht mehr strittig. Es gibt sie, die kompakten, dunklen Objekte. Man kann sie beobachten, mit der höchst modernen materiellen Technik, aber man kann ihre Entstehung nicht erklären und deren Zusammenhänge des Seins. Es gibt sie, aber was dahinter steckt, kann man heute noch nicht begreifen. Es wären da wieder, diskursiv denkend, weitere Beobachtungen erforderlich mit noch neuerer Technik. Und danach gäbe es wieder erforderlich werdende Beobachtungen, bis zu dem Zeitpunkt, an dem man wieder revidieren muss, um dann wieder neu zu beobachten. Es ist immer wieder das Gleiche, aus den Beobachtungen der Materie heraus eine wissenschaftliche Betrachtung anzustrengen mit Lücken und immer wieder auftretenden Lücken. Die Naturwissenschaft beobachtet die Manifestation und nicht die Ursache. Die Ursache liegt immer in der NRZ und ist in der RZ nicht erkennbar. Höheres Bewusstsein führt uns dorthin.

Da verwundert einen das gar nicht, wenn auf der Basis des Beobachtens und bis dahin erkannter Gesetze einiges nicht erklärbar ist, da die erforderlichen Gesetzmäßigkeiten noch nicht bekannt sind, bis zur nächsten Beobachtung. Es sei nochmals hervorgehoben, das Bewusstsein, das heißt die höhere Intelligenz, die wir in der NRZ erfahren, ist mit einzubeziehen. Alle Ursachen liegen in der NRZ, im Geistigen. Die Evolution des Universums geschieht nach diesem Prinzip der höchsten Intelligenz in der „Probierstube Gottes", der RZ, in der Evolution des Universums, denn all das, was wir beobachten, vollzieht sich auf der Basis der geistigen Entropie, wie bereits zum Ausdruck gebracht. „Gott würfelt nicht", sagte einst Einstein, wodurch zum Ausdruck gebracht werden soll, dass die Evolution des Universums der Plan der höchsten Intelligenz in der NRZ ist, der Plan Gottes.

Der Übergang von der RZ in die NRZ – die Materie löst sich auf

Nach dem Menioprinzip beginnt dieser Vorgang in der Materie, im Atom. Es wird nicht mehr genügend „genährt" von der höchsten Intelligenz, von der Energie, sie geht „verloren". Man kann auch sagen, die Materie „löst sich auf". Das ist auch verständlich, wenn den Atomen die für ihre Aufrechterhaltung erforderliche Energie nicht mehr zur Verfügung steht – auf Grund der Energieumfeldbedingungen, der höheren, die sich entwickeln. Die EUF ändern sich und die Planeten auch.

Nun hat der Stern, der Planet etc. keine individuelle Intelligenz, die sich erhöhen kann, um den Planeten zu „retten". Auf der Erde ist das möglich, mit der darauf sich entwickelnden höheren Intelligenz der Materie, mit dem Menschen. Nach dem Menioprinzip, wenn man es von der unteren Ebene her betrachtet, lösen sich das Atom, das Elektron und die Quarks infolge Energieumwandlung auf.

Es findet ein Prozess statt, der zurückführt in die NRZ. Wir hatten diesen Effekt bereits kennengelernt und am Beispiel von Menio erläutert. Das geschieht übrigens auch, wenn Holz verbrennt – z. B. im Kamin. Es wird Energie umgewandelt, in Strahlung, in Licht, in „Nichts", nichts „Sichtbares". Die Informationen des Holzes sind aber noch vorhanden, in der NRZ – so, wie man von morphischen Feldern spricht, auch die einer DNS. Alles befindet sich in diesem Umwandlungsprozess, alle Informationen bleiben erhalten, wie am Beispiel der geistigen Entropie aufgezeigt. Auch Schwarze Löcher funktionieren nach diesem Prinzip. Es wird deutlich, dass Materie verschwindet, dass Magnetfelder sehr stark werden und das Gravitationsfeld alles an sich heranzieht, bis schließlich darin alle Materie verschwindet, sogar Licht. Hier wirkt Energie, die umgewandelt wird in höhere Strahlung über das Licht hinaus, nicht mehr sichtbar, aber Energie, die erhalten bleibt, jetzt Energie, nicht sichtbar, aber vorhanden – „Energie = Intelligenz x Geist", dem Gesetz der NRZ folgend. Wenn wir diesen Vorgang verfolgen, der im Wesentlichen mit den Beobachtungen der Wissenschaftler übereinstimmt, sind wir dem Menioprinzip aus der Betrachtung der Manifestation bis zur NRZ gefolgt. Da kann die Wissenschaft mit ihrem Teleskop nicht hinschauen, das macht den Unterschied zur materiellen Betrachtung aus. Da wir uns im Menioprinzip gerade in der NRZ befinden, wollen wir den Vorgang weiter betrachten. Genau an dieser Stelle befinden wir uns sehr nahe am „Urknall" – wie die Wissenschaft auch, wenn sie Quasare betrachtet, die 14 Milliarden Jahre zurückverfolgt werden können, dorthin, wo sie sehr nahe an der Manifestation des Universums angelangt sind. Dort, wo das Universum noch relativ hell ist, geschieht das Gleiche wie bei den Schwarzen Löchern – Schwarze Löcher, die alles verschlingen und in die NRZ gehen, die Urenergie, um Neues entstehen zu lassen. Aus dem Schwarzen Loch wird ein Quasar, mit besonderer Helligkeit, mit raschen und starken Helligkeitsvariationen.

Sehr helle, sternenähnlich erscheinende Objekte, aus sehr massiven schwarzen Löchern bestehend, zum Absturz gebrachte Materie, gehen in die NRZ über.

In der RZ bilden sich starke polarisierte Strahlungen, die dann mit starker Helligkeit emittieren und zur Gruppe der sogenannten Blasare gehören.

Durch diese Effekte können bei diesen Objekten die fast mit Lichtgeschwindigkeit verlaufenden Jets in der RZ, höchstenergetische Bereiche des Spektrums, „gesehen" werden. Wir sehen hier also auch wieder die Auswirkungen – aus der NRZ kommend. Bei genauer Betrachtung findet eine Manifestation im Menioprinzip statt, wie des Öfteren beschrieben. Es sind jetzt aufeinander folgende Vorgänge des Menioprinzips, genauer gesagt, zwei aufeinander folgende Sequenzen des Menioprinzips, in sich ergänzender Reihenfolge, wie im folgenden Bild dargestellt.

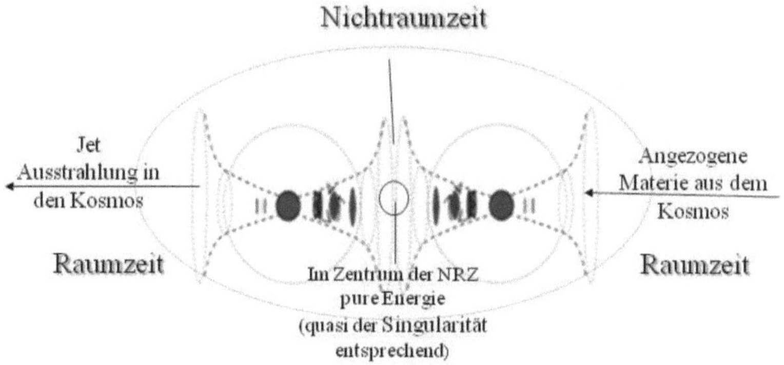

Darstellung des Vorganges „Schwarzes Loch" und sich daraus
bildender „Quasar". Dargestellt nach dem Menioprinzip.
(doppelter Menioeffekt).

Alle Energien sind im ständigen Wandel – in uns und um uns.

Die Elektronen und Quanten lösen sich auf. Über den Magnetismus und die materielle und geistige Gravitation geht die Energie in einen höheren Energielevel des Bewusstseinsmusters über. Sämtliche Informationen werden beibehalten im Übergang in die NRZ. In der NRZ befinden sich alle Informationen, also bereits bestehende plus neu hinzu-gekommene. Es erfolgt im höchsten Intelligenzmuster, aus der hohen Entropie des noch vorhandenen Chaos', eine Neuordnung, gemäß der höchsten Intelligenz, im sich einstellenden Informationsmuster, gemäß der Aktivierung des Geistes mit der kreativen höchsten Intelligenz. Daraus ergibt sich die Neubildung der Form, z. B. einer neuen Galaxie, im Sinne der Evolution des Universums. Das ist dann wieder eine Geburt im bestehenden Universum, ähnlich des „Geburtsschreies" nach dem Urknall, der sich nur aus der NRZ in der RZ manifestieren kann – ein immer wiederkehrender Prozess, eine

Evolution der höchsten Intelligenz, sich selbst regulierend und immer nach noch höherer Kreativität sich formend, unaufhaltsam, ohne Ende, im Überfluss der höchsten Intelligenz und der damit verbundenen höchsten universellen Energie, aus der NRZ in der Manifestation der RZ hervortretend.

Es ist ein Prozess zunehmender Intelligenz. Alle Informationen der RZ, die nicht verlorengehen, wirken in der NRZ und stehen ständig zur Verfügung. Das sind dann auch Informationen entsprechend dem Bewusstsein, welches mit jedem Prozess verbunden ist. In der NRZ, wie gerade demonstriert am Beispiel des Schwarzen Loches und sich herausbildender Quasare, ist erkennbar, dass die Entropiezunahme bei diesem Prozess bedeutend ist für die Neuordnung höherer Intelligenz, basierend auf der Energieerhöhung und der anhaftenden Intelligenz. Der Evolutionsprozess des Universums wird, aus dieser Perspektive betrachtet, stetig nach Höherem voranschreiten. Es werden sich intelligente Formen einer weitaus höheren Bewusstseinsebene entwickeln, nie aufhörend. Vor allem geht der Prozess aus der NRZ hervor und wird nach entsprechendem Zeitverlauf in der RZ sich so entwickeln, dass ab einem bestimmten Zeitpunkt ein intelligentes Wesen sich nicht mehr an die RZ gebunden fühlt und sich nur noch in der NRZ aufhält, ohne grobstofflichen Körper und ohne dessen Begleiterscheinungen. Nach Yukteswars „Heiliger Wissenschaft" ist das das, was uns zurück führt in die NRZ. NRZ ist gleich Geist, also ein Zurückführen zum Vater, wie Jesus sich ausdrückte. Genau das ist der tiefere Sinn des Evolutionsprozesses des Universums – immer intelligentere Formen im höchsten Bewusstsein hervorzubringen.

Auf die Erde bezogen ist dieser Prozess ganzheitlich im Universum vor sich gehend, mit allem im Universum – besser: mit allen Universen – intelligent vernetzt. Hohes kollektives Bewusstsein auf der Erde, noch in der RZ in Verbindung mit der höchsten Intelligenz in der NRZ stehend. Dem Menschen zum Wohlgefallen. Ein Leben in Freude, in Liebe und ohne Krankheit, die sowieso nur eine Erfindung des Menschen ist. Denn würde der Mensch sich bewusst dem Evolutionsprozess anschließen, würde die Dualität von Gesundheit und Krankheit wegfallen. Es ist, wie schon erwähnt, eine Frage der Energie und der in ihr enthaltenen Intelligenz. Hohe Energie enthält hohe Intelligenz, und hohe Intelligenz enthält hohe Informationen. Fehlen diese, werden die Zellen des Körpers nicht richtig versorgt und wirken nicht der höchsten Intelligenz entsprechend und werden „krank" – unterversorgt, sozusagen. Was dann fehlt ist Energie, hohe Energie. Hoch und niedrig hat nichts mit hoch oder tief oder oben und unten zu tun. Hohe Energie ist immer eine nach dem hohen Bewusstsein ausgerichtete Energie, Energie mit hoher Intelligenz. Niedrige Energie ist natürlich das Gegenteil, eben ausgerichtet auf Niedriges, niedriges Denken; und das ist „Krankheit". Meine Aufmerksamkeit – auf Ängste und Sorgen ausgerichtet – macht krank, nährt die Zellen nicht mit erforderlicher hoher Energie, hohen Gedanken, Gedanken der Freude, auf Vollkommenheit ausgerichteten Gedanken.

Zu erkennen ist die Vernetzung mit dem Makrokosmos: Wie im Makrokosmos, so im Mikrokosmos. Auf der stofflichen Ebene, also der RZ, besteht alles aus schwingenden Systemen, aus Quarks, den Quanten und den Atomen – im gesamten Universum und in allen Mikroorganismen, bis hin zu hohen intelligenten Wesen. Die Ursache liegt aber immer in der NRZ – im Makrokosmos und im Mikrokosmos, dem Materiellen, das es in der NRZ ebenfalls nicht gibt – ohne Zeit und ohne Raum, betrachtet in der NRZ, wo es die Materie, also die Atome, die Quanten etc. nicht gibt (s. Menioprinzip), also nicht sichtbar für die Augen bzw. nicht wahrnehmbar mit den Sinnesorganen.

Das gleiche Prinzip gilt auch für den Menschen. Vor dem „Geburtsschrei" des Menschen, also in dem Moment, in dem das Baby das Licht der Welt erblickt und den ersten Schrei tut, ist vieles passiert. Das Menioprinzip ist anwendbar. Das heißt, dass die Vorbereitung einer Geburt in der NRZ beginnt, mit dem Informationsmuster. Bereits in diesem Stadium entscheidet sich, welche Intelligenz für die Manifestation, für die Geburt, zur Verfügung steht. Dieser Prozess vollzieht sich genauso, wie das bei der Entstehung des Universums erfolgte – auch wie die Manifestation bei Menio demonstriert wurde, auch wie bei der Geburt neuer Galaxien, Planeten usw.: Ein Wirkprinzip der Evolution des Universums.

Es liegt nahe, dass mit der Betrachtung der Energieerhaltung unter Einbeziehung der NRZ und der RZ eine ständige Energiewandlung (s. Entropie) erfolgt, aus der NRZ in die RZ. Erklärbar ist das bei der Energieumwandlung des Holzes, bei der durch Verbrennung (Energiewandlung) der wesentliche Teil der Energie aus der RZ in die NRZ übergeht, nicht mehr sichtbar ist – nur noch Energie, mit der anhaftenden Intelligenz nach „E = I x G". Somit ist nach der Betrachtung des doppelten Menioprinzips die Information in der NRZ enthalten und ist somit gleichzeitig die Ausgangsbasis in der NRZ für die Formbildung nach Menio für das z. B. betrachtete Holz. Es ist also der gleiche Vorgang des doppelten Menioprinzips wie bei der Betrachtung des Schwarzen Loches.

Hypothetisch liegt da der Gedanke der Urknalltheorie nahe, dass dieser Prozess der Entstehung des Universums als Modell nahe liegt. Denn die Informationen, die Intelligenz, die das Universum formte, zeigen sich bei der Urknallbetrachtung wieder.

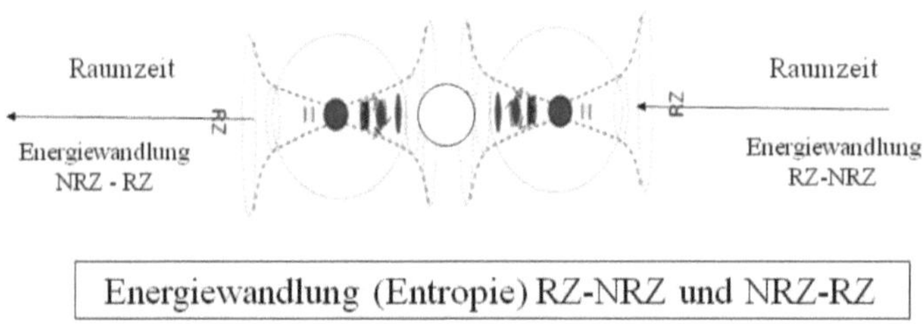

Energiewandlung (Entropie) RZ-NRZ und NRZ-RZ

Es ist naheliegend, dass es auch einen Evolutionsprozess der Universen gibt. Aus einem Universum der RZ (rechts im Bild), das sich gebildet hatte, sind, aus der RZ kommend (Kollaps, Ausdehnung etc.), die Informationen (Intelligenz) in der NRZ aus der RZ vorhanden. Diese spiegeln sich in der NRZ wider. Nach dem Bild rechts formen sich dann wieder die Informationen in der RZ nach Menio. Sämtliche Informationen (alte und neue) unter Beachtung der Entropie und der zunehmenden Informationen (höherer Intelligenz) formen sich wieder in der RZ – z. B. eines neuen Universums, das wieder mit einem „Big Bang" oder ähnlicher Form nach Menio erfolgt, gemäß der Information des vorherigen Musters der

Entstehung eines Universums. Immer wieder höhere Informationen und höhere Intelligenz lassen neue Formen der Universen entstehen, mit immer höherer Intelligenz, wie z. B. der intelligenten Materie. Am Beispiel des Schwarzen Loches wurde auf der Basis des doppelten Menioeffektes der Prozess der Neuentwicklung des Universums bereits aufgezeigt – dort ganz besonders an der sich ständig weiterentwickelnden Form der Materie der RZ, als Evolutionsprozess des Universums. Genau so ist der Evolutionsprozess auf der Erde zu verstehen: Immer wieder neue Offenbarungen, die sich aus der NRZ entwickeln.

Immer wieder neue Offenbarungen, die sich aus der NRZ ergeben

So ist auch der Prozess des Menschen zu sehen. Alle lebenden Systeme sind mit einer Seele verhaftet, einer Basisenergie, die in uns steckt. Die Geburt des Menschen, der „Geburtsschrei", ist nur die Offenbarung des Geistes aus der NRZ. Die Form des Menschen liegt bereits vor der Befruchtung im geordneten Informationsmuster fest – eben in der NRZ. Der doppelte Menioeffekt zeigt, dass sämtliche Informationen aus der RZ in die NRZ gelangen, um dort die Formgestaltung einzuleiten und in der RZ den „Geburtsschrei", die Geburt einzuleiten, mit allen Informationen aus der NRZ. Die Form, unser Körper, wird ständig genährt, genährt gemäß den Informationen der NRZ. Das beginnt wieder in der NRZ. In jedem Moment erfolgt diese Manifestation, die Offenbarung aus der NRZ, gemäß dem Menioprinzip. Es findet ständig eine Energiewandlung in uns und um uns statt. Man muss den Vorgang verstehen lernen. Aus der RZ, rechts im Bild, gelangen durch die Energiewandlung, durch die Entropie, Informationen, zunächst ungeordnet, in die NRZ, der Form entsprechend. Das sind auch Informationen, die sich einstellen in uns und um uns (aus den EUF). Hiermit sind Informationen gemäß unserem Verhalten und unseren Gedanken u. a. gemeint – Informationen unseres Lebens, unseres Alltags. Diese Informationen, die sich in der NRZ mit den Informationen der höheren Intelligenz (latente Informationen des Seins) wieder ordnen, formen aus der NRZ gemäß Menio unseren Körper, unsere Umwelt, unseren Alltag mit seinen EUF. Das ist bis ins Detail betrachtbar, bis zu den Organen, Zellen und damit bis zu den Atomen, den schwingenden Energiesystemen mit der in den Elektronen verbundenen inneren Raumzeit, den Mustern, die an der Formgebung maßgeblich beteiligt sind. Wir sehen hier Vorgänge der Offenbarung im Atom, im Elektron, das sich immer wieder bildet aus der NRZ, mit der zugeordneten Intelligenz, dem Bewusstsein und dem sich daraus entwickelnden Magnetismus, der die Energie einschließt.

Wir formen uns selbst – mit unseren Gedanken. Die Ausrichtung auf Vollkommenes formt auch Vollkommenes. Das gilt natürlich auch in der Gegenrichtung, wenn wir Unvollkommenes offenbaren (Krankheit, Misserfolge u. ä.).

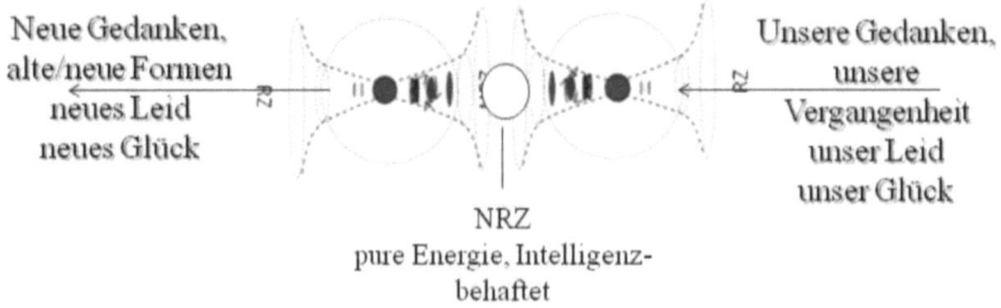

Wir formen uns selbst – mit unseren Gedanken.

Das „Alte" wirkt sich aus auf das „Neue", auf unsere Haut, das Herz – alle Organe, unseren Körper, den Partner, das Geschäft etc. Wir formen ständig. Es besteht die Möglichkeit, alles Negative zu beseitigen – wir können aber auch unsere Situation verschlimmern. Dem labilen Geist ist das egal – er tut das, was wir ihm befehlen.

Das Wirkprinzip der Evolution des Universums ist immer gleich.

9.6.   Der Weg zur Energieerhöhung

Die Ursache ist immer in der NRZ – die Auswirkung ist immer in der RZ. Der Gedanke liegt nahe, dass sich im lebenden Organismus ähnliche Prozesse abspielen, wie das bei den eben beschriebenen Evolutionsprozessen des Entstehens der Universen, der Galaxien, der Planeten etc., also der Evolution des Universums, stattfindet. Das höher organisierte Leben in der RZ eines Organismus' beginnt mit der Befruchtung und der Zellbildung und den darauf folgenden Zellteilungen. Wie beschrieben liegt der Beginn dieses Ereignisses, in der RZ betrachtet, weit zurück, ehe die Zellteilung erfolgen kann – eine Vorbereitung in der NRZ. Wie beim Urknall? Vorher war „Nichts" – nichts Sichtbares, aber in der NRZ „Alles", alle Voraussetzungen, um nach dem Menioprinzip eine Zelle entstehen zu lassen. Das sind „Vorbereitungen" in der NRZ, wie beim Urknall, der Entstehung des Universums, wo sich Raum und Zeit bilden. In der NRZ spielen Raum und Zeit keine Rolle. Das erklärt auch den Zeitpunkt der Geburt, Verschiebungen nach vorn oder nach hinten – wohlgemerkt in der RZ –, in der NRZ herrscht pure Energie, die im Informationsfeld beginnt, den Geist mit der entsprechenden Energie des Bewusstseins zu aktivieren. Erst dann beginnt der Menioeffekt, wirksam zu werden – wohlgemerkt, bevor die Befruchtung in der RZ beginnt. Es findet also eine Vorbereitung der Befruchtung in der NRZ (geistige Befruchtung) statt. Das bedeutet, dass Informationen gemäß dem Bewusstsein einer Teilenergie zusammengeführt werden, sich ordnen aus dem Chaos in der NRZ. Dieser Vorgang entspricht der in Resonanz gehenden Intelligenz zweier Seelen (Teilenergien des Ganzen oder auch Gott). Gemäß der Beziehung „E = I x G" wird sich das Informationsmuster formen und den Beginn der Befruchtung nach dem Menioprinzip einleiten. Jetzt beginnt der Übergang von der NRZ zur RZ. Es beginnt die Produktion der Spermien, deren Entstehung nach dem Menioeffekt erfolgt, genauso wie der Eisprung, der intelligent vernetzt zum richtigen Zeitpunkt stattfindet. Wohlgemerkt, Produktion der Spermien zum entsprechenden Zeitpunkt und Eisprung erfolgen in der Vernetzung der NRZ und sind Ausdruck der Manifestation des Geistes. Die Befruchtung selbst ist ein weiterer Prozess der Evolution des neuen Lebens, womit die Manifestation der Zellteilung einsetzt. Das geschieht auch in der Vernetzung der höchsten Intelligenz, nach dem Menioprinzip. Intelligenz, Informationsmuster, Bewusstseinsmuster, Gravitation und Magnetismus finden ständig vorbereitend statt für die Manifestation der Quarks, Elektronen und dann des Schwingungsfeldes der Atome, der weiteren Zellteilung bis hin zur Bildung der Organe. Das geschieht immer in Verbindung mit der Manifestation der Elektronen und den darin manifestierten Erinnerungsfeldern (Muster).

Eine außerordentliche Rolle spielt die Elektronenkonfiguration der beteiligten Teilenergien, der Seelen und deren Informationsaustausch unter Beachtung der Erinnerungsfelder und sich in der RZ ergebenden Muster, die aufeinander wirken. Hierin ist beispielsweise der Prozess des Durchlaufens der Entwicklungsstadien des Embryos in der Menschwerdung in den einzeln ablaufenden Stadien erkennbar – ein Prozess der einzelnen Entwicklungsstadien, in der NRZ beginnend und über alle formbildenden Stadien des Menioprinzips unter Beachtung der Muster in der inneren Raumzeit der Elektronen ablaufend.

9.6.1. Die Energiebilanz am Beispiel einer Zelle

Grundsätzlich sind die Vorgänge auch in jeder Zelle auf dieser Basis zu betrachten. Die Zelle wird ständig genährt. Pro Stunde werden etwa 1 Mio. neue Zellen gebildet.

Millionen Zellen sterben pro Sekunde und entstehen neu.

Auch hier ist der Menioeffekt wirksam. Das heißt dann aber auch, dass es eine Vorbereitung gibt in der NRZ. Die Weiterführung dieser Betrachtung führt uns zu den in der NRZ vorhandenen Energien – gewissermaßen zu einer Energiebilanz der Zelle, einer Energiebilanz in der NRZ und in der RZ.

Die Energiebilanz in einer Zelle, die Betrachtung der zugeführten Energie im Verhältnis zur abgeführten Energie ($E_{zu} = E_{ab}$), entspricht ebenfalls der Beziehung Intelligenz x Geist als zugeführte Energie und der Beziehung der abgeführten Energie (E_{ab}).

$$E_{Zelle\,ab} = E_n + E_{phys} + E_{Verdauung} + E_{Wärme} + \dots + E_G$$

$E_{Zelle\,ab}$ = abgeführte Energie der Zelle, E_n = niedrige Energie (niedrige Eigenschaften), E_{phys} = Energie, die auf physikalischem Weg abgeführt wird,
$E_{Verdauung}$ = Energieabführung durch Ausscheidung, Verbrennungsprozesse etc. , $E_{Wärme}$ = Energieabgabe durch Wärmeentzug, Kälte etc.

Die Energie in einer Zelle wird von der Energie der NRZ genährt und manifestiert sich so wie jede Offenbarung der Materie aus der Beziehung Intelligenz mal Geist. Jede Manifestation einer Zelle durchläuft das Menioprinzip – ständig, unaufhaltsam, zu jeder Zeit, nie unterbrochen, nie aufhörend, solange das Intelligenzfeld, das Bewusstsein, aktiv ist. Wird die Zelle durch die hohe pure Energie nicht mehr genährt, erfolgt keine Energiezufuhr mehr, und der Kollaps, der Zelltod, tritt ein. Betrachten wir die Beziehung oben, erkennen wir den Zusammenhang. Die Zelle verbraucht Energie, zusammengesetzt wie oben dargestellt. Dort erkennen wir z. B. in „E_n" die uns begleitenden „Niedrigen Eigenschaften". Niedrige Eigenschaften entsprechen einer niedrigen Energie.

Einfluss der Gedanken auf die Minderung der universellen Energie

Mit der Betrachtung der NRZ ist dies schnell erkennbar. Die Vernetzung im gesamt schwingenden System macht deutlich, dass bei der Manifestation, gemäß Menio, im Intelligenzfeld, z. B. durch Angst, Sorgen etc., Energie in der NRZ, speziell im Informationsmuster, entzogen wird. Die Gedanken sind es, wie leicht erkennbar aus dem Bild oben, die die pure Energie reduzieren, gemäß „I x G". Die reduzierte Energie fehlt in der Manifestation, der Bildung der Zelle, der Bildungsenergie der Atome, eigentlich der Bildungsenergie der Quarks, der Entstehung der Elektronen etc.

Jede einzelne Zelle aller Organismen trägt ein „Bild" (Information) in sich, die Struktur des Werdens, das, was einmal aus der einzelnen Zelle werden soll – egal, was es wird, eine Pflanze, ein Baum, ein Einzeller, eine Amöbe, ein Pantoffeltierchen, ein Tier im Wasser oder auf dem Land oder ein Mensch. Alle werden gleich genährt – gleich genährt von der gleichen reinen Energie, die auch das Universum nährt. Es ist auch die gleiche Intelligenz, die hinter dem Motiv der Entstehung einer Zelle steht, wie hinter dem Motiv der Entstehung der Materie, des Urknalls oder des Schwarzen Loches, der Quasare und eben auch der Atome: Die höchste Intelligenz, die den Geist aktiviert im Evolutionsprozess des Universums, zusammengehörend und nicht abgetrennt von allem. Das Meniopinzip wirkt überall und ständig bei der Manifestation der höchsten Intelligenz und der unaufhörlich wirkenden latenten Energie des Geistes.

9.6.2. Das Resonanzgesetz in der NRZ wirkt auf die Gene und die Vererbung

Es ist das gleiche Bild, die gleichen Informationen dessen, was in der Samenzelle enthalten ist, wie das Bild (Informationen), was es werden wird, es ist die einmal gefestigte Information, die gleiche Intelligenz, die wirkt bei der Manifestation. In diesem Werdungsprozess wird gemäß Menio sich die Form bilden, gemäß den Informationen, gemäß der Intelligenz des Bildes der einzelnen Zelle sich formend. Das heißt, dass die erste Zelle gemäß Menioprinzip sich entwickelt entsprechend des Bewusstseinsmusters der sich bildenden Form. Genau an dieser Stelle ist die Beeinflussung des Bewusstseinsmusters zu betrachten, in der NRZ. Lange bevor der Mensch geboren wird, entsteht die „Formbildung" – aus der RZ betrachtet, wie beim Urknall, wo es bis zur Bildung des ersten Atoms 380.000 Jahre dauerte. In der NRZ ist diese Betrachtung eine reine Betrachtung der Energie, der puren Energie. So verhält es sich auch bei der Entstehung der Organismen. Auch beim Menschen spielen diese Gesetzmäßigkeiten des Universums in der Evolution eine wesentliche Rolle, in der Evolution des Universums. Hier liegt der Zeitraum der Vorbereitung in der NRZ von der zur Verfügung stehenden Energie, der puren Energie, zugrunde. Aus diesem Grunde entstehen in der RZ lange, manchmal für uns zu lange Zeitabläufe, die wir nicht verstehen können, wenn wir uns unwissend alles aus der RZ betrachten, wobei es sich nur als eine Energiefrage darstellt.

So ist auch der Evolutionsprozess des Universums zu verstehen. „Es braucht alles seine Zeit", hören wir oft als Redewendung. Und genau das ist der wesentliche Punkt. Es braucht alles seine Energie, es braucht alles sein Bewusstsein – so auch im Evolutionsprozess, „Step by Step". Es muss erst eins zu Ende gebracht werden, ehe das nächste beginnen kann. So entstehen ständig neue Informationen, neues Bewusstsein für die nächstfolgende Formgebung. So entwickelte sich auch die Zelle von der einfachen Form einer Amöbe zu hochintelligenten Zellen des Menschen.

Der Stoffwechsel aller Lebewesen ähnelt sich. Sie nehmen Stoffe in ihre Körper auf und bauen die Stoffe wieder ab und scheiden sie aus. Dabei ändert sich das Führungsfeld nach Menio ständig, es gibt ständig neue Informationen. Die Lebewesen verändern ihre Struktur ständig in der Abhängigkeit ihrer Energieumfelder und der dort sich ändernden Intelligenz, ebenfalls nach dem dort wirkenden Menioprinzip. Sie verändern ihre Ordnung, ihre Entropie. Es erfolgt in der Evolution eine Weiterentwicklung, eine Änderung der Form, wie wir wissen vom Niederen zum Höheren. Die heutigen Naturwissenschaften vertreten den Standpunkt, dass die Gene einen wesentlichen Anteil an der Formveränderung haben. Die Ursachen der Formveränderung beginnen aber in der NRZ.

Die Evolution, so sagt es die Definition ganz allgemein, ist eine Veränderung der vererbbaren Merkmale einer Population von Lebewesen von Generation zu Generation. Diese Merkmale sind in Form von Genen kodiert, die bei der Fortpflanzung kopiert und an den Nachwuchs weitergegeben werden. Dabei treten natürliche Selektionen auf, weil Individuen mit Merkmalen, die für das Überleben und die Fortpflanzung vorteilhaft sind, mehr Nachwuchs produzieren können als Individuen ohne diese Merkmale. Daher werden sie mehr Kopien ihrer vererbbaren Merkmale in die nächste Generation einbringen.

Vererbbare Veränderungen sind aus der NRZ-Betrachtung nicht festgelegt. Entscheidend sind immer die zur Verfügung stehende Energie und die damit in Verbindung stehenden Informationen. Die sogenannte „Vererbung" kann durch Änderung der Informationen, dem Menioprinzip entsprechend, sofort aufgehoben werden. Keine Energieverschwendung, dann gibt es keine Vererbung mehr. Jesus sagte hierzu nach einer Heilung: „Stehe auf und sündige nicht mehr!". Wisse, und gehe deinen Weg – tue nichts Niedriges mehr, was unter Sünde zu verstehen ist. Und wenn der Prozess der sogenannten Vererbung über Generationen verläuft, so sind es die Informationen oder die Gedanken, eben die niedrigen (sündigen) Energien und Informationen, die von Generation zu Generation mitgenommen werden.

Die Frage ist, ob es Gene sind, die uns formen? Gene sind molekulare Strukturen auf der DNS, die Baupläne oder Schablonen erstellen für die Herstellung von Proteinen, die sie ein- oder ausschalten. Nach der RZ vereinfacht betrachtet sind es Moleküle, die von Molekülen reguliert werden. Aber da steckt Intelligenz dahinter, höchste Intelligenz, wenn wir unseren Körper und deren perfekte Funktion ein Leben lang betrachten, Intelligenz der NRZ.

In den 20er Jahren hat der Biologe Alexander Gurwitsch den Begriff des „morphogenetischen Feldes" eingeführt, was der englische Biologe Rupert Sheldrake Anfang der 80er Jahre wieder aufgegriffen hat. Sheldrake hatte ein *morphisches Feld* später auch das *Gedächtnis der Natur* genannt. Der Haupteinwand der materialistisch orientierten Naturwissenschaftler gegen die Existenz morphogenetischer Felder war in der Vergangenheit immer der, dass sie nicht nachweisbar seien, da das durch direkte Messungen nicht gelingt.

Nach allgemeiner wissenschaftlicher Ansicht können Gene durch schwache Magnetfelder nicht verändert werden. Nachgewiesen wurde aber, dass beispielsweise der Mais im Elektrofeld nicht nur besser keimte und schneller wuchs – es veränderte sich auch die Form der erwachsenen Pflanze. Aus den Eiern von Regenbogenforellen, die im Elektrofeld behandelt wurden, wuchsen Fische heran, die in Gestalt und Verhalten der Wildform dieser Forellen entsprechen. Und aus den Sporen eines gewöhnlichen Wurmfarns entstand eine Farnpflanze mit Blättern, wie man sie von 300 Millionen Jahre alten Versteinerungen von Farnpflanzen kennt, welche durch elektrostatische Felder beeinflusst werden können.

Die Betrachtung aus der NRZ zeigt, dass es also Informationen gibt, die in Resonanz gehen mit Informationsmustern, z. B. mit 300 Millionen Jahre alten Versteinerungen von Farnpflanzen, und aus diesen unter dem Einfluss des Energieumfeldes des elektrostatischen Feldes bzw. aus dieser Form, wieder auf der Basis der Informationen aus der NRZ, Farnpflanzen sich entwickeln lassen. In der NRZ gibt es keine Zeit – alles ist „Jetzt", nur die Resonanz der „damaligen" Energie und deren Informationen wurden wieder aufgeprägt aus der NRZ in die RZ nach dem Menioprinzip. Uns dessen bewusst werdend, können wir unsere Gene gestalten durch unser Verhalten, unserem Bewusstsein entsprechend.

Aus dem Informationsmuster der NRZ und deren Vernetzung erfolgt eine Kommunikation in der NRZ, der Intelligenz entsprechend, der die Energie angehört. Diese Kommunikation erfolgt im Makrokosmos und im Mikrokosmos. In dieser Mikrostruktur des Mikrokosmos' erfolgt die Steuerung unseres Lebens. Die Zelle und damit auch die DNS empfangen Informationen und steuern damit ihre Gene. Die Gene produzieren dann Eiweißmoleküle auf Anforderung. Diese Eiweißsubstanz, die auch zu Enzymen wird, steuert dann den ganzen Organismus. Diese Steuerung wird in der Regel auch von den Nachkommen übernommen, wenn keine grundlegende Veränderung im Bewusstsein erfolgt. Dies geschieht letztlich aus der Resonanz mit den Informationen des Informationsmusters in der NRZ.

Das geschieht ständig, ständig im alltäglichen Leben. Das sind sich bildende Muster durch die wiederkehrenden, sich wiederholenden Intelligenz-behafteten Energievorgänge.

Diese Muster sind in den Elektronen der Elektronenkonfiguration sich wiederholende Erlebnisse, die sich in den Schwingungen einprägen – erlebte und wieder erlebte Energiekonstellationen, die zu Mustern werden. Wohlgemerkt: Muster werden immer und immer wieder ausgelesen, dem Resonanzgesetz entsprechend. So bleibt uns alles erhalten, so lange, bis wir es ändern.

Unsere Atome, unsere Zellen koordinieren sich und sind kooperativ mit den EUF. Eine Kommunikation mit der NRZ findet statt – in Abhängigkeit zu der zugehörigen Intelligenz und zum Bewusstsein. Bei der Embryonalentwicklung wird dieser kooperative Wachstumsprozess besonders deutlich.

Krebszellen kommunizieren nicht mehr mit ihrer Umgebung – nach Untersuchungen von Fritz Popp und anderen. Unkoordiniertes Wachstum ist die Folge, Wucherung, Missbildung und am Ende Zerstörung des Lebendigen – Tod. Fehlende Informationen der NRZ, fehlendes oder minderes Bewusstsein, das den Zugang zu den Informationen versperrt, sind die Folge.

Die Kommunikation zwischen den Zellen, die wiederum mit den Energieumfeldern in Verbindung stehen, ist lebensnotwendig. In der NRZ betrachtet ist es die in der Energie enthaltene Intelligenz. Diese ist in Verbindung mit den Informationen der NRZ zu betrachten, in denen weit über die morphogenetischen Felder hinaus alle Informationen enthalten sind zur Aufrechterhaltung des Lebens und alle Informationen der Atome und Moleküle, also auch der Gene, die in Feldern wirken, auch in morphogenetischen Feldern und in den Informationen des Bauplanes, den sie in sich tragen.

Die pure Intelligenz-behaftete Energie der NRZ in Verbindung mit der den Geist aktivierenden Intelligenz: Informationsmuster, Bewusstseinsfelder, in denen wir uns bewegen, sind für die RZ entscheidend – alles betrachtend mit der Energiebilanz der RZ. Dort, wo wir uns aufhalten, in der RZ und in der NRZ, z. B. in EUF, werden wir unweigerlich mit unseren Gedanken, mit den Informationen in Resonanz gehen. Daraus ist eine Gesetzmäßigkeit abzuleiten.

9.6.3. Die Energieerhöhung beeinflusst den Evolutionsprozess

Dieser findet statt mit der Erhöhung des Bewusstseins. In dem Moment, in dem das dem Menschen bewusst wird, geht er mit den höheren Informationen und demzufolge auch mit der höheren Intelligenz in Resonanz. Das ist ein Prozess in der NRZ. Nach dem Menioprinzip erfolgt somit die Energieerhöhung in allen Ebenen bis zur Schwingung der eingeschlossenen Energie in den Feldern (Atom).

Wenn wir beispielsweise gefrorenes Wasser als Eis beobachten, so wird sich nach einer Energiezufuhr (Erwärmung des Eises) Wasser bilden. Die schwingenden Energiesysteme (Atome) des Eises nehmen die zugeführte Energie auf und schwingen höher, schneller. Das Eis schmilzt und ändert den Aggregatzustand und wird zu Wasser. Führen wir dem Wasser Energie zu, so werden die Schwingungen des Atoms und aller Moleküle höher, bis sich der Aggregatzustand ändert und sich Dampf bildet. Mit zunehmender Erwärmung erhalten wir überhitzten, trockenen Dampf, der nicht mehr sichtbar ist. Aus der festen Struktur Eis wird durch Wärmezufuhr ein nicht mehr sichtbarer Aggregatzustand. Die Moleküle und die darin enthaltenen Atome schwingen höher und bewegen sich wesentlich schneller als im Eiszustand. Gasförmiger oder überhitzter Wasserdampf ist farblos und eigentlich unsichtbar, wie die meisten Gase. Bei weiterer Energiezufuhr entsteht Plasma. Das Plasma enthält freie Ladungsträger, in Abhängigkeit von Teilchendichten, von Temperaturen oder einer Energiezufuhr. Plasma steht in Verbindung mit der relativen Stärke wirkender Felder, wie z. B. elektrischer, magnetischer oder auch gravitativer Felder und deren Kombinationen davon. Bei weiterer Energiezufuhr erreichen sie den Zustand des Plasmas, der hochenergetisch ist. Da der Plasmazustand durch weitere Energiezufuhr aus dem gasförmigen Aggregatzustand erzeugt werden kann, wird er oft als vierter Aggregatzustand bezeichnet. Ein Teil des Weltalls zwischen den Himmelskörpern befindet sich im Plasmazustand. Selbst die Sonne und bestimmte Sterne sind im Plasmazustand. Charakteristisch für solche Plasmen ist ihr typisches Leuchten, das durch zur Strahlungsemission angeregte „Gasatome", Ionen oder Moleküle verursacht wird. Plasmen sind oft sehr heiß, wie oft im Weltraum, wie im Zentrum von Sternen etc. Plasmen können aber auch kalt sein, kaltes Plasma, und trotzdem hoch energetisch. Atome werden vollständig ionisiert und „zerstrahlen". Das ist ein Zustand, in dem sich die schwingenden Systeme auflösen, zerstrahlen, was mit intensiver Lichtstrahlung einhergeht. Wir sehen Materie, die bei zunehmender Energieerhöhung verschwindet.

Gelingt es dem Menschen mit seiner höheren Intelligenz, der NRZ zugeordnet, mit seinem höheren Bewusstsein, die im Feld eingeschlossene Energie (des energieschwingenden Systems im Inneren des Atoms) zu erhöhen, wird sich die Energie im gesamten schwingenden System der Organe und somit im gesamten Körpersystem erhöhen. Wird der Prozess weiter fortgesetzt, so wird sich das „Atom", das schwingende System im Feld, soweit erhöhen, dass es die ursprüngliche Form des Atoms, seine Festigkeit, verliert. Es ist ein Prozess, der zunächst dem Prozess des kalten Plasmas in der RZ am ehesten entspricht. Quantenphysiker erkennen immer mehr die Zusammenhänge der Sensibilität der Quanten. Der Beobachter bestimmt, ob wir von einer Welle oder von einem Teilchen sprechen. Es ist bekannt, dass das Bewusstsein die Spins, die Drehung oder die Rotation der Elektronen und der Atome, ändern. Links- oder rechtsdrehend, das Bewusstsein des Menschen kann den Prozess beeinflussen, er schaltet mit seinem Bewusstsein die Drehung um. Hier spricht man von einer schwachen physikalischen Kraft. Diese physikalisch schwache Kraft ist die

Ursache radioaktiver Beta-Strahlung, die z. B. ein linksdrehendes Elektron freisetzt.

Die Energieerhöhung des Menschen kann aber nicht einhergehen mit harter radioaktiver Beta-Strahlung. Die Intelligenz-behaftete Energie gemäß der Nichtrelativitätstheorie ist eine unbegrenzt hohe Energie der NRZ nach der Beziehung „E = I x G" – Intelligenz mal Geist, multipliziert mit der unbegrenzt höchsten, latenten und labilen Energie oder einer unbegrenzten Schöpferenergie oder Gottesenergie, eine höchste Energie, die so fein ist, dass sie den Menschen ständig nährt, uneigennützig. Es handelt sich um eine Energie, die wir als Liebe bezeichnen können. Solch eine Energie ist nicht zerstörend, aber höher als Plasma, als Beta-Strahlung etc. Das muss man verstehen lernen.

Es gibt eine Vielfalt von Forschungsergebnissen, die den Einfluss des Bewusstseins auf atomare Strukturen belegen. Zu erwähnen wäre hier z. B. eine wissenschaftliche Studie durch Boguslaw Lipinski, PhD, Sc., eine Studie auf der Basis von Messungen radioaktiver Strahlungen in Medjugorje am 14. März 1985 mit einem tragbaren, wieder aufladbaren Elektroskop (BT-400, Biotech-Electronics), einem Instrument, das sowohl elektrisch geladene Luft-Ionen als auch ionisierende Strahlung aus radioaktiven Quellen messen kann – Messungen in einem Wallfahrtsort, während der Gebete und der Maria-Erscheinung. Die Strahlungsintensität betrug 100.000 Millirad pro Stunde, während intensiver Gebete. Die Menschen waren eigentlich einer tödlich wirkenden, hochionisierenden Strahlung ausgesetzt. Lipinski bemerkte dazu, dass es sich nicht um Energien nuklearen Ursprungs handeln könne. Ähnliche Phänomene traten bei anderen Untersuchungen von Gebeten, Meditationen und bei Heilbehandlungen auf. In Seminaren, die wir im Yogasolanzentrum in Backnang durchführen, treten häufig Spontanheilungen auf bei Meditationen und weiter führenden Themen der Infogeneseheilung und der Wissensvermittlung zur Nichtrelativitätstheorie. Immer wieder werden Energien wirksam, die atomare Abläufe auslösen, welche dem kalten Plasma ähnlich sind, aber in ihrer Wirkung den Zellen keinen Schaden zufügen, sondern den Gesundheitsprozess fördern. Es kommt zu erhöhten

Schwingungen in den schwingenden Energiesystemen (Atom mit höherem Spin), bis sich das Atom auflöst (zerfällt).

Es gibt diese Phänomene auch an sogenannten Kraftorten – wie z. B. an dem eingangs beschriebenen Kraftort in Sri Lanka, dem Ort, an dem Verbrennungen stattfinden, an dem ich ähnliche Erscheinungen der Bewusstseinserweiterung und der Energieerhöhung feststellen konnte mit einer Gruppe von 25 Personen oder in einem buddhistischen Tempel im Hochgebirge Sri Lankas.

Immer wieder gibt es diese Erscheinungen – so auch von David Spangler, einen Visionär des New Age, beschrieben. Auch er stellte fest, dass die Kernenergie empfindlich auf die Einflüsse des Bewusstseins reagiert – so auch bei den Ureinwohnern in Australien, wie von Ute Wittmann berichtet in ihrem Buch „Leben wie ein Krieger", wo die Aborigines von jeher heilige energetische Orte aufsuchen, wo z. B. Uranvorkommen vorliegen: Uranlagerstätten als heilige Orte und in Sri Lanka Magnetgestein-Formationen mit hoher Energie als heilige Orte oder Tempel in Indien und Kirchen auf der ganzen Welt – „Orte zur Bewusstseinserweiterung".

Das Bewusstsein des Menschen interagiert mit der Energie des Atoms, mit dem Inneren des Atoms, mit den Quarks und den darüber stehenden Feldern des g-Magnetismus', der g-Gravitation – dem Menioprinzip entsprechend.

So gesehen kann der Mensch mit seinem erhöhten Bewusstsein die Schwingung des Atoms so weit erhöhen, dass es sich auflöst und mit ihm die sichtbare Materie.

Ein Prozess der Vergeistigung des Atoms.
„Zurück zum Vater".
Höheres Bewusstsein – Höhere Intelligenz – Höhere Energie

Bei all diesen Betrachtungen ist die Energieerhöhung zuerst dort zu betrachten, wo sie beginnt, in der NRZ. Nach dem Menioprinzip weitet sich der Magnetismus durch die erhöhte Energie aus. Das geschieht aus dem

Zusammenhang hoher Informationen eines der hohen Intelligenz zugeordneten Bewusstseins. Der Beziehung „E = I x G" entsprechend ist die Voraussetzung gegeben, dass sich diese energieschwingenden Systeme auflösen. Nach dem Menioprinzip wird mit abnehmender g-Gravitation der g-Magnetismus geringer. Es erfolgt der Übergang zur RZ – pure Energie und Intelligenz gemäß dem zugeordneten Bewusstsein, höchste Informationen in der NRZ, die zu einem weiteren höheren g-Evolutionsprozess führen, der höchsten Intelligenz (Gott) folgend und immer mehr sich annähernd.

Einfluss der Gedanken auf die Minderung der universellen Energie

Der Weg zur Vollkommenheit

Im weiteren Verlauf des Menioprinzips, des Übergangsbereiches, tritt das der RZ übergeordnete System der NRZ in Kraft. Während das Prinzip des Plasmas, in diesem Falle des kalten Plasmas, noch der RZ zuzuordnen ist, sind die weiteren Prozesse dem g-Magnetismus und der g-Gravitation, vor allem dem Bewusstsein in der NRZ, zuzuordnen. Der Magnetismus, der die schwingende Energie eingeschlossen hat, wird geringer oder löst sich auf. Die Energie, wohlgemerkt die Intelligenz-behaftete Energie, die dem Bewusstsein entspricht, hat keine Begrenzung mehr. Es gilt „E = I x G": Frei werdende Energie in der NRZ. Das „Atom" löst sich auf. Es entstehen frei schwingende Energiesysteme, ohne in Feldern eingeschlossen zu sein, nur noch pure Energie – höchste Intelligenz, höchstes Bewusstsein, höchste Informationen ohne Raum und ohne Zeit. Die Materie, das Atom, löst sich auf, wie beim doppelten Menioeffekt des Schwarzen Loches dargestellt. Das gelingt nur mit höchster Intelligenz der NRZ, der Energie „$E_{NRZ} = I \times$

G". Das ist der Prozess, wie ihn Jesus demonstriert hat. „Zurück zum Vater" war sein Motto – zurück zur höchsten Intelligenz, zur höchsten Schöpferkraft. Und wenn er sagte, „Folget mir nach", so sind wir aufgefordert, den gleichen Weg mit der höchsten Intelligenz der NRZ, der höchsten Energie in uns, zu gehen. Der Weg dorthin führt zur Vollkommenheit – zu einer Welt, die wir nicht erkennen können, wenn wir uns dem Sinnesbewusstsein zuwenden und nur die Materie, die Teilchen, als das Endliche sehen. Wir sehen nur 1 % der Wirklichkeit. Das Verborgene ist das höchste Glück. Das erreichen wir durch Überwindung der Materie, indem wir uns der wirklichen Zusammenhänge bewusst werden und in diesem höchsten Bewusstsein handeln. Es ist alles in uns und um uns. Nur sehen wir es nicht. Egal, was wir denken, es ändert nichts an dieser Tatsache.

Das Atom, unsere Zellen, unsere Organe werden manifestiert gemäß unseren Gedanken, gemäß unserem Bewusstsein in Verbindung mit unseren Mustern aus der Vergangenheit und der Gegenwart, entsprechend unserer gesamten EUF usw., und in erster Linie durch unsere Intelligenz. Ausgangsbasis für die Gestaltung unseres Körpers ist das Bewusstsein und damit verbunden die Resonanz mit der höchsten Intelligenz der NRZ. Wir können so unsere Atome auflösen, unseren Körper selbst gestalten durch zwei Wege der Auflösung des Atoms; wir können:

1. durch zu wenig durchflutende Energie (letztendlich der Tod) oder

2. durch höchste Intelligenz

die Atome und somit den Körper auflösen.

Die vier Aggregatzustände – fest, flüssig, gasförmig und das Plasma – sind der RZ zuzuordnen. Der Aggregatzustand des Plasmas befindet sich eher im Bereich der Quanten. Das ist ein Vorgang, durch den wir das Innere des Atoms immer mehr zu erkennen beginnen. Damit verlassen wir im nächsten Schritt die RZ und begeben uns in den Bereich des Magnetismus'. Schlussfolgernd folgen wir den vier Aggregatzuständen der RZ, nach dem Menioprinzip: der g-Magnetismus, die g-Gravitation, die

Intelligenz, das Bewusstsein und die mit der Intelligenz-behafteten Energie verbundenen Informationen.

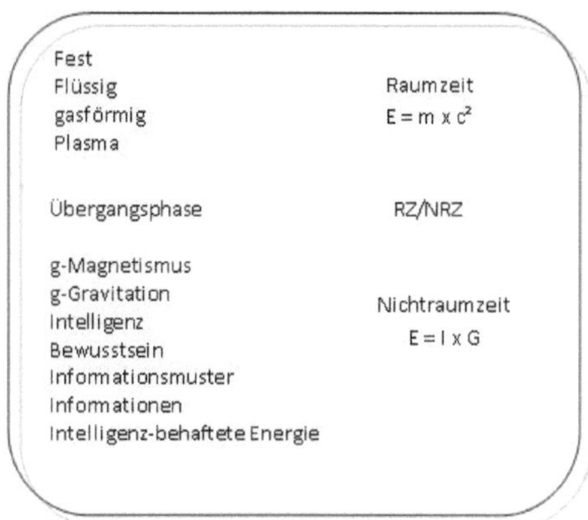

Wir haben weitere Erfahrungen gemacht: Mit einer Seminargruppe von 20 Leuten in einem Höhlentempel in Sri Lanka, die diese hohe Energie spüren konnten – unter einem Felsvorsprung innerhalb des Tempels ganz besonders stark. Magnetgestein, etwa in einer Höhe von 1,80 m innerhalb des Felsvorsprunges. Alle spürten diese Kraft und waren beeindruckt von dieser Energie, der „Energie Buddhas", die in diesen Räumen all-gegenwärtig schien, aber besonders an diesem einen Kraftort. Diese Energie verspürte jeder in Form eines wunderbaren Friedens in sich, eines Glücksgefühls im Körper, in den Organen und damit auch in den Zellen, wohltuend verbunden mit einer Leichtigkeit des Körpers.

Im Rahmen einer Energiefluss-Zeremonie hatten wir dann diese Gruppenerfahrung in unserem Seminarraum noch einmal wiederholt, verbunden mit einem hohen Bewusstsein, verbunden mit der höchsten Intelligenz, dem Menioprinzip entsprechend. Alle Seminarteilnehmer ver-spürten die gleiche Energie wie im Tempel in sich. Wir hatten für uns den Nachweis erbracht, dass das Bewusstsein des Menschen mit der Energie des Atoms interagiert, mit dem Inneren des Atoms, mit den Quarks gemäß dem Menioprinzip. Schaut man auf das Menioprinzip, erkennt man das Wirkprinzip. Während im Tempel sich durch das hohe Magnetfeld – den g-Magnetismus – das Bewusstsein erweiterte und den Weg frei machte für höhere Informationen der NRZ, die uns dann zur Verfügung standen und sich als Gedanken offenbarten, waren es außerhalb des Tempels, also im Seminarraum, die höheren Gedanken, die in Resonanz zur höheren Intelligenz der NRZ stehen. In beiden Fällen erzielten wir das gleiche Ergebnis – die Seminarteilnehmer verspürten höhere Energie, höheres Bewusstsein und höhere Gedanken.

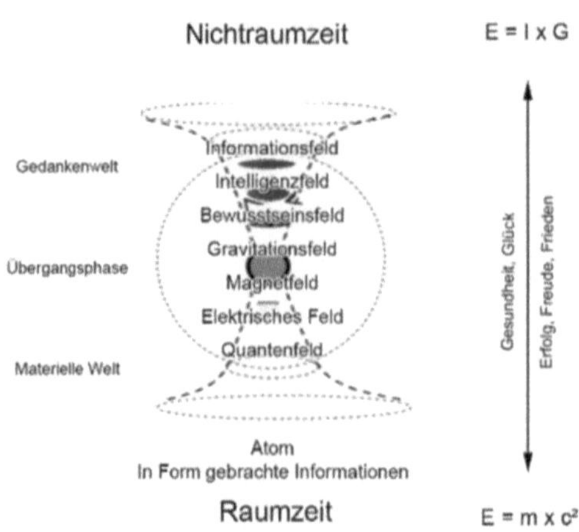

In Form gebrachte Informationen – Offenbarung der NRZ in der RZ

Da alle Teilnehmer sich mit ihren Gedanken auf die höhere Intelligenz ausrichteten, auch auf Buddha, wurde die g-Gravitation durchlässiger (keine niedrigen Gedanken und damit verbundene niedrige Energien), und die höhere Offenbarung im Atom wurde mit entsprechend höherem Bewusstsein durch höhere Schwingungen des Atoms möglich. Das ist zu erkennen an der Energie, die die Teilnehmer spürten – die gleiche wie im Tempel, diesmal im Seminarraum.

Das ist übertragbar auf alle „Kraftorte", aber auch auf uns selbst. Wir werden zum Kraftort, wenn wir selbst mit dem hohen Bewusstsein in

Resonanz gehen – und damit mit der höchsten Intelligenz. Gemäß der Betrachtung der Nichtrelativitätstheorie wird die höchste Intelligenz (I) uns immer zur höchsten Energie mit der Beziehung „E = I x G" führen. „E" ist dann auch gleichzeitig die Gottesenergie oder auch Christus: Christus = höchste Intelligenz mal Geist. Dasselbe gilt dann auch für die Energien von Buddha und die Energien von allen hohen Meistern dieser Erde. Mit diesen Erkenntnissen kann jeder zum Meister werden. Man muss nicht erst in einen Tempel gehen, um die höchste Energie zu erlangen – manchmal erlangt man aber das höchste Wissen, die höchste Intelligenz, indem man dort beginnt und die Erfahrung macht, dass der „Tempel" überall ist, vor allem in uns selbst.

Das ist auch feststellbar, wenn wir in unseren Seminaren, Gruppenarbeiten, Gesprächen, Heilbehandlungen, Beratungen, Vorträgen etc. diese Erfahrung erleben, dass die Menschen Freude durch höhere Energie verspüren und manches „Leid" verschwindet.

Heilungen sind auf diese Erfahrung zurückzuführen. Der Heilende selbst muss zu Christus werden – zur höchsten Energie, zur höchsten Intelligenz gelangen. Dann wird Energie aktiviert im Heiler und in dem zu Heilenden. Nach der Nichtrelativitätstheorie wird der Geist durch die Intelligenz aktiviert – so auch bei dem zu Heilenden. Jede Krankheit beruht auf einer Disharmonie, bei nicht richtig angeordneten Informationen. Werden die Informationen wieder durch die hohe Intelligenz geordnet, wird die Harmonie wieder hergestellt und der Körper gesund, aktiviert mit höchster Intelligenz, gemäß „E = I x G". Der Mensch wird mit der höheren Intelligenz der NRZ zugeordnet, mit seinem höheren Bewusstsein, die im Feld eingeschlossene Energie so zu erhöhen, dass die Energie im gesamten schwingenden System der Organe und somit im gesamten Körpersystem den Prozess weiter fortsetzt, so dass sich das „Atom", das schwingende System im Feld, soweit erhöht, dass es die ursprüngliche Form des Atoms, seine Festigkeit, verliert. Es ist ein Prozess, der zunächst dem Prozess des kalten Plasmas in der RZ am ehesten entspricht. Es erfolgt aber dann der Übergang zur NRZ – in der pure Energie und Intelligenz herrscht, gemäß dem zugeordneten Bewusstsein, höchste Informationen in der NRZ, die zu einem weiteren höheren g-Evolutionsprozess führen, der höchsten Intelligenz (Gott) folgend und immer mehr sich annähernd einer Vollkommenheit im Evolutionsprozess des Menschen, der Erde und des Universums.

10. Neues Denken – ohne Begrenzung der RZ – im Jetzt leben

Die Nichtrelativitätstheorie bringt einen vollkommen neuen Ansatz zur Gestaltung unseres Lebens zum Ausdruck – durch die unbegrenzte Betrachtung unseres „Seins", unseres „Da Seins" und damit unseres „Glücklich-Seins". Es erschließt sich uns das Erkennen der Zusammenhänge, „das Atom im Inneren erkennen", und die Kunst, das Wissen, „durch das Atom, durch das frei schwingende Energiesystem hindurch zu gehen" und zu erkennen, was „Dahinter" verborgen ist: Pure Energie, höchstes Bewusstsein – höchste Intelligenz, die alles aktiviert. „$E = I \times G$" – das verdeutlicht eindeutig diesen Zusammenhang – die Energie, die gemäß der Relativitätstheorie „$E = mc^2$" umgewandelt wird und unser gewohntes, bekanntes Weltbild offenbart. „$E = I \times G$" und „$E = mc^2$" sind „Eins" – das „Geistige" und das „Materielle". Durch die detaillierte Betrachtung der Raumzeit „$E = mc^2$" erkennen wir die uns bekannten Begrenzungen in Raum und Zeit. Durch die Betrachtung von „$E = I \times G$" erkennen wir für uns vollkommen neue Gesetzmäßigkeiten, die ohne unser Zutun schon immer wirken. Vor allem erkennt der Mensch sie durch die Nutzung des Wissens über die Einführung der Nichtraumzeit, unbegrenzt ohne Raum und ohne Zeit: Unbegrenzte Möglichkeiten, die der Mensch hat und nutzen kann, wenn er sich der Zusammenhänge bewusst wird, für sich und seine Evolution – für die Evolution eines blühenden, wohltuenden, friedlichen Planeten Erde: keine Kriege, kein Leid, keine Krankheiten, sondern ein Wohlergehen für alle Menschen, alle Tiere, alle Pflanzen und alle organischen Substanzen. Das ist eine ganz deutliche Ansage. Eine Ansage, die wir nutzen werden, wenn die Menschen beginnen, die Zusammenhänge der Nichtraumzeit in der Vereinigung mit der Raumzeit zu erkennen, wenn das dem Menschen bewusst wird. Das Bewusstsein ist eine entscheidende Führungsgröße, die mit der höchsten Intelligenz (I) in Verbindung steht, die alles aktiviert – mit Intelligenz-behafteter Energie, die in Resonanz geht mit den relevanten Informationen der NRZ im Chaos der gesamt „gespeicherten" unbegrenzten Informationen, die die Voraussetzungen sind für unsere wirksam werdenden Gedanken. Alles formt sich aus der NRZ, „E = I x G", was die Materie „E = mc²" formt – jede Materie – nach unseren Anweisungen.

Alle Dinge sind möglich.

Worte, die Jesus (sinngemäß) sprach:

„Ich selber kann nichts wirken, der Vater, der in mir ist, tut die Werke."

Wörtlich: *„Wahrlich, wahrlich, ich sage euch: Der Sohn kann nichts von sich selber tun, sondern was er sieht den Vater tun; denn was dieser tut, das tut gleicherweise auch der Sohn."* Joh. (5,19)

„Der Vater aber, der in mir wohnt, der tut die Werke." Joh. (14,10)

Der Vater, als die höchste Intelligenz, die in der NRZ betrachtet pure Energie ist, ist in uns (im energieschwingenden System), behaftet mit allen Informationen bezogen auf unser Bewusstsein – dort geschieht die Offenbarung der höchsten Intelligenz, die schon in uns ist. Dort geschehen die „Werke" des „Vaters".

„Habt Glauben und fürchtet nichts."

Wenn wir das vorher Beschriebene vollständig verinnerlicht und praktiziert haben und den Glauben in das Wissen umwandeln, dann brauchen wir nichts zu befürchten.

„Seit dessen eingedenk, dass Gottes Macht ohne Grenzen ist."

Gottes Macht ist alle Macht, Gott ist die höchste Energie. Die höchste Energie, die Gottesenergie, wird zum Ausdruck gebracht durch die Beziehung „E = I x G": Höchste Intelligenz, die den allgegenwärtigen labilen unbegrenzten Geist aktiviert und daher eine Energie, eine Macht ohne Grenzen ist, die sich aus der NRZ in der RZ nach dem Menioprinzip manifestiert.

„Alle Dinge sind möglich."

Wir müssen unser Bewusstsein zum Bewusstsein der höchsten Intelligenz erheben. Dann werden wir selbst zum Höchsten – zur höchsten Intelligenz, die in Verbindung mit den höchsten Informationen steht – und alles wird möglich. Alle Gedanken, die wir erhalten, liegen dann im höchsten Wissen, und „E = I x G" kann in der Materie mit „E = mc²" umgesetzt werden. Hier wird wieder deutlich, dass es an dem Menschen selbst liegt – wohin er sich ausrichtet, das wird werden. Ein Mensch, der dieses hohe Bewusstsein erlangt, der sich unbegrenzt in der NRZ aufhält, unbegrenzt sein Bewusstsein darauf ausrichtet, ist mehr als das, was die menschliche Auffassung in der Begrenzung der RZ aus ihm macht. Der Mensch kann selbst entscheiden, ob er sich plagt – immer und immer in der RZ – oder ob er unbegrenzt aus der NRZ schöpft. Damit wird er selbst zum Schöpfer. „Alle Dinge sind möglich" – „Alle".

Dem Menioprinzip entsprechend erlangt man in der höchsten Intelligenz die Informationen. Denke ich an das Höchste, empfange ich auch das „Höchste" – „Höchste" Informationen aus der NRZ, die auch der höchsten Intelligenz entsprechen und damit nach „E = I x G" auch der höchsten Energie. Nur darf hier kein anderer Gedanke aus der RZ eingreifen. Das ist dann auch die Kunst, das zu realisieren – und hier beginnt auch der Zweifel an der Wahrhaftigkeit. Wenn man alle Zweifel überwunden hat und man statt über Glauben über Wissen verfügt und man dann mit aller Disziplin diesen Weg geht, dann erfüllt sich auch das „Höchste", und alle Dinge werden möglich. Das ist dann der Moment der Vollkommenheit, die man erlangen kann – gemäß dem Vollkommenheitsgesetz und weiteren Gesetzmäßigkeiten der NRZ.

11.   Auszug aus den Gesetzen der Nichtraumzeit

Durch die Darstellung der Nichtrelativitätstheorie gelingt es, die Zusammenhänge unseres Seins zu verdeutlichen. Sie bietet vor allem die Möglichkeit der Erkenntnis des „Unbegrenzten Denkens" – ein „Neues Bewusstsein" entsteht – das ist ein nächster Schritt zur Evolution des Menschen.

Deutlich wird der Zusammenhang zwischen NRZ und RZ, der „Unbegrenztes" möglich macht. Die Relativitätstheorie zeigt uns die Offenbarung auf in allen Dingen, mit denen wir in Zusammenhang kommen; die Umwandlung der Energie in die Materie – „die Offenbarung" – und die Nichtrelativitätstheorie zeigt uns die Unbegrenztheit aller Energie, über die wir verfügen können. Sie lehrt uns, dass wir mithilfe unseres Bewusstseins, unserer Intelligenz, die wir mit der höchsten Intelligenz vereinen, Höchstes unbegrenzt erreichen können. Wir verfügen über die Möglichkeit, aus der NRZ in die RZ höchste Energie in der Materie umzuwandeln, zu offenbaren. Die Energie der Nichtrelativitätstheorie „$E = I \times G$" wandelt sich um in die Energie der Relativitätstheorie „$E = mc^2$". Das geschieht ständig, aber begrenzt. Das Wissen, die Intelligenz (I), das höhere Bewusstsein ermöglichen das „Freiwerden" unbegrenzter höchster Energien. Der Zusammenhang zwischen der Nichtrelativitätstheorie und der Relativitätstheorie ist leicht erkennbar.

Vor allem ist es erforderlich, diese Zusammenhänge unter Einbeziehung der höchsten Intelligenz und eines höheren Bewusstseins zu erkennen. Das gelingt mit der Aneignung des Wissens und der Erarbeitung eines höheren Bewusstwerdens. Dieser Weg ist verbunden mit der Überwindung alten Wissens, vor allem alter Gewohnheiten. Denn der Weg fängt bei jedem Menschen persönlich an. Niedrige Energie bei sich selbst abzubauen, hängt immer mit der Veränderung des eigenen Lebens zusammen. Wie viel Energie verschwende ich im Alltag, und wie viel Energieverluste habe ich durch meine Energieumfelder, denen ich mich zuwende?

Wenn ich es schaffe, aus der Begrenzung, der begrenzten Betrachtung und Handlung, heraus zu kommen, dann schaffe ich den Weg „aus der Begrenzung ins Glück".

Die folgende Zusammenstellung von Gesetzmäßigkeiten, die sich aus der Betrachtung der Nichtrelativitätstheorie ergeben, sind als Auszüge zu betrachten und stellen eine Anregung zur allgemeinen Anwendung im Alltag dar.

Vollkommenheitsgesetz

Das Vollkommenheitsgesetz sagt aus, dass die NRZ unbegrenzt ist – und daher auch „vollkommen". Die Umsetzung in die RZ ist durch konsequentes Denken und Handeln möglich. Somit sind nach dem Vollkommenheitsgesetz in der Offenbarung der RZ keine Grenzen gesetzt, und „alle Dinge werden möglich". Die Vollkommenheit ist höchste Intelligenz, höchstes Bewusstsein, höchste Energie. „$E = I \times G$".

In der NRZ sieht man Vollkommenes, und die Vorstellung wird vollkommen sowie auch die Gedanken. Alle Gedanken auf das Vollkommene auszurichten, führt zur Wahrheit, zu richtigen Gedanken, zu richtigen Lösungen in allen Lebenslagen.

Das Gesetz der Begrenzung

Raum und Zeit sind begrenzt. Richtest du deine Gedanken auf die Raumzeit aus, begrenzt du dich selbst. Dann ist es nicht möglich, deine Gedanken vollkommen zu entfalten.

Richte deine Gedanken aus in der NRZ – deine Gedanken sind unbegrenzt. So wird es auch dein Erfolg sein.

Gesetz der Wahrheit

Ein Denken, das auf einen RZ-Gedanken aufbaut und verglichen wird mit einem RZ-Gedanken, führt nicht zur Wahrheit. Das ist diskursives Denken in der RZ. Alles in der NRZ betrachten:

- dort liegt die Ursache,
- die Wahrheit,
- das absolute Wissen.

Alle Gedanken aus der NRZ umsetzen in die RZ: Das führt zur Wahrheit – zur Erfüllung – zum Erfolg. Alles, was der Mensch in seiner Vorstellung irrtümlich gedacht hat, wird ausgelöscht.

Gesetz der Sünde

Sünde ist niedrige Energie, die der Mensch allein verursacht. Es gibt keine „ursprüngliche" Sünde. Durch die Energieerhöhung „E = I x G", hohe Energie = Liebe, verschwindet die niedrige Energie und damit die Sünde.

Zeit-Energie-Gesetz

Die Energieerhöhung ist umgekehrt proportional zur Zeit. Je mehr Energie ich der NRZ zugewendet habe, desto weniger Zeit ist erforderlich. Gleiches gilt umgekehrt: Je mehr Zeit ich aufwende, umso geringer ist die Energie.
Das Zeit-Energie-Gesetz ist im Wechselspiel der NRZ zur RZ zu betrachten – der Nichtrelativitätstheorie entsprechend.

Raum-Zeit-Gesetz

Raum und Zeit gibt es nicht in der Betrachtung der NRZ. Daraus folgt, dass es keine Begrenzung gibt, außer wir legen sie uns selbst auf – aus der RZ oder der materiellen Betrachtung: Je nachdem, aus welcher Sicht wir es betrachten oder wo wir uns mit unserem Bewusstsein, als Beobachter, aufhalten.

ImNu-Gesetz

Alles wirkt nach dem Raum-Zeit-Gesetz und nach dem Energie-Zeit-Gesetz in der NRZ im Jetzt und Sofort, ohne Raum und ohne Zeit. In der NRZ gibt es keine Begrenzung, keine Masse und keine Ausdehnung – keine Zeit. Alles wirkt im Jetzt oder „ImNu". Für den Betrachter aus der RZ ist das unvorstellbar auf Grund der Trägheit in der RZ, der eigentlichen Begrenzung. In der NRZ „ImNu" regelbar. Für die Umsetzung in die RZ müssen durch hohes Bewusstsein die Begrenzungen mit hoher Energie der NRZ überwunden werden.

„Im Nu" in der NRZ – schneller als sofort in der RZ.

Feld-Materie-Gesetz

Felder entstehen in der NRZ und werden umgesetzt in die stoffliche Form der Materie (RZ).
Alle Felder (Informationsmuster, Energiefelder, Bewusstseinsmuster etc.) entstehen in der NRZ und haben dort ihre Ursache gemäß „$E = I \times G$". Entscheidend für die Umsetzung in die stoffliche Form der Materie (RZ) ist die Überwindungsenergie, die Energie zur Überwindung der Hindernisse in der RZ, die wiederum vom Bewusstsein, von der „Intelligenz-behafteten" Energie abhängig ist.

Gedankenenergie

„Gedanken – Gedankenkraft – Gedankenenergie" sind die Grundlagen der Energieumwandlung der geistigen Energieumfelder zur Manifestation der materiellen Energieumfelder. Jede Umsetzung der Energie erfolgt zunächst über Gedanken. Daraus entwickelt sich die Gedankenkraft. Je nach Intensität der Gedankenkraft entwickelt sich die Gedankenenergie. Die Gedankenenergie ist das Produkt des Wechselspiels der Intelligenz der RZ mit der NRZ über das jeweilige Bewusstsein, wodurch die zugeordneten Informationen in Resonanz gehen und nur das geschieht, was den Gedanken entspricht.

Materie-Geist-Gesetz

Materie folgt dem Geist. Daraus ergibt sich die Notwendigkeit der Betrachtung aller Dinge in der RZ und in der NRZ. Aus der Betrachtung der NRZ sind die Ursachen für das Entstehen der RZ erkennbar. So können bei der Betrachtung der RZ, in die NRZ gehend, alle Ursachen erkannt werden und somit Veränderungen, die in der NRZ durchzuführen sind, in der RZ beeinflusst und verändert werden. Höhere Gedanken = höhere Intelligenz = höhere Energie. Niedrige Gedanken = niedrige Eigenschaften = niedrige Energie.

Hebelgesetz – Energieerhöhung

Der Hebel ist unser Bewusstsein. Je nachdem, wohin wir unser Bewusstsein und unsere Gedanken ausrichten, das wird geschehen. Hohes Bewusstsein, hohe Intelligenz und nach „E = I x G" höhere Energie in uns. Richten wir uns nur nach der RZ, nach dem Sinnesbewusstsein aus, wird unsere Energie umso niedriger.

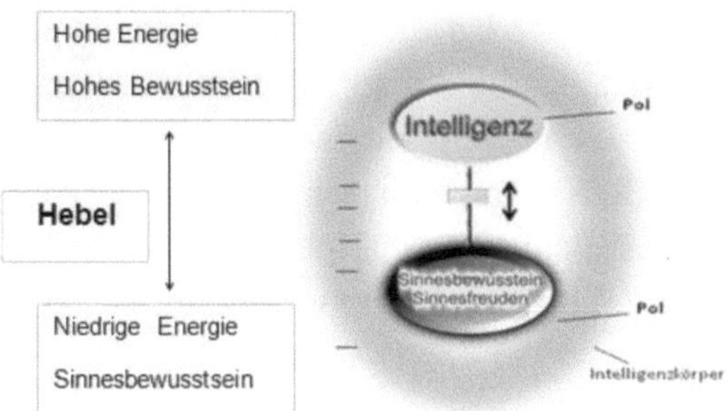

Resonanzgesetz

Resonanz mit hoher Energie ermöglicht, Informationen und Energien aus einem höheren Potenzial zu erhalten.

Wechselwirkungsgesetz

Alle Energiefelder stehen in Wechselwirkung miteinander. Energieumfelder beeinflussen sich gegenseitig in Abhängigkeit zu ihrer dahinter stehenden Intelligenz. Äußere $EU_ä$ stehen in Wechselbeziehung mit den angrenzenden $EU_ä$ und den inneren Energieumfeldern EU_i.

Kausalgesetz

Die Vorgänge des grobstofflichen Körpers werden auf der Basis des Kausalkörpers mit seinen Verknüpfungen der elektrischen Eigenschaften geregelt und von diesen wesentlich beeinflusst. Grundlegenden Einfluss üben die 5 Elektrizitäten der 5 Sinnesorgane aus, unter Beachtung des Wechselwirkungsgesetzes und des Resonanzgesetzes sowie einwirkender Energieumfelder.

Gesetz von Ursache und Wirkung

Jede Offenbarung in der RZ hat seine Verursachung in der NRZ. Jede niedrige Offenbarung, die auf niedrige Energien/Gedanken zurückzuführen ist, kann sofort durch hohe Eigenschaften – hohe Energien in der NRZ – ausgeglichen werden. Dazu gehört jede Krankheit und jedes Leid. Auch „Hohes" – jede gute, jede hohe Offenbarung in der RZ hat ihre Verursachung in der hohen Energie in der NRZ.

Energieerhaltungsgesetz

Energien bleiben in ihrer Summe Null. Es geht keine Energie in der NRZ/RZ verloren. Das gilt auch für die Energie der NRZ, die umgesetzt wird in die RZ, in die Materie und umgekehrt. „$E = I \times G$" und „$E = mc^2$" bleiben in ihrer Summe konstant.

Materie-Geist-Gesetz

Materie folgt dem Geist. Die Offenbarung in der RZ folgt der Ursache in der NRZ. Daraus ergibt sich die Notwendigkeit der Betrachtung aller Dinge – in der NRZ und in der RZ.

Vererbungsgesetz

Es gibt keine Vererbung. Die Vererbung ist aus der grobstofflichen Manifestation der Gedanken in der RZ des Menschen entstanden. Lässt man die Gedanken der Vererbung fallen und betrachtet alles in der NRZ, hört das Problem der Vererbung auf zu existieren. Es gilt, höhere Gedanken in der NRZ (höhere Energie in der NRZ) über die Gedanken der RZ zu erheben und unbegrenzt die wahren Zusammenhänge zu erkennen und die Verursachung durch hohes Bewusstsein zu beseitigen. Die Verursachung ist beseitigt und damit die Vererbung in der RZ.

Codierungsgesetz

Auf der Basis alter, gewohnheitsbedingter und damit verbundener gespeicherter Gedankenstrukturen erfolgt durch die Änderung des Gedankenmusters und der damit einhergehenden Änderung der Schwingungsfrequenz der Elektronen eine Neucodierung des gesamten Organismus'.

Gesetz der Energieumwandlung

Gemäß dem Energieerhaltungssatz ist die Summe aller Energien gleich Null. Es erfolgt ständig eine Energieumwandlung, die in Abhängigkeit der Codierung erfolgt. Da Energie in der NRZ unbegrenzt vorhanden ist, kann hohe Energie in uns (in der RZ) umgewandelt werden, die wieder der NRZ zugeführt wird.

Erstes Gesetz der Allmacht

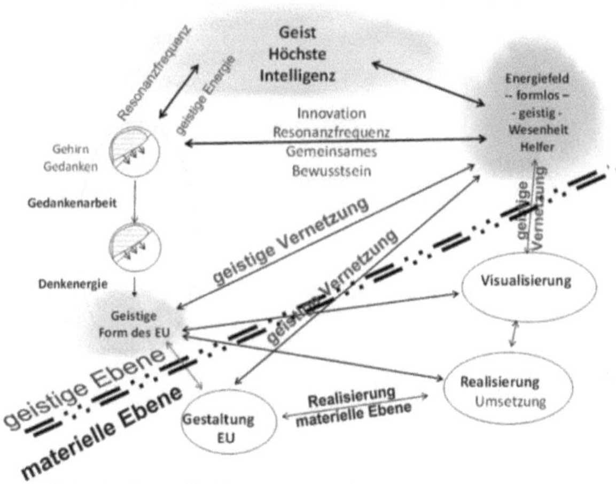

Die Allmacht ist die vernetzte Intelligenz im sich gemäß der Anweisung der höchsten Intelligenz selbst organisierenden System und dessen Kreativität, die sich in allem widerspiegelt:

Summe aller Macht, aller Energie, aller Intelligenz der NRZ, die alle sichtbaren und unsichtbaren Dinge in der NRZ und in der RZ erfüllt und alle Energien und Energieumfelder miteinander vernetzt.

Zweites Gesetz der Allmacht

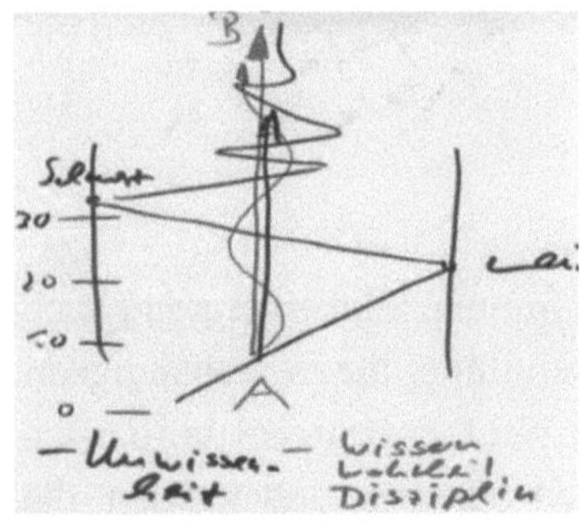

Das „Auf" und „Ab" in unserem
Leben durch Wissen überwinden

Gestattet dem Leben keine zu große Abwendung in der Vernetzung der Allmacht.

Evolutionsgesetz der Atome

Die Evolution des Atoms erfolgt auf der Basis sich optimierender Energieumfelder. Atome nehmen höhere Intelligenz auf. Sie entwickeln sich selbst weiter und erhöhen ihre Intelligenz-behaftete Energie.

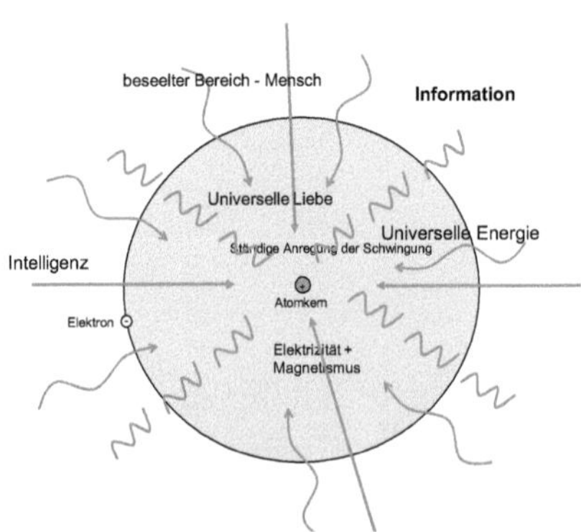

Evolutionsgesetz der Energieumfelder

Die Energieerhöhung der Energieumfelder ermöglicht eine Erhöhung der Intelligenz und der Information in den Atomen, die wiederum eine Erhöhung des Bewusstseins und der daraus folgenden Erhöhung der EUF nach sich zieht. Dieser Prozess ist u. a. in der Entwicklung des Bewusstseins und der Gene nachvollziehbar, aber auch in der Evolution unserer Erde und des Kosmos'.

Atom – Thron der Schöpfung

Das Tor zur NRZ bzw. zur RZ, zur Offenbarung des Geistes. Übergang von der NRZ zur RZ und umgekehrt.

Gesetz des Geistes

Geist ist immer Geist. Alles, aus dem die Welt – das Universum – besteht, ist Geist. Der Geist ist die ständig wirkende – im Überfluss wirkende – immerwährende Energie ohne Anfang und ohne Ende – nicht erklärbar – labil. Wird der Geist, die ständig wirkende – im Überfluss wirkende – immerwährende Energie durch die Intelligenz aktiviert, sprechen wir von der unbegrenzten, jetzt aber stabilen Energie der NRZ.

Es ist die Intelligenz, die den Geist belebt.

Materie ist nur eine Einstellung des Bewusstseins, genauso wie der Gedanke nur eine Einstellung des Bewusstseins ist.

Es gibt kein materielles Universum – das sichtbare Universum ist nur eine Offenbarung des Geistes in der Vorstellung des Menschen.

Nach dem Gesetz des Geistes zu leben, bringt unbegrenzte Macht.

Gesetz des Geburtsrechts

Der Mensch kann durch hohes Bewusstsein und in diesem Bewusstsein handelnd alles aus der unbegrenzten Energie der NRZ erhalten. Ein Jeder hat ein Geburtsrecht darauf, auf die Offenbarung des Geistes und damit auf alles Wissen und alles Vollkommene.

Gesetz der Liebe

Mit höchster Intelligenz aktivierter Geist, diese höchste Energie wird als die Liebe bezeichnet: Eine Energie, eine höchste Intelligenz, ein höchstes Bewusstsein, das dem Menschen alles gibt, nicht zerstörbar ist – Gottes Energie, Christus, Gott. Eine Energie, nach der jeder Mensch strebt und die ein Jeder letztendlich erreichen möchte.

Gesetz des Gebens

Aus der Energie der Liebe erfolgt das Gesetz des Gebens; aus Liebe geben – im Überfluss geben – heißt im Überfluss bekommen – ein nie aufhörender Fluss der höchsten Intelligenz, des höchsten Bewusstseins, der höchsten Energie. Wenn alle Menschen dem Gesetz der Liebe und dem Gesetz des Gebens folgen, ist das höchste Ziel erreicht: Frieden und ein Wohlgefallen auf Erden. Dann schreitet die Evolution des Kosmos' weiter voran.

Schlussbetrachtung:

Dieser Auszug aus den Gesetzen der NRZ und der RZ verdeutlicht die Bedeutung der Nichtrelativitätstheorie, des befreienden, unbegrenzten Denkens – des „Neuen Denkens". Gedanken aus der „nur" Raumzeit sind Betrachtungen, in denen sich die Menschen befinden, eigentlich verstricken. Alle Gesetzmäßigkeiten, die sich aus der Nichtrelativitätstheorie ergeben, richtig angewendet, führen zu einem unbegrenzt höchsten Bewusstsein und damit zu einer höchsten Evolution des Menschen, zu einer höchsten unbegrenzten Intelligenz und damit verbundener unbegrenzter Energie. Der wissende Mensch, der mit der höchsten Intelligenz verbunden ist, mit dem sich daraus ergebenden höchsten Bewusstsein, verfügt über ein unbegrenztes Potenzial für die Gestaltung seines Lebens, die Gestaltung unseres Planeten und darüber hinaus die Gestaltung unseres Universums, woran wir noch gar nicht denken konnten. Denn mit dem Gesetz der Liebe haben wir noch sehr viel zu tun auf der Erde, um es dann später in unserem Universum umzusetzen. Das klingt sehr nach Science-Fiction, wird aber eines Tages Wirklichkeit, egal, wann das geschieht – in der NRZ haben wir RZ-betrachtet alle Zeit der Welt, da wir alle Energie zur Verfügung haben. Angst brauchen wir keine zu haben, um keine Energie zu verschwenden und vor allem auch, um unsere Gesundheit zu erhalten – wofür wir selbst verantwortlich sind, und was uns gelingt mit der höchsten Intelligenz und unserem höchsten Bewusstsein.

Mit dem Wissen, dass ich NRZ bin, dass alles in mir ist – in jedem Atom, in jeder Zelle –, dass Gott in mir ist und damit die höchste Intelligenz, mit der ich alles bewirken kann. Diese Intelligenz ist schon da – ich muss mir dessen nur bewusst sein –, und das gelingt in der Leere. Die Ansammlung von Energie in mir, der höchsten Intelligenz in mir, bewirkt nach der Beziehung „$E = I \times G$" eine höhere Energie in mir – eine vielleicht weißbläulich schimmernde Energieansammlung in der obersten Stelle des Kopfes. Das ist eine Intelligenz-behaftete Energie, eine Anhäufung der darin enthaltenen Informationen in den Informationsmustern. Die Energie, infolge der Intelligenz in Form gebracht, ruft Bilder im Gehirn hervor. Die Informationen gelangen in das Sehzentrum des Gehirns – eine Umwandlung der Intelligenz-behafteten Energie, Signale, wie in der RZ vom Auge in das Sehzentrum geleitet, jetzt aber nicht mehr aus dem Sinnesbewusstsein, sondern Signale aus dem hohen Bewusstsein der NRZ – in der weißbläulich schimmernden Energieansammlung in der obersten Stelle des Kopfes, die das Bild erzeugt. Unsere Neuronen beginnen mit ihrer Arbeit, nur die Steuerung und die Überlieferung der Informationen erfolgt jetzt durch das höhere Bewusstsein gemäß dem 1. Regelsystem (Intelligenz/Bewusstsein) in der Umwandlung des 2. Regelsystems (Bewusstsein/Gehirn)[14].

Somit bringt das „Innere Leuchten", was dem Samadhi entspricht, dem in die Leere Gehen, so wie Buddha es tat, Informationen der NRZ gemäß dem Bewusstsein zur Offenbarung in der RZ. Damit verbunden sind natürlich auch Worte, die wir transformiert im Sprachzentrum empfangen, wie alle Informationen transformiert werden, so wie Signale aus der RZ, aus dem Sinnesbewusstsein, im Gehirn verarbeitet werden. Es ist der gleiche Prozess – alles hängt vom Bewusstsein ab, von der Intelligenz-behafteten Energie. Der höchsten Intelligenz folgend, haben wir gemäß der Nichtrelativitätstheorie alle Macht über alle Dinge auch in der RZ. Wird uns das bewusst, können wir mit dem höchsten Bewusstsein die höchste Intelligenz erfahren und anwenden. Wir transformieren die Gottesenergie, die unbegrenzte Energie, in die RZ – wir offenbaren Gott in der RZ. Gemäß „$E = I \times G$", der Nichtrelativitätstheorie entsprechend, erfolgt die Manifestation dieser Energie „E" in der RZ, gemäß „$E = mc^2$", der Relativitätstheorie entsprechend. Eine unbegrenzte Energie, die wir dann im alltäglichen Leben für alle Prozesse unbegrenzt nutzen können. Keine Hungersnot, keine Kriege – Frieden in allen Lebenslagen verbunden mit Erfolg und Glück – im höchsten bewussten Sein.

---

[14] Siehe Infogenese

Yogasolan-enzyklopädischer Anhang
Wesentliche Begriffserläuterungen auf der Basis des „Neuen Denkens" der Nichtrelativitätstheorie

Agasthiya:

- Rishi Agasthiya – Seher und Philosoph aus Südindien, der sämtliches Wissen der Technik, der Medizin, Biologie usw. vor 7000 Jahren auf Palmblättern niederschrieb.

Akasha-Chronik:

- Das Wort „Akasha" (Sanskrit) entspricht den vedischen Schriften Indiens und steht im Zusammenhang mit dem Äther. Der Äther ist im alten Urwissen eher die Leere – die Leere im Atom (also jenseits der Materie, jenseits von Raum und Zeit).

- Die Akasha (Äther oder die „Leere") ist letztendlich die Intelligenz in dieser „Leere"; mit der Erkenntnis der Energie des Geistes in dieser „Leere", die hinter allem steht.

- Die „Chronik" der Akasha steht nicht in irgendeiner Schrift oder einem Buch auf Papier geschrieben.

- Der Nichtrelativitätstheorie entsprechend sind es Ansammlungen von Informationen in der NRZ, die nicht mit äußeren Sinnen gelesen werden können, sondern nur mit dem „geistigen Auge" – eher der höheren Intuition entsprechend, mit den höheren Sinnen ohne Augen und Ohren.

- Nur der Mensch auf einer höheren Stufe seines Bewusstseins, seiner Erkenntnisfähigkeit, ist in der Lage, mit den höheren Informationsmustern in Resonanz zu gehen. Dieser kann die

Zusammenhänge unseres Seins in der NRZ (ohne Begrenzung von Raum und Zeit) erkennen und sie niederschreiben oder davon berichten. Hierzu gehört ein ständiges Training des Aufhaltens in der NRZ und ein Verhalten im täglichen Leben frei von niedrigen Gedanken und Handlungen in Liebe und höchsten Gedanken im Sinne der höchsten Intelligenz – im Sinne von Gott – die Anwendung der Nichtrelativitätstheorie mit der höchsten Intelligenz-behafteten Energie „$E = I \times G$".

- Es kann nur eine entfernte Vorstellung oder Definition in unserer Sprache von dieser Chronik geben, da unsere Sprache nur auf die Sinnenwelt ausgerichtet ist. Für denjenigen, der die Zusammenhänge der Nichtraumzeit und damit die der Nichtrelativitätstheorie noch nicht kennt, der sich von der Tatsächlichkeit der NRZ noch nicht überzeugt und keine eigenen Erfahrungen diesbezüglich gesammelt hat, ist es schwer, die Zusammenhänge nachzuvollziehen. Mitunter entsteht durch Unwissenheit der Eindruck der Phantasterei. Es spielt aber keine Rolle, was der Unwissende denkt, die Gesetzmäßigkeiten der NRZ bleiben immer bestehen. So gesehen ist die Akasha-Chronik dem höchsten Bewusstsein in Verbindung mit den Informationsmustern der NRZ zuzuordnen.

- Der bewusste Mensch ist in der Lage die Zusammenhänge des Lebens, den Ursprung aller Dinge im Mikro- und Makrokosmos, in allen Universen aus der NRZ zu erkennen und sein Leben und das Dasein ohne Leid und im Überfluss zu gestalten.

- Weitere Bezeichnungen für die Akasha-Chronik:

  o Übersinnliches „Buch des Lebens"
  o Immateriell allumfassendes „Weltgedächtnis"
  o „Kollektives Bewusstsein"
  o Spirituelle Datenbank
  o Morphisches Speichersystem
  o Morphogenetisches Feld

o Göttliches Allbewusstsein

o Geistige Chronik

o Ältestes Buch im Universum

o Buch der Bücher

o Buch mit den Sieben Siegeln

Äther:

- Eigentlich die Leere, die falsch verstanden wurde.

- Die Leere ist nicht mehr durchdrungen von Materie, also keine Atome und Moleküle, keine Partikel etc. Die Leere ist pure Energie, Intelligenz, Informationen etc. Einstein hat bei der Entwicklung der Relativitätstheorie diese Leere nicht mehr betrachtet. Dadurch wurde die Entwicklung der Relativitätstheorie erst möglich.

- Die Wiedereinführung des Äthers durch Dr. Bayer, die Einbeziehung der Leere – und damit der Erkenntnis der Nicht-raumzeit, ermöglichte die Entwicklung der Nichtrelativitätstheorie unter Einbeziehung der Informationen, der Intelligenz und des Bewusstseins.

Atom:

- Atome (griechisch: *unteilbar*) sind die Bausteine, aus denen alle festen, flüssigen oder gasförmigen Stoffe bestehen. Ein Begriff, der den Menschen in Unwissenheit gehalten hat. Sozusagen ein Trugschluss mit Folgen. (Siehe auch: Swings)

- Konkret: In Materie eingeschlossene Energie, ein Magnetismus, den wir erkennen, der die Energie umschließt.

- Fazit: Das Atom ist nichts „Festes" (nur in unserer Vorstellung) – es ist ein schwingendes Energiesystem, das aus 99 % Leere besteht, unvorstellbar – 1 % schwingende Energie (Materie).

Atom / Hindurchgehen durch das Atom:

- Durch das Atom „hindurch zu gehen", bedeutet: die Ursache zu erkennen, die das Atom formt. Letztendlich sind es die Quanten, der Magnetismus und die Gravitation, die die Energie in die Form bringen auf der Basis des Bewusstseins und der zugeordneten Intelligenz, die dahinter steht; eine Intelligenz, die aus unbegrenzten Informationen sich bildende Informationsmuster hervorbringt und die Offenbarung aus dem Geist verursacht. (Siehe auch: Menioprinzip)

Bewusstsein:

- Eine allgemein gültige Definition dieses Begriffes ist zurzeit nicht gegeben. Die Wissenschaft beschäftigt sich eher mit Definitionen der Bewusstseinszustände in der RZ.

- Das Bewusstsein ist der NRZ zuzuordnen (analog der Akasha-Chronik). Alle Informationen, alle Gedanken, die es gab, gibt und je geben wird, sind in der NRZ als Informationen vorhanden und können wieder abgerufen werden. Je nachdem, wohin der Mensch mit seiner Intelligenz seine Gedanken ausrichtet, dessen wird er sich bewusst. Höchstes Bewusstsein ist ausgerichtet auf die höchste Intelligenz (auch Gott, Christus, Buddha etc.) und niedriges Bewusstsein auf die Materie, die fünf Sinne, das Sinnensbewusstsein.

- Das Bewusstsein ist in der RZ betrachtet nicht im Gehirn und nicht außerhalb des Gehirns lokalisierbar. Das Bewusstsein steht in Resonanz mit der NRZ in der Art, dass es mit der Intelligenz-behafteten Energie in Verbindung steht und sich dieser Verbindung gemäß dem jeweiligen Energielevel bewusst wird. Bewusstsein tritt daher immer dann in Erscheinung, wenn eine Intelligenz vorhanden ist, die mit dem Verstand der Unterscheidungsfähigkeit kommuniziert. Bewusstsein ist daher dem beseelten Bereich eines intelligenten Wesens zuzuordnen. Für den Menschen gilt aufgrund seiner Unterscheidungsfähigkeit, gemäß seiner Intelligenz und seinem sich entwickelnden Verstand die Möglichkeit, sein Bewusstsein derart zu erhöhen, dass er sich von dem Sinnesbewusstsein immer mehr löst (abwendet) und sich der höheren, Intelligenz-behafteten Energie bewusst wird, bis zu einem Höchststand der Bewusstwerdung der höchsten Intelligenz der NRZ zugeordnet, zu der er gehört und zu der er werden kann. Das drückt die Gleichung der Nichtrelativitätstheorie „E = I x G" aus.

Bewusstseinsmuster:

- Die sich immer mehr verbindenden Informationen formieren sich zu einem „Bewusstseinsmuster".

- Im sich immer mehr verbindenden Bewusstseinsmuster besteht die Basis in der NRZ für die sich später bildende Form in der RZ, gemäß den Anweisungen der Intelligenz und der zusammen-gefassten Informationen des Informationsmusters. Das sich immer mehr verbindende „Bewusstseinsmuster" zieht die Informationen weiter und intensiver zusammen – gemäß der Gedankenstruktur und den damit in Verbindung stehenden Informationen im Hinblick auf die dahinter stehende Intelligenz (Impuls). Die Gedanken-struktur und das Bewusstsein geben dem Bewusstseinsmuster eine festere Struktur je nach Gedankenausrichtung.

Bhagavad Gita:

- Lehren des Hinduismus; niedergeschrieben in der „indischen Bibel" – eine der zentralen Schriften des Hinduismus, die etwa zwischen dem fünften und dem zweiten vorchristlichen Jahrhundert entstanden ist. Vereint sind hier verschiedene Traditionen des damaligen Indien, basierend vor allem auf den

Upanishaden, aber auch auf der Grundlage der Veden, des Brahmanismus' und des Yoga. Die Hindus betrachten die Lehren der Bhagavad Gita traditionell als Quintessenz der Veden.

Christus:

- Die Offenbarung des Geistes in der Materie; das Erkennen der Zusammenhänge der unbegrenzten Energie der NRZ, die sich offenbart in der unendlichen Energie des Kosmos' – aller Universen. Christus ist die höchste Energie, zu der Jesus wurde – Christusenergie.

- Wenn wir erkennen, dass Christus eigentlich das Erkennen der Zusammenhänge des Universums darstellt, und dass die Zusammenhänge der unbegrenzten Energie der NRZ sich in der unendlichen Energie des Kosmos' – in allen Universen – offenbart, dann sprechen wir auch von Gott und vom Vater, von der höchsten Intelligenz, mit der sich Jesus verbunden hat. („… der Vater und ich sind Eins.")

- Wenn Christus die höchste Energie ist, dann können wir alle, wie Jesus zu Christus, zur höchsten Energie werden.

Disharmonie:

- Der Mensch – der Unwissende – wendet nur die von ihm, vom Menschen, beobachteten Gesetze an. Nur die, die er erkennen kann, oder besser gesagt, die er mit seinen fünf Sinnen wahrnehmen bzw. messen kann. Der Trugschluss, dass nur das existiert, was ich sehen kann, führt zur Disharmonie.

Elektrizität:

- Nach dem Ablauf des Menioprinzips sind es die Informationen der NRZ, die Informationsmuster, die durch die Intelligenz den latenten, labilen Geist aktivieren, abhängig vom Bewusstsein. Die sich bildende Gravitation verursacht den Magnetismus, woraus die Dipolarität, die positiven und negativen Pole sich formen. Das Spannungspotenzial führt zur Elektrizität, zu den Grundbausteinen der Materie, des Atoms, auf der Basis der sich bildenden Quanten.

- Die Elektrizität spiegelt die Offenbarung des Geistes wider, ein ständiger, immerwährender, nie aufhörender Prozess der sich bildenden Elektronen und Protonen, aus dem sich das elektrische Feld entwickelt.

- Mit der Elektrizität ist sämtliche Materie verbunden, vor allem auch die fünf Sinnesorgane, das gesamte Nervensystem und unsere Psyche in der Verbindung zur äußeren Welt – der RZ.

Elektron:

- Das Elektron ist kein Teilchen, sondern ein in Feldern eingeschlossenes System, das in uns genauso wirkt wie im Universum, in jedem Atom.

Energie und deren Ursprung:

- Der Ursprung der Energie liegt vor dem Urknall, in der NRZ, verbunden mit der Intelligenz, die den Geist aktiviert, dem „schlummernden Geist", der schlummernden nie beginnenden und endenden labilen Energie.

- Die Energie der NRZ, gemäß der Nichtrelativitätstheorie „$E = I \times G$", die sich offenbart in der RZ als „$E = mc^2$" gemäß der Relativitätstheorie, die sich im Atom entfaltet.

- Im Inneren des Atoms finden wir pure Energie – höchste Schwingungen, die Bausteine aller Materie, allen Lebens. Jede Materie ist erfüllt von dieser Energie – der Gesamtheit aller materiellen Universen. In uns und um uns. Im Makro- und im Mikrokosmos.

Energieumfelder (EUF):

- Eine Betrachtung der Umfelder, also Felder, die um uns sind, schließt die Energie mit ein. Wir betrachten jetzt nicht nur den Körper und insbesondere die Energie in unserem Körper, der ja jeden Moment manifestiert wird, sondern auch die Energien um den Körper. Jeder Körper befindet sich in einem Feld von Energien, das wir hier sinngemäß als Energieumfeld (EUF) betrachten. Nach dem Menioprinzip werden damit auch unsere EUF ständig manifestiert.

Energieumfeldmethode:

- Die Betrachtung der EUF hat eine wesentliche Bedeutung. Sie ist innerhalb der Yogasolanwissenschaft der Energieumfeldmethode zugeordnet und wird dort ausführlich behandelt. Interessant sind die Betrachtung der EUF und die unumgängliche Einbeziehung, da all unsere Lebensprozesse diesen Gesetzmäßigkeiten folgen. EUF sind überall in der NRZ als wirkende Ursache der RZ, der inneren und der äußeren. EUF beeinflussen alle Prozesse, die bewusste Materie sowie auch die Pflanzen und die Welt der leblosen Materie. EUF wirken im Universum in allen Prozessen der Manifestation, im Erlöschen von Planeten, in Schwarzen Löchern etc. wie auch auf der Erde, bei Katastrophen, Kriegen, Wirtschaftskrisen etc. Wir reden von Prozessen, die in der NRZ entstehen und dort verursacht werden, und die Manifestationen der vielfältigsten Art nach dem Menioprinzip erfolgen in jedem einzelnen Fall. Nur ist das Menioprinzip sehr komplex zu betrachten. Wie schon erwähnt, sind es Informations-gruppenmuster, die wirken – in ihrem Evolutionsprozess sich selbst regulierende komplexe intelligente vernetzte Systeme in der NRZ.

Felder:

- Felder sind verbunden mit Ausdehungen in Raum und Zeit. Felder existieren in der RZ.

- Man versucht, die Vorgänge, die Phänomene oder allgemein die Zusammenhänge mit Feldern zu erklären, vielleicht mit elektromagnetischen Feldern, morphischen Feldern, morphogenetischen Feldern oder in magnetischen Feldern eingeschlossene Energie im Atom.

- In der NRZ gibt es keine Felder, da die Ausdehung des Raumes fehlt und die Zeit, in der sie sich ausdehnen. In der NRZ sprechen wir von Mustern – Informationsmustern, Intelligenzmustern, Bewusstseinsmustern etc., woraus sich in der Manifestation, in der Bildung von Raum und Zeit, Felder entwickeln, wo sich die Muster ausbreiten und somit manifestiert werden.

Gedankenexperiment:

- Gedankenexperimente sind quasi imaginäre Dialoge als Hilfsmittel, die zum Ergebnis führen bei der Erabeitung von Lösungen. Einstein arbeitete oft mit Gedankenexperimenten bei der Entwicklung seiner Theorien. Dr. Bayers Gedankenexperiment, „… durch das Atom gehend", führt uns zu einer vollkommen neuen Betrachtungsweise unseres Lebens, zur Nichtrelativitätstheorie.

Geist:

- Die Betrachtung des Geistes aus der Sicht der Nichtrelativitätstheorie liegt in der Betrachtung der Energie, des Ursprungs der Energie, der vor dem Urknall liegt, in der NRZ, verbunden mit der Intelligenz, die den Geist aktiviert, den

„schlummernden Geist", die schlummernde, nie beginnende und endende labile Energie – nicht begreifbar.

- Geist ist ein vielseitig verwendeter Begriff der Philosophie, Theologie, Psychologie, Alltagssprache, vor allem auch in den verschiedenen Religionen.

- Der oft in allen Bereichen der Wissenschaften verwendete Ausdruck, dass ein Geist herrsche oder etwas von einem Geist durchdrungen sei, ist bei der Betrachtung der Nichtrelativitätstheorie gut erklärbar, wenn er im Zusammenhang mit der labilen Energie in Verbindung gebracht wird. Es klärt auch den Zusammenhang, dass der Geist nicht nur im Gehirn ist, sondern auch außerhalb, in der sich offenbarenden Intelligenz des Geistes nach der Beziehung „E = I x G", in jedem Atom. Somit ist der Geist materiell und immateriell – als Ursache in der NRZ und sich offenbarend in der RZ. Somit ist der Geist in jedem Ding, in jeder Substanz und in allen Formen und Situationen, in der Manifestation der Universen der höchsten Intelligenz entsprechend, im Teamgeist und in der Evolution unseres Planeten und dem, was der Mensch daraus macht, seiner Intelligenz und seinem Bewusstsein entsprechend.

g-Gravitation (geistige Gravitation):

- Die Geistige Gravitation ist die Ursache der Gravitation, formbildend in der NRZ, entstanden in der Bewusstseinsebene der NRZ, wo es keinen Raum und keine Zeit gibt, also auch keine Krümmung. Die g-Gravitation bereitet aber das Führungsfeld für die Manifestation der Gravitation in der RZ vor. Im g-Gravitationsfeld sind die Informationen so vereint, dass die Form gefestigt ist und die darin enthaltene Energie in einem weiteren Feld (Magnetismus) sozusagen festgehalten oder eingesperrt wird.

Gravitation:

- Der Relativitätstheorie entsprechend krümmt jede Form von Energie die Raumzeit in ihrer Umgebung.

- Es handelt sich um ein geometrisches Phänomen – man bezeichnet die Gravitationskräfte daher auch als Scheinkräfte.

- Die Raumzeitkrümmung tritt z. B. in astronomischen Beobachtungen in Erscheinung, in denen nachgewiesen werden konnte, dass große Massen die Krümmung von Lichtstrahlen bewirken.

Gravitation und g-Gravitation:

- Masse ist der Ausdruck Intelligenz-behafteter Energie. Es ist erkennbar, dass der Vorgang der Gravitation Intelligenz-bezogen zu betrachten ist. Das geschieht mit Hilfe der g-Gravitation, die aus der NRZ-Betrachtung die Intelligenz einbezieht, in der Form, dass die Verringerung der höchsten Intelligenz, also nur noch eine Teilenergie wirkt, die dazu führt, dass sich nach dem Menioprinzip die Raumzeit bildet und sich krümmt, womit die Gravitation und die weitere Manifestation eingeleitet wird.

- Der Prozess ist reversibel.

Gott:

- Gott ist die Präsenz immerwährender Energie, durch die alles genährt wird. Die Basis ist der Geist, die immerwährende Energie. Gott ist aber auch Intelligenz, die den Geist aktiviert. Gott ist vollkommerner Geist, der in der Relativitätstheorie mit „$E = I \times G$" zum Ausdruck kommt.

- Der Mensch kann mit dem vollkommenen Bewusstsein Gott zum Ausdruck bringen.

- Grundsätzlich ist in jeder Offenbarung Gott, aber nur soviel, wie Intelligenz-behaftete Energie enthalten ist.

Heiliger:

- Oft wird ein Heiliger als ein Mensch bezeichnet, der eine Art Gottheit darstellt oder ihr nahe steht, was vor allem in religiöser Sicht geschieht.

- Man muss sich vorstellen, dass in der NRZ nur pure Energie mit reiner höchster Intelligenz wirkt, nichts anderes, keine Störungen; Reinheit, keine Ablenkungen, nur höchstes Gedankengut. Das ist auch keine extreme oder gar harte, brutale Energie, sondern feinste, reine, heilige Energie auf der Basis reinster Gedanken. Und das gehört ebenfalls zur Intelligenz Gottes, dass sich ein Universum entfalte, in dem es möglich ist, diese Manifestation der Energie in der Vielfalt der feinstmöglichen Verteilung sich entfalten zu lassen, in den Quarks, den Elektronen und den unendlichen, immer schwingenden Atomen.

- Es entwickeln sich nach dem Menioprinzip die Informationen, welche sich immer mehr im „Informationsmuster" ordnen. Entsprechend dem hohen Bewusstsein entsteht das sich immer mehr ordnende Bewusstseinsmuster. Je mehr es der puren Energie, der höchsten Intelligenz oder der Reinheit entspricht, ist es gewissermaßen heilig (rein). Der Mensch, der diesen Mustern entspricht, ist als Heiliger zu bezeichnen.

Höhere Intelligenz:

- Wenn wir uns im „Atom", im schwingenden, wohl organisierten Energiesystem aufhalten, müssen wir uns fragen, wie diese

Ordnung organisiert ist, die alles formt, was uns in der Materie begegnet, z. B. auch unsere Zellen und unseren Körper und vielleicht auch unsere Intelligenz – und unser Bewusstsein. Demzufolge steht hinter der Materie, durch das „Atom" gehend, eine höhere Intelligenz, die alles formt.

ImNu:

- Alles wirkt nach dem Raum-Zeit-Gesetz und nach dem Energie-Zeit-Gesetz in der NRZ im „Jetzt" und „Sofort", ohne Raum und ohne Zeit. In der NRZ gibt es keine Begrenzung, keine Masse und keine Ausdehnung – keine Zeit. Alles wirkt im „Jetzt" oder „ImNu". Für den Betrachter aus der RZ ist das unvorstellbar aufgrund der Trägheit in der RZ, der eigentlichen Begrenzung. In der NRZ „ImNu" regelbar. Für die Umsetzung in die RZ müssen durch hohes Bewusstsein die Begrenzungen mit hoher Energie der NRZ überwunden werden.

- „ImNu" in der NRZ – schneller als „sofort" in der RZ.

Infogenese:

- In der „*Infogenese*" werden Informationen der Nichtraumzeit, die die Basis der Evolution und der sich vollziehenden Veränderungen in uns und um uns bilden, definiert und beschrieben.

- Die Infogenese entwickelt sich als Wissenschaft, die aus den Informationen heraus entstehende und sich entwickelnde Prozesse betrachtet und beschreibt und verallgemeinernde Schluss-folgerungen zieht und Gesetzmäßigkeiten daraus ableitet zum Zwecke der verallgemeinerten Anwendung in allen Bereichen des Lebens.

- Wir sind, was wir denken und formen dementsprechend unser Leben. Durch ständig harmonisch wirkende (Gedanken-)

Informationen wird die Entwicklung (Genese) unseres Lebens in allen Bereichen kreiert.

Information:

- Information ist ein sehr weitläufig verwendeter Begriff, der in vielen Bereichen der Wissenschaften Verwendung findet. Im Sinne der Nichtrelativitätstheorie sind Informationen der NRZ zugeordnet. Die Intelligenz in der Energie enthält die Informationen im sich selbst organisierenden System aus der NRZ in der Offenbarung in der RZ.

Informationsmuster:

- „Informationsmuster" entstehen in der NRZ. Das sind zunehmende Informationsansammlungen in der NRZ, die sich immer mehr vereinen, in Resonanz gehend mit den Gedanken, dem gesetzten Impuls durch die Intelligenz.

Informationsübertragung:

- In der NRZ erfolgt die Informationsübertragung unabhängig von einem Medium, da es dieses nicht gibt. Die Informationen sind immer vorhanden. Die Informationen gehen gemäß der Intelligenz und dem Bewusstsein (des Betrachters) in Resonanz mit den entsprechenden Informationsmustern.

Innere des Atoms:

- Grundbausteine der Natur sind die Atome. Den Worten Einsteins „... wenn wir das Innere des Atoms erkennen, wird sich die Welt radikal ändern" und den Worten Yukteswars „... wenn wir das Atom, den Thron der Schöpfung durchschreiten, werden wir alle Zusammenhänge erkennen" folgend, gehen wir mit der Betrachtung der Nichtrelativitätstheorie durch das Atom. Wir verlassen die Begrenzung der Raumzeit und betrachten unbegrenzt in der Nichtraumzeit die Zusammenhänge. Es ist die Intelligenz, die hinter allem steht – auch hinter dem Atom, wenn wir es durchschreiten. Die höchste Intelligenz, der Geist und die Informationen der NRZ ermöglichen es, das Innere des Atoms zu erkennen und damit alle Zusammenhänge unseres Seins.

Intelligenzmuster:

- Die in Feldern eingeschlossene Energie des Atoms in der RZ-Betrachtung verfügt immer über eine zugeordnete Intelligenz, je nachdem, welcher Energielevel im Prozess stattfindet. Gemäß der in den Feldern bestehenden Energie und ihrer Intelligenz bilden sich Intelligenzmuster in der NRZ. Das sind zusammengefasste Informationen, nicht mehr in Feldern (Informationsmustern), da es Felder in der NRZ nicht gibt, sondern in Informationsmustern, auf denen die Intelligenz beruht. Wir erkennen Muster von Informationen – Informationsmuster: nicht sichtbar. „Sehen" ist hier zu ersetzen durch „erkennen" oder besser „wissen".

Leid:

- Leid ist allgemein betrachtet eine körperliche, seelische Belastung die z. B. auf Verlusten und Nichterfüllung von Wünschen zurückzuführen ist, im weiteren Sinne das individuelle Ego des Menschen in Abhängigkeit seines Bewusstseins. Das Leid entsteht aus Unwissenheit, der Ausrichtung der Gedanken im Sinnesbewusstsein der RZ zugeordnet. Jedes Leid kann gemäß der Nichtrelativitätstheorie durch die Ausrichtung der Gedanken auf die höhere Intelligenz und damit verbunden mit dem höheren Bewusstsein in der NRZ beseitigt werde.

- Das trifft für alle Gedanken (sogenannte niedrige Gedanken) der Eigenschaftsformen zu, die in der begrenzten RZ erfolgen, wie z. B. Angst, Trauer, Mitleid, Sorgen und Egoismus ganz allgemein.

Magnetismus:

- In der RZ betrachtet ist der Magnetismus eher ein physikalisches Phänomen, das als eine Wirkung von Kräften z. B. zwischen magnetisierten Gegenständen und bewegten elektrischen Ladungen (stromdurchflossenen Leitern) wirkt. Zwischen den magnetisierten Gegenständen und sich bewegenden elektrischen Ladungen werden Felder, sogenannte Magnetfelder, beobachtet, die wechselwirken mit den Objekten. Mit der Einführung der Magnetfelder versucht man das Phänomen des Magnetismus' zu beschreiben.

- Nach der Nichtrelativitätstheorie erfolgt die Betrachtung in der NRZ, wo der Magnetismus bereits im g-Gravitationsfeld beginnt sich zu formen. Die Informationen sind so vereint, dass das Bild der Form gefestigt ist und die darin enthaltene Energie in einem Feld sozusagen festgehalten oder eingesperrt wird – zunächst im Gravitationsfeld. Das ist dann die von Einstein beschriebene, in Feldern (dem Bereich des Magnetismus') festgehaltene oder eingeschlossene Energie.

- In der im Magnetfeld eingesperrten Energie, die ja die aus der NRZ kommenden Größen der Intelligenz (der Informationen und auch der dahinter stehenden Gedanken und der Intelligenz) und des Geistes beinhaltet, tritt die Manifestation im sogenannten Bereich des Magnetismus' auf.

- Das ist aber auch der kausale Bereich der Emotionen, wo Kraft bzw. Energie gespürt werden kann, außerhalb der fünf Sinne: Energie im Feld, im Magnetismus, deren Felder uns berühren – Energie im Raum der RZ.

Menio:

- Eine sympathische kleine Frau im Alter von ca. 60 Jahren, die – durch mysteriös erscheinende Vorgänge – im Laufe mehrerer Jahre immer wieder etwas aus dem „Verborgenen" materialisierte. Kupferfolien mit Sanskritschriften, Perlen, auch kugelförmige Pillen zur Beruhigung, einen großen feuchten schleimigen Pilz zur Stärkung von Herz und Kreislauf, Öl zur Unterstützung höherer Wahrnehmung, Löwenhaar eines Leitlöwen aus dem Himalaja, einen Buddha aus besonderem Stein und vieles mehr – aus dem „Nichts" entstanden.

Menioprinzip:

- Untersuchungen, wie Menio Dinge aus dem Nichts hat entstehen lassen. Immer nach dem gleichen Prinzip, immer die gleichen Vorgänge der Erschaffung von Dingen aus dem „Nichts", deren Gesetzmäßigkeiten als Menioprinzip bezeichnet wurden.

- Das Prinzip der Manifestation nach „Menio".

Menioeffizienz:

- Die „Menioeffizienz" drückt das Verhältnis „E_{ab}" zu „E_{zu}", besser „E_{RZ}" zu „E_{NRZ}", in der NRZ-Betrachtung aus. Im Gegensatz zum Wirkungsgrad der RZ bringt die „Menioeffizienz M" zum Ausdruck, welcher momentane Stellenwert vorhanden bzw. notwendig ist, die höchste Energie bzw. Intelligenz zu erreichen, ausgedrückt in Prozenten bzw. einer dimensionslosen Verhältniszahl zwischen 0 und 1.

- Die „Menioeffizienz M" ist ein „Wirkungsgrad der NRZ" entsprechend.

Meniowirkungsgrad:

- Zusammenhang der Energietransformation aus der Energie der NRZ, „E_{NRZ}", zur Energie der RZ, „E_{RZ}":

- Meniowirkungsgrad: $\mu_M = 1/(1-M)$ für M = 0 bis 1 (0 > 0)

- Bringt den Einfluss der Intelligenz in der Energietransformation aus der NRZ in die RZ zum Ausdruck.

Mikro- und Makrokosmos:

- Das Universum – das Sichtbare, die Materie – begann mit der Entstehung des Atoms und macht den Makrokosmos und zugleich den Mikrokosmos aus. Alles ist eins. Das Universum offenbart sich (beginnt) im Bereich des Mikrokosmos', dem Bereich der Quantenmechanik, eigentlich dem Beginn der Materie durch die Entstehung des Elektrons und des sich später entwickelnden Atoms und aller Atome bei der Expansion des Universums.

- Das Atom, und was dahinter steht, gehört zu den Wundern der Natur: Energie, die nicht aufhört und die alles ständig nährt. Woher sie kommt, ist selbst wieder ein Wunder der Natur und unterliegt uns noch verborgenen „Natur"-Gesetzen der erweiterten ganzheitlichen Naturwissenschaft noch „vor" dem Urknall, außerhalb von Raum und Zeit und der sogenannten Materie. Das Universum – das Sichtbare, die Materie – begann mit der Entstehung des Atoms und macht den Makrokosmos und zugleich den Mikrokosmos aus. Alles ist eins.

Morphische Felder:

- Das morphische Feld wird auch das Gedächtnis der Natur genannt. Der Haupteinwand der materialistisch orientierten Naturwissenschaftler gegen die Existenz morphogenetischer Felder war in der Vergangenheit immer der, dass sie nicht nachweisbar seien, da das durch direkte Messungen nicht gelingt.

Natur:

- Die Natur (von lateinisch „entstehen, geboren werden") bezeichnet in der Regel das, was nicht vom Menschen geschaffen wurde, was aber unterschiedlich interpretiert wird. Das Universum besteht schon weit vor dem Menschen, unserem Sonnensystem, der Erde, den Meeren, jeder Pflanze und jedem Tier und ist die Natur.

- Zur Natur gehört in erster Linie auch die NRZ, die noch vor dem Universum ist und welche die Intelligenz und die Informationen mit einbezieht.

Neuronennetzwerk:

- Das menschliche Gehirn besteht aus einer Vielzahl von Neuronen (Nervenzellen), die die elementare Einheit der durchgeführten Verschaltungsprozesse darstellen. Es ist ein Netzwerk von Neuronen, das zur Verarbeitung unterschiedlichster Informationen und zur Speicherung ausgewählter Anteile befähigt ist.

- Genau das passiert, wenn ich in der Lage bin, mit der Energie „E = I x G" in Resonanz zu gehen, in der NRZ, und die dort in der Energie enthaltenen Informationen erkenne.

Nichtraumzeit (NRZ):

- In der NRZ gelten ganz andere Gesetze als in der Raumzeit (RZ). Die NRZ ist dadurch gekennzeichnet, dass sie keine Zeit (t=0) und keine Masse (m=0) besitzt. Sie ist unbegrenzt.

- Die Ursache allen Seins, aller Wirklichkeit, liegt dort, bevor der Raum und die Zeit entstanden sind – in der Nichtraumzeit. Diese Betrachtungen führen uns zu den realistischen Gesetzen, Muster zu schaffen in uns und um uns, mit denen wir den Erfolg und das Glück – und den Frieden auf Erden – formen können.

- Es beginnt ein vollkommen neues Denken, ein neues Bewusstwerden in der *Nichtraumzeit* – vollkommen neue Gesetze.

- Zusammenfassend betrachtet gibt es unbegrenzte Informationen in der NRZ, im Jetzt, ohne Raum und ohne Zeit, nur pure Energie, reines Bewusstsein, höchste Intelligenz und Informationen. Es gibt keinen Raum, also auch keine Ausbreitung im Raum, weil der nicht vorhanden ist, und es gibt auch keine Zeit und keine Schwingung. Das ist die nicht stoffliche Betrachtung in der Nichtraumzeit.

Nichtrelativitätstheorie:

- Das Relativitätsprinzip spielt eine nicht unwesentliche Rolle in unserem Leben – und nicht nur das, es ist auch ein bedeutender Eckpfeiler der Physik. Galileo Galilei hat sich mit solch einem Gedankenexperiment beschäftigt. Es besagt, dass physikalische Größen nur relativ zu einem Beobachter definierbar sind.

- Das Relativitätsprinzip wurde von Albert Einstein zur Relativitätstheorie erweitert.

- Dr. Bayers Gedankenexperiment und imaginäre Dialoge haben als Hilfsmittel zu der Erkenntnis geführt, dass – bevor das Atom entsteht – Voraussetzungen vorhanden sind, die das Atom, also die Materie, formen. Wie beim Urknall, bei dem es vorher keinen Raum und keine Zeit gab. Kein Bezugssystem – nichts war relativ zueinander – eine Nichtrelativität, ein Nichtrelativitätsprinzip.

- Daraus entwickelte sich die Nichtrelativitätstheorie.

- Sie basiert auf einer Intelligenz, die nicht verloren geht in einer Nichtraumzeit, die eine wichtige Rolle spielt, und die wir erfahren, dort, wo es keinen Raum und keine Zeit gibt und alles „ImNu" geschieht, ohne eine Entfernung zu überwinden, und wo alles für Jedermann im Überfluss zur Verfügung steht. Wir erfahren eine neue Dimension.

- Die neue Dimension ermöglicht es, den Blick über die Relativitätstheorie hinaus zu erheben, die Begrenzung von Zeit und Raum abzulegen. Auf der Basis der Betrachtung der Nichtraumzeit und der Raumzeit gelingt es, sich die Nichtrelativitätstheorie vorzustellen. Das ermöglicht ein vollkommenes neues Denken. Dabei erfahren wir auch die Zusammenhänge, die sich aus der Entwicklung der Religionen ergeben haben.

Nichts:

- Mit dem Wort „Nichts" wird im Alltag ziemlich oberflächlich umgegangen – es gibt keine eindeutige Definition. Die Definition des „Nichts" erfolgt nur in der RZ, d. h. das Nichts unterliegt einer materiellen Betrachtung. Das kann eine Bestimmung für einen Wert sein, wenn der Wert klein ist oder Null beträgt, oder eine Sache, deren Existenz erwartet wurde, die sich aber als abwesend erweist.

- Betrachtet man das materielle „Nichts" in der NRZ, erkennt man, dass das nur ein stoffliches „Nichts" ist. Die Materie, das offenbarte Atom, hat seine Energie umgewandelt, z. B. in eine höhere Energie, eine nicht sichtbare Energie. Die Informationsmuster einer Form bleiben in der NRZ immer erhalten, woraus wieder alles entstehen kann.

- „Nichts" ist „Alles", aus der NRZ betrachtet. In der RZ ist „Nichts" nur nicht sichtbar.

Palmblatt / Palmblattlesung:

- Vor etwa 6000 Jahren wurden von dem Propheten Agasthiya, einem Heiligen aus Südindien, der dort einen Bekanntheitsgrad hat wie der biblische Jesus, auf getrockneten, eigens dafür präparierten Palmblättern die Lebensgeschichten von Menschen aufgeschrieben, die die Palmblattbibliothek besuchen werden: Die Namen der

Eltern und der Kinder und Geschwister sowie deren Beruf, der Name des Ehepartners und die Lebensgeschichte bis zum Todestag, der ebenfalls vorgelesen wird. Das eigene Schicksal und das der Familie und näherer Verwandter wurden mitgeteilt – aber auch der Beruf und damit verbundene Entwicklungen, Erfolge und Niederlagen und immer wieder Hinweise, Verhaltensregeln usw. Interessant sind auch wissenschaftliche Hinweise bis hin zu Patentbeschreibungen und technische Lösungen, auch medizinische Erläuterungen und nähere Hinweise für Behandlungen spezieller Krankheiten etc.

Raumzeit:

- Die Vereinigung von Raum und Zeit wird in der Relativitätstheorie beschrieben, in einer einheitlichen vierdimensionalen Struktur. Es ist der sichtbare stoffliche Bereich, der sich offenbart aus der Nichtraumzeit. (Siehe auch: „Nichtraumzeit")

Relativitätsprinzip:

- … siehe unter: „Nichtrelativitätstheorie".

Schöpfung:

- Die Ursache für den Beginn der Welt wird aus religiöser Sicht zurückgeführt auf eine Schöpfung durch einen Schöpfer. Davon ausgehend wird auch die erschaffene Welt (das Leben, die Erde, das Universum) als die Schöpfung bezeichnet, die auf eine personifizierte eigenständige Macht, Gott, zurückzuführen ist.

- Die Betrachtung der Schöpfung nach der Nichtrelativitätstheorie erfolgt auf der Basis „E = I x G", der Offenbarung des Geistes, der von der Intelligenz aktiviert wird. Diese Offenbarung findet ständig statt – unaufhörlich.

- Der Materialisation oder der Manifestation kommt die gleiche Bedeutung zu. Alle Schöpfung, Offenbarung oder Materialisation beginnt im Atom, dem energieschwingenden System, der Materiewerdung.

- „Thron der Schöpfung" ist das Atom.

- Alles in der Schöpfung der Materie beginnt mit dem Atom, das letztendlich Fleisch wird. Das spielt eine wichtige Rolle bei der Betrachtung der Schöpfung, denn alle Informationen, alle Intelligenz, alle Energien befindet sich im Atom.

Seele:

- Der Ausdruck der Seele wird vielfältig ausgelegt.

- Es gibt in der RZ-Betrachtung unterschiedliche mythische, religiöse, philosophische und auch psychologische Aussagen und Betrachtungsweisen.

- Oft spricht man auch von Gefühlen verbunden mit geistigen Vorgängen beim Menschen.

- Aus religiöser Sicht ist die Seele ein immaterielles Prinzip, das als Träger des Lebens eines Individuums mit einer beständigen Identität aufgefasst wird. Oft ist damit die Annahme verbunden, die Seele sei hinsichtlich ihrer Existenz vom Körper und damit auch vom physischen Tod unabhängig und mithin unsterblich.

- Der Tod wird dann als Vorgang der Trennung von Seele und Körper gedeutet. In manchen Traditionen wird gelehrt, die Seele existiere bereits vor der Zeugung.

- In der Betrachtung nach der Yogasolanwissenschaft, der die Nichtrelativität zugrunde liegt, wird die Seele als Energie betrachtet, als Teilenergie der Gesamtenergie der höchsten Intelligenz, die immer existiert in der NRZ und sich offenbart in der RZ, erklärbar aus der Beziehung „E = I x G".

- Nach dem Menioprinzip ist die Intelligenz-behaftete Energie wesentlich für die Betrachtung der Energie der Seele.

- Ein Mensch mit hohem Bewusstsein, der sich der höheren Intelligenz bewusst ist und die Zusammenhänge des Seins kennt, wird immer mehr über höhere Intelligenz-behaftete Energie verfügen. In diesem Falle wird er immer weniger nur eine Teilenergie der Gesamtenergie sein; die Seele, als Energie betrachtet, wird Eins mit der Gesamtenergie gemäß der Nichtrelativitätstheorie.

- In diesem Falle ist der Tod überwunden, da das Leben in der NRZ unbegrenzt ist. Das wird zum Ausdruck gebracht durch das „Mitnehmen des Körpers", gemäß den Erkenntnissen des Menioprinzips und der Nichtrelativitätstheorie.

Singularität:

- Die Urknalltheorie besagt, dass alles – also Materie, Raum und Zeit – aus einem unglaublich dichten Punkt, einer so genannten *Singularität,* entstanden ist.

- Die Singularität beinhaltet die pure Energie der NRZ mit der in ihr integrierten höchsten Intelligenz. Die Singularität (die Einzigartigkeit) ist immerwährend, unbegreiflich, ohne Anfang und ohne Ende, sich ständig in der geistigen Entropie zu immer höherer Intelligenz entwickelnd, an der wir teilhaben.

- Das geschieht entsprechend unserem Bewusstsein. Das ist das, was als Gott zu verstehen ist – die höchste Energie, die höchste Intelligenz, gepaart mit der latent vorhandenen Energie, die wir als

Geist bezeichnen, und die eins ist mit Gott, der Energie der höchsten Intelligenz.

Sinnesbewusstsein:

- Auf die Materie ausgerichtetes Bewusstsein. Das ist eine auf die fünf Sinne augerichtete Betrachtungsweise und Wahrnehmung in der RZ, woraus sich niedrige Eigenschaften und Gedanken ergeben, oft verbunden mit Angst, Sorge Gier, Mitleid, Kummer, Unwissenheit, Egoismus etc.).

- In der NRZ-Betrachtung richten wir unser Bewusstsein nicht mehr auf die fünf Sinne aus, sondern nach dem höheren Bewusstsein, eine Ausrichtung auf die höhere Intelligenz.

Speed of Light / SoL:

- „SoL" = Speed of Light = Lichtgeschwindigkeit.

Swings:

- Zur Richtigstellung und zum besseren Verständnis, dem neuesten Wissensstand entsprechend und zur Beseitigung eines alten Irrtums, wird vorgeschlagen, das Atom nicht mehr als das nicht teilbare Teilchen zu betrachten, sondern als „schwingendes intelligenzbehaftetes Energiesystem" und als **Swings** zu bezeichnen.

schwingendes intelligenzbehaftetes Energiesystem = Swings = Atom

Die Einführung der Bezeichnung des „Swings":
– schwingendes intelligentes Energiesystem – löst die veraltete Bezeichnung des nicht teilbaren Atoms ab.

Teilchen:

- Teilchen gibt es nicht. Das ist ein von Menschen erdachter Trugschluss, ein großer Irrtum mit Folgen. Begrenzung, der wir unterliegen. Alles Offenbarte ist schwingende Energie, sind **Swings**.

Tod:

- Mit dem Tod wird der materielle Tod in der RZ bezeichnet, als ein endgültiger Verlust für ein Lebewesen typischer und wesentlicher Lebensfunktionen. Der Übergang vom Leben zum Tod wird als Sterben bezeichnet.

- Der Tod ist ein Verlust in der RZ. Die Betrachtung in der Raumzeit ist immer eine Betrachung in der Begrenzung. Die Betrachtung in der NRZ führt zu einer anderen Aussage eines unbegrenzten Zustandes unseres Lebens, gemäß der Nichtrelativitätstheorie.

- Ein Mensch mit hohem Bewusstsein, der sich der höheren Intelligenz bewusst ist und die Zusammenhänge des Seins kennt und lebt, wird immer mehr über höhere Intelligenz-behaftete Energie verfügen. In diesem Falle wird er immer weniger nur eine Teilenergie der Gesamtenergie sein, er wird eins mit der Gesamtenergie gemäß der Nichtrelativitätstheorie.

- In diesem Falle ist der Tod überwunden, da das Leben in der NRZ unbegrenzt ist. Das wird zum Ausdruck gebracht durch das „Mitnehmen des Körpers", gemäß der Erkenntnisse des Menioprinzips und der Nichtrelativitätstheorie.

Offenbarung:

- … siehe: Schöpfung.

Universum:

- Das Wort Universum (lateinisch: universus) bedeutet „gesamt" und bezeichnet so auch den Kosmos und das Weltall. Die Physik bezeichnet damit auch die gesamte Anordnung aller Materie und Energie, auch der elementaren Teilchen bis hin zu den großräumigen Strukturen wie Galaxien und Galaxienhaufen.

- Das ist eine begrenzte Betrachtung in der RZ, gemäß der allgemeinen Relativitätstheorie von Albert Einstein. Die Quantenphysik fehlt in der Allgemeinen Relativitätstheorie. Es ist das Ziel, dass sie mit vereinheitlicht wird, um in einer Weltformel (Theory of Everything) die Vereinigungstheorie darzustellen.

- Die NRZ-Betrachtung fehlt in dieser sogenannten Vereinigungstheorie, denn erst mit der Einbeziehung der Nichtrelativitätstheorie wird der wesentlichste Part der Intelligenz mit einbezogen. Mit der Energie „$E = I \times G$" wird die Primärenergie zuerst zu betrachten sein, um dann die Energieumwandlung, gemäß der Relativitätstheorie „$E = mc^2$", in der Offenbarung der Materie im Atom zu betrachten.

- Diese Betrachtung führt dazu, dass allumfassend keine Begrenzung in unserem Denken und unserer Betrachtung mehr besteht. Dass alles formbar ist gemäß unserem Bewusstsein.

- Keine Krankheit, kein Leid, Energieumwandlung im Überfluss, keine Kriege – Frieden auf Erden.

- Die Erkenntnis des Unbegrenzten in der NRZ führt zum vollkommenen neuen Denken, auch bei der Betrachtung aller Universen.

- Aus dieser Betrachtung heraus sind auch die Universen unbegrenzt. Da die Universen immer als die Offenbarung der Intelligenz in der

Materie zu betrachten sind, ist auch mit einer unterschiedlichen Bewusstseinsentwicklung und damit mit einer unbegrenzten Vielfalt von Lebensarten und entwickelten Lebensformen und allen Energieanwendungen in den unterschiedlichsten Anwendungen in den Universen zu rechnen.

Literaturverzeichnis:

Descartes, Rene: *Die Prinzipien der Philosophie*, Wohlers, Christian (Hrsg.), Hamburg 2007

Einstein, Albert: *Äther und Relativitätstheorie, Rede an der Reichs-Universität zu Leiden*, J. Springer, S. Mittler und Sohn, Berlin 1920

Einstein, Albert: *Dialog über Einwände gegen die Relativitätstheorie*, in: Die Naturwissenschaften, Jg. 6, 1918

Einstein, Albert: *Raum, Äther und Feld in der Physik*, 1930

Galilei, Galileo: *Sidereus Nuncius. Nachricht von neuen Sternen: Dialoge über die Weltsysteme*, Frankfurt am Main, 2002

Hawking, S. W.: *General Relativity: An Einstein Centenary Survey*, Cambridge 2009

Howard, Don und Stachel, John: *Einstein: The Formative Years*, 1879-1909, Boston 2000

Jnanavatar Swami Sri Yukteswar Giri: *Die heilige Wissenschaft*, 1988

Kostro, Ludwik: Albert *Einstein's new ether and his General Relativity*, in: General Relativity and the Workshop on Global Analysis, Differantial Geometry and Lie Algebras, Bukarest 2004

Kostro, Ludwik: *An outline of the History of Einstein's Relativistic Ether Concept*, in: Studies in the History of General Relativity, Eisenstaedt,Jean und Kox, Anne J. (Hrsg.), 1992

Landaou, Lev Davidovitch und Lifshits, Lev Davidovitch und Schöpf, Hans-Georg: *Lehrbuch der theoretischen Physik: Klassische Feldtheorie. Band II,* 1992

Michel, Peter und Deussen, Paul. (Hrsg.): *Upanishaden: Die Geheimlehre des Veda*, Wiesbaden 2007

Newton, Isaac: *Mathematische Grundlagen der Naturphilosophie: Philosophiae naturalis principia mathematica*, 2014

Rechenauer, Georg: *Demokrits Seelenmodell und die Prinzipien der atomistischen Physik*, in: Frede, Dorothea und Reis, Burkhardt, Body and Soul in ancient Philosphy, Berlin 2009

Renn, Jürgen: *Auf den Schultern von Riesen und Zwergen: Einsteins unvollendete Revolution*, Zürich 2006

Schröder, Wilfried: *Über den Äther in der Physik (Bemerkungen zur Diskussion zwischen Albert Einstein, Gustav Mie und Emil Wiechert)*, 2001

Stachel, John: *Why Einstein reinvented the Ether*, in: Physics World, 2001

Thieme, Paul: *Upanishaden. Ausgewählte Stücke*, Stuttgart 1985

Weinberg, Steven: *Die ersten drei Minuten. Der Ursprung des Universums*, 1997

Zafiropulo, Jean und Monod, Catherine: *Sensorium Dei dans l'hermetisme et la science*, Paris 1976

Yogasolan-Seminare

Für alle, die ihr wahres Selbst leben wollen!

Basis-Seminar – Energieumfeldmethode mit den Themen:

- Yogasolanwissenschaft – universelle Gesetze – Mikro- und Makrokosmos, Quanten, Libs, Raumzeit und Nichtraumzeit

- Das Wissen um das Sein und dessen Zusammenhänge – Karma und Wiedergeburt

- Warum bin ich so, wie ich bin und wie kann ich mich neu kreieren?

- Bewusstseinserhöhung, Intuition und höhere Wahrnehmung

- Ablegen alter, behindernder Muster und damit frei, glücklich, dynamisch und erfolgreich alle Ziele erreichen

- Kreieren der neuen vollkommenen Persönlichkeit und Zukunft

- Evolutionskurve der Zukunft, erfolgreiche Gestaltung der Zukunft

- Empfang hoher Informationen und deren Anwendung im Alltag aus der Nichtraumzeit und vieles Spannende mehr

Aufbauseminare:

- Ausbildung zum Yogasolan-Therapeuten

- Ausbildung zum Infogenese-Heiler

- Erhöhung der Gehirnleistung durch Infogenese – Gehirnaktivierung

- Intuitions- und Kreativseminare

- Infogenese – Informationsaustausch mit der Nichtraumzeit

Infos im Agasthiya-Zentrum „Yogasolan"

E-Mail: info@yogasolan.de oder office@yogasolan.de oder im Internet: www.yogasolan.de

Isolde Heller-Bayer,
SAM – Hinter dem Horizont geht es weiter
Print, 2. überarbeitete Auflage 2014, Hardcover, 364 Seiten
ISBN 978-3-7347-3468-7, Verlag: BoD, Books on Demand, Norderstedt

SAM – Hinter dem Horizont geht es weiter (Arbeitsbuch)
Print, 2014, 87 Seiten
Erhältlich über www.yogasolan.de

Jeder weiterentwickelte Mensch hat das Bedürfnis, sich selbst zu entdecken und die tiefsten Geheimnisse, die ihn zu dem werden ließen, was er heute ist, zu ergründen.
Die Zeit ist reif, dass der Mensch sein wahres Sein erkennt und sich bewusst wird, dass er aus der Vollkommenheit erschaffen wurde und dass diese auf ihre Befreiung wartet.

Denn die spannendste und effektivste Reise ist die zu sich selbst!

Nach jahrzehntelanger Forschung und Anwendung der Energieumfeldlehre (EUM), entwickelt von Isolde Heller-Bayer und Dr. Jürgen Bayer, bekommt jetzt jeder Suchende die Möglichkeit, nicht nur in Seminaren, sondern auch durch die Biographie **SAM – Hinter dem Horizont geht es weiter** hohes Wissen zu erfahren und sich selbst zu entdecken.

Isolde Heller-Bayer
Einmal Jenseits und zurück
Print, 2. Aufl. 2016, Hardcover, 286 Seiten
Verlag: BoD, Books on Demand, Norderstedt
Erhältlich über www.yogasolan.de

Die Autorin Isolde Heller-Bayer verließ im Laufe einer schweren Krankheit ihren Körper und lernte dabei verschiedene Welten ohne Raum und Zeit kennen. In Gedankenschnelle konnte sie sich an unterschiedlichen Orten aufhalten. Sie bekam Zutritt zu hohen Sphären und zahlreichen sehr interessanten Informationen, welche sie mit diesem Buch allen Menschen, die mehr über das Leben und das Danach wissen wollen, übermitteln möchte.

Ein spannender Bericht einer Reise ins Jenseits – in die „Nichtraumzeit" – und zurück, der jeden Suchenden nicht nur aufklärt, sondern auch bereichert. Er nimmt jedem Menschen die Angst vor dem Ende – vor dem Tod, den es so nicht gibt.

***

In Vorbereitung:

Yogasolan – Gesundheit und Ernährung:
Rezepte für Geist und Gaumen